U0350422

本著作由以下单位资助出版
深圳市公园管理中心
深圳市铁汉生态环境股份有限公司
贵港市荷花科技博览园

荷文化与中国园林

李尚志 / 著

华中科技大学出版社
http://www.hustp.com
中国·武汉

2008年9月，作者与中国荷花界泰斗、中国花卉协会荷花分会名誉会长王其超教授和张行言教授留影于深圳洪湖公园。

作者简介

　　李尚志，男，1951年10月生，湖北洪湖市人；大学本科，教授级高级工程师；中国花卉协会荷花分会理事、广东湿地保护与建设协会理事、深圳市风景园林协会专家顾问、广东省资深科普作家；现为深圳市铁汉生态环境股份有限公司（上市企业）技术顾问。出版《荷花·睡莲·王莲栽培与应用》、《水生植物造景艺术》、《说荷》、《孙文莲》等十多部著作（译著），发表论文数十篇。现居深圳。

1993年12月澳门回归祖国前夕，作者与我国荷花爱好者，著名粤剧表演艺术大师红线女女士在澳门荷花反季节生产基地留影。

2010年7月，作者与前国际睡莲水景园协会（IWCS）主席吉姆（Jim Pureell）先生留影于青岛

2005年7月，作者与前国际睡莲水景园协会（INCS）负责莲属品种国际登陆负责人维尔吉妮亚·海依斯（Virglnia Hayes）女士（中）留影于深圳洪湖公园莲香湖畔

湖北省美术家协会顾问，湖北省画院副院长，湖北中国花卉画刊 学院副院长，湖北省中国花卉 研究会副主席，深圳市　画院院长、湖北省水墨画院院长；我国著名画家、书法家，诗人鲁迅先生题词作画。

序 一

　　中国荷文化灿烂而悠久，博大且精深，无愧为百花园中的瑰宝，中华文库的奇葩。随着我国荷花事业的迅速发展，荷文化的研究也在不断地深入。20世纪80年代初，我在《中国荷花品种图志》中陈述了"荷花种源及其分布"和"栽培史略与古代品种"；后来，又在《中国荷花品种图志·续志》里撰写了"中国荷花发展历程"和"灿烂的荷文化"两章，这些初探，为全国荷界后来者进一步探讨荷文化，或许起了点抛砖引玉的作用。目前，全国各地掀起了文化建设高潮，好友尚志同志与时俱进，将他近期完成的《荷文化与中国园林》书稿，悄然送到了我的案头。

　　荷花，是一道说不完，写不尽的文化主题。千百年来，历代文人墨客为之留下无数名篇佳作。这些灿烂悠久的荷文化，在一年一度的全国荷花展览会，以及各地举办的荷花文化节中，则呈现出创意新颖且丰富多彩的氛围。每临夏日，赏荷的人们熙熙攘攘，川流不息，流连在莲湖畔，或往返于荷池间。那赏荷人中，有的观荷之艳丽，举机摄下其摇曳多姿的芳影；有的品荷之淡雅，挥毫绘就其超凡脱俗的清秀；但，更多的是赞荷之高洁，用心感受其洁身自爱的美德。这就是荷花独善的文化内涵，也是荷花感人的魅力所在。

　　记得2008年3月，作者挂电话给我，讲述将他所收集的荷文化史料，及近十多年来撰写的论文，打算整理成册出版，我当即表示祝贺，也谈了一些建议。今天，我有幸作为首位读者，拜读《荷文化与中国园林》书稿，作者主要偏重于历代荷文化在园林方面的应用。其实，书稿大部分篇幅都在一年一度的"国际荷花学术研讨会"上交流过，同时也被收录在《灿烂的荷文化》、《莲之韵》、《舒红集》、《薰风集》等论文集中。从书稿的内容看，全书分为上、中、下三篇：上篇主要论及荷文化与古代园林，如采莲文化的形成、演变与发展，荷文化在六朝园林中应用及对后世的影响，荷文化在历代皇家园林中应用与传承等；中篇则陈述了荷文化在现代园林中的应用，如荷花研究现状及发展前景，园林中荷花景题的文化内涵及审美特征等；以及在下篇荷文化杂论中，对《聊斋志异》、《红楼梦》等古籍中的荷意象等，均作了不少探究、梳理和总结，为今后进一步研究荷文化在园林中的应用有了一个好的开端。

十多年来，各地期刊学报发表了诸多荷文化方面的学术论文，且有一些荷文化专著相继出版。读了这些荷文化论文和专著，深知荷文化内涵丰富，深奥精微，在我国花卉文化宝库中应独占鳌头。历史上，荷文化在园林中的应用很普遍。值得一提的是，南朝陈代的兵部尚书孙瑒，他在船上造园筑池植荷，可见六朝时期的江南，几乎到了无园不植荷的地步；还有"康乾盛世"，由于康熙和乾隆爷孙俩对江南园林的热爱，使得荷文化在皇家园林中不断地传承和创新，且推向到空前的高潮。

"靡不有初，鲜克有终"（引自《诗经·大雅·荡》），尚志同志能坚持数年完成书稿，这种锲而不舍的精神可嘉。对于荷文化这道主题，我真诚期望中国荷界有更多的后来者，续写精彩篇章。故聊上数语，是为序。

王其超

二〇一二年十月 于武汉

中国花卉协会荷花分会名誉会长、教授

序 二

　　荷花是我国十大传统名花之一，在园林中的应用也十分广泛。"山有扶苏，隰有荷华"，荷花作为湿地生态的重要载体，其历史悠久，灿烂辉煌。今日园林，几乎有园必有水，有水必植荷，故荷文化在园林中的应用，更具有重要且深远的意义。近十多年来，荷花湿地在华南地区乃至全国发展非常迅速。每年仲夏，荷花湿地旅游或荷花文化节，正如火如荼地在全国各地开展，尤其在珠江三角洲地区如深圳、东莞、番禺、中山、肇庆、澳门及广西贵港等地，荷花湿地旅游则成了这一地区重要的文化活动，且满足和丰富了这一方百姓的文化休闲生活。2012年11月，胡锦涛在党的十八大报告中提出了"美丽中国"新的发展观点。其实，深圳市铁汉生态环境股份有限公司所从事的生态环境行业，正是这一新观点的践行者；而作者的《荷文化与中国园林》一书，也正反映了"美丽中国"的某一侧影。

　　通读作者的书稿，深知我国荷花历史积淀着非常深厚的文化底蕴。"江南可采莲，莲叶何田田"，我国采莲文化的形成，通过考古史料分析，至少可上溯至距今5000多年前的良渚文化晚期。后来，江南民间的这种采莲活动，逐渐演变为汉宫可歌可舞的采莲艺术。即便朝代更迭，而采莲舞却不断地传承和创新；直至今日，采莲舞由古代宫廷流传到民间，每逢新春佳节，江南各地仍以采莲舞或采莲船之习俗，喜庆五谷丰登，祈福风调雨顺，国泰民安，人物康阜的美好愿望。"彼泽之陂，有蒲与荷"，及"制芰荷以为衣兮，集芙蓉以为裳"，数千年来，《诗经》和《楚辞》的荷花原始意象，给了后世文人以丰富的想象力，在儒道释文化的影响下，不断地扩充、延伸和发展，使之获得极其丰富的文化内涵；同时，也拓展了园林的审美空间。荷文化在我国园林应用的历程中，六朝园林是一个承前启后的转折时期。虽六朝远逝，这一时期的园林遗址亦荡然无存，但从史料中仍能寻找其蛛丝马迹。在六朝约200年期间，皇家园林、私家园林、寺庙园林的格局基本形成，而荷文化在这三类园林中的应用有了较好发展，则呈现了荷柳搭配、荷竹组合等造园风格。在唐诗宋词中，如"浮香绕曲岸，圆影覆华池"，"接天莲叶无穷碧，映日荷花别样红"，"兴尽晚回舟，误入藕花深处。争渡，争渡，惊起一滩鸥鹭"，这些咏荷写景的名句华章，更是屡见不鲜了。探讨我国历代皇家园林，荷花几乎是不可缺的布景素材。到了"康乾盛世"，荷文化在皇家园林中应用则推向新的高潮，如圆明园、颐和园、承德避暑山庄，以荷或相关的景名就有"曲水荷香"、"香远益清"、"冷香亭"、"观莲所"；"曲院风荷"、"濂溪乐处"等，可见这些景名与康乾爷孙俩的文化修养和兴趣爱好是分不开的。总之，荷文化与我国园林中应用这道主题，其内容广博丰富，深奥精微；故作者进行收集探究，整理成册，其意义深远也。

从古至今，为什么人们如此喜爱荷花？是因为她艳丽端庄，清香淡雅，出泥不染，洁身自爱；且没有半点矫揉造作，虚张声势，则光明磊落，朴实无华，这就是荷魂。我们赏荷，要提倡雅俗共赏的审美观。雅俗之间不是以文化水平作分界，而应以思想的纯洁为分野。古人曰："清香而色不艳者为雅。"也就是说，一是清香，二是色淡。追求花之雅，先要善于欣赏花之美，赏花并不是去观花，而是完整地看它的全部环境。通过赏荷求雅，以提高思想境界，净化心灵，这人人可以做到，关键在于加强自我修养。作者为我公司的技术顾问，在《荷文化与中国园林》出版之际，特邀我写上几句，盛情难却，作为序。

二0一二年十一月　于深圳

深圳市铁汉生态环境股份有限公司董事长、总经理

深圳铁汉生态环境研究院院长、教授

广东省风景园林协会副会长、著名园林企业家

前言

我与荷的情感甚深。

首先，参加工作后师从著名荷花专家王其超和张行言教授种荷、赏荷、写荷，且受益匪浅；其次，濂溪翁的《爱莲说》中"出污泥而不染，濯清涟而不妖，中通外直，不蔓不枝，香远溢清，亭亭净植"之绝句，尤其是"中通外直，不蔓不枝"直指我之个性；再其三，我从小就在"洪湖水，浪打浪，洪湖岸边是家乡"长大，更难忘的是共和国成立后的三年自然灾害，是洪湖岸边的莲藕，陪我度过了漫长的饥荒岁月。这，就是我为什么爱荷写荷的理由。

1. 著书的初衷

从事荷花的研究，免不了会涉及荷文化。诚然，热衷于荷文化的探讨，这针对全国同行而言，都有同样的感受。目前，国内最早研究荷文化者，应首推中国荷花界泰斗王其超和张行言教授。20世纪80年代初，他俩出版的《荷花》（中国建筑工业出版社，1982）、《盆荷拾趣》（武汉出版社，1985）和《中国荷花品种图志》（中国建筑工业出版社，1989）中，对"荷花栽培历史，荷花与文学艺术，荷花与绘画、摄影及邮票，荷花与音乐、舞蹈，荷花与装饰、工艺，荷花与佛教，荷花与市花、区花，荷花与神话故事、民俗，荷花与爱情、友谊"等进行了探究，涉及面广，且具深度。故笔者曾在《读〈中国荷花品种图志〉有感》（《中国园林》2008年第5期）一文中提及：《荷志》作者"倡导和研究荷文化，使之向纵深发展"。因而，激起我对荷文化浓厚的兴趣，也就源于此。

20多年来，笔者一直从事荷花的栽培与应用为多；因而，也感受到荷文化在园林中应用的深远意义。一年一度的全国荷花展览会，同时主办方也要举办一次"国际荷花学术研讨会"，与来自美国、泰国、俄罗斯、日本、澳大利亚、印度、韩国等国家的专家学者汇聚一起，交流和磋商荷花技艺，提高水平，达到共识。诚然，多年来笔者不失所邀，年年提交论文，听取与会者的意见，亦受益良多。日积月累，时间一长，将自己曾发表或交流过的荷文化拙文，再进行重新调整、梳理和补充；于是，就有了撰写《荷文化与中国园林》一书的念头。同时，将写作的思路和方法，请教中国花卉协会荷花分会名誉会长王其超教授和中国荷花研究中心张行言教授，并得到王、张二老的教诲和指点。

2.古代园林中荷文化应用状况

荷文化在园林中应用最先是皇家园林。上林苑原为秦国之旧苑，秦始皇在位时扩大充实后，成为当时最大的皇家园林；到汉代，上林苑南至终南山北坡，北界渭河，东达宜春苑，西抵周至，已建成具有三十六处"园中之园"的大型皇家园林。据司马相如《上林赋》所述："泛淫泛滥，随风澹淡，与波摇荡，奄薄水渚，唼喋菁藻，咀嚼菱藕。"苑内宫、殿、台、馆散布，大小湖泊纵横交错，荷菱遍植，鹭鸟成群。对当时的上林苑作了客观的描述。西园是东汉时期位于洛阳城的一座皇家园林，东晋王嘉《拾遗记·卷六》述："渠中植莲，大如盖，长一丈，南国所献。其叶夜舒昼卷，一茎有四莲丛生，名曰'夜舒荷'。亦云月出则舒也，故曰'望舒荷'。帝盛夏避暑于裸游馆，长夜饮宴。"园内种植的荷花为南方所献。唐史学家姚思廉撰写的《梁书·武帝本纪》载："天监十年元月乙酉，嘉莲一茎三花乐游苑"。公元511年在梁武帝的皇家庭园里就出现了品字莲。清代徐松撰《唐两京城坊考》是研究唐时两京宫殿遗址、街坊布局、坊市制度、园林景观、风土人物及水陆交通等的一部重要著作，其云：隋唐时期，兴庆宫龙池植有荷花、菱角、芡实、藻类等水生植物。唐玄宗与杨贵妃乘画船行游池上，呈现一派歌舞升平景象。唐武平一《兴庆池侍宴应制》吟："皎洁灵潭图日月，参差画舸结楼台。波摇岸影随桡转，风送荷香逐酒来。"记载了当年兴庆宫龙池的荷景。2005年考古工作者对唐长安城大明宫太液池遗址，发掘了用于园道的莲纹方砖，亭榭的荷花瓦当，石狮子莲花座望柱，以及在太液池湖底淤泥层，发现大量的荷叶、莲梗和莲蓬。这些出土遗物，足以证实荷文化在唐代皇家园林中曾有过的辉煌。降至宋、元、明、清各代，荷文化在皇家园林中的应用都有所扩建和发展。据史籍记录，特别是"康乾盛世"的百余年期间，由于康熙和乾隆爷孙多次南巡，对江南园林偏爱，大力推崇荷花造景，把荷文化在皇家园林中应用、传承和发展，推向一个新的高潮。自六朝以来，荷文化在园林中应用也逐渐转移到私家园林和寺庙园林。

自《诗经》问世，历代出现许多诗词赋文或相关著作，[汉]司马相如《上林赋》，[宋]朱熹《云谷记》，[宋]吴自牧《西湖》，[明]刘侗等《帝京景物略》，[明]邹迪光《愚公谷乘》，[明]张凤翼《徐氏园亭图记》，[明]宋仪望《南园书屋记》，[明]屠隆《戡山文园记》，［明］王世贞《古今名园墅编序》，［明］吴廷翰《小百万湖记》，［明］计成《园冶》，［明］文震亨《长物志》，［明］袁宏道《瓶史》，［清］徐松《唐两京城坊考》，［清］吴长元辑《宸垣识略》，［清］沈源、唐岱《圆明园四十景图咏》，［清］董诰等《西巡盛典●莲花池记》，［清］李斗《扬州画舫录●筱园》，［清］汪承镛《文园绿净两园图记》，［清］方象瑛《重葺休园记》，［清］钱泳《履园丛话●滄园》，［清］孙国光《游勺园记》，［清］李渔《闲情偶记》，［清］杨钟宝《瓬荷谱》等相继问世。上述名赋或园记或专著，从某一侧面均记述了荷花的栽培、及景观应用，有些方法和理论至今仍在沿用。如明代文震亨所著《长物志》中"于岸侧植藕花，削竹为栏，勿令蔓衍。忌荷叶满池，不见水色"，这就是现代园林水景中强调的留白。

3. 荷文化与园林应用的研究现状

花文化已成为当今社会研究的热点，研讨花文化的文章数以千计，其中有关荷文化论文也不计其数；但涉及到荷文化在园林中应用则甚少。从所收集的研究资料表明，荷文化与园林应用涉及到皇家园林、私家园林、文人园林和宗教园林等诸方面。自上世纪80年代以来，王其超和张行言《荷花》（中国建筑工业出版社，1982）、《盆荷拾趣》（武汉出版社，1988）、《中国荷花品种图志》（中国建筑工业出版社，1989）、《中国荷花品种图志●续志》（中国建筑工业出版社，1999）、《中国荷花新品种图志》（中国林业出版社，2011），周维权《中国古典园林史●第三版》（清华大学出版社，2008），吴功正《六朝园林》（南京出版社，1992），李尚志《水生植物造景艺术》（中国林业出版社，2000）、《水生植物与水体造景》（上海科学技术出版社，2006）、《说荷》（中国科教出版社，2009）、《现代水生花卉》（广东科技出版社，2006），俞香顺《中国荷花审美文化研究》（巴蜀书社，2005），余开亮《六朝园林美学》（重庆出版社，2007），李志炎等《中国荷文化》（浙江人民出版社，1995），王其超主编《灿烂的荷文化●论文集》（中国林业出版社，2001）、《莲之韵●论文集》（中国林业出版社，2003）、《舒红集●论文集》（中国林业出版社，2006）、《薰风集●论文集》（中国林业出版社，2009）、深圳市洪湖公园管理处（李尚志主笔）《荷花》（中国科教出版社，2009）等，这些著作专门或部分论及到了荷文化与园林应用。

而陈从周主编《中国园林鉴赏辞典》（华东师范大学出版社，2001），王毅《园林与中国文化》（上海人民出版社，1990），何小颜《花与中国文化》（人民出版社，1999），曹林娣《中国园林文化》（中国建筑工业出版社，2005），苏雪林《楚骚新诂》（武汉大学出版社，2007），马银琴《两周史诗》（社会科学文献出版社，2006），朱志良《曲院风荷●修订版》（安徽教育出版社，2006）等，上述著作虽没有专门论及荷文化在园林中应用，但为之提供了不少事例和理论依据。

4.写作思路和方法

中国荷文化的历史悠久灿烂，内容丰富多彩，它涉及到文学艺术、音乐舞蹈、工艺美术、宗教习俗、园林建筑、食饮保健等社会的方方面面，如何写作？其思路茫然。但考虑本人多在从事荷花的应用，深知荷花在园林中应用的重要性。于是，从园林应用入手，广泛收集荷文化的古今史料，仔细研读（好在时逢文化盛事，专家学者将《诗经》、《楚辞》、《史记》、《汉书》、《山海经》、《尚书》、《论语》、《法华经》等近百部各类古籍注译出版，为笔者提供了方便）。按荷文化在园林中应用，分"荷文化与古代园林"和"荷文化在现代园林中应用"为二篇，再将与之相关的荷文化文章汇成"荷文化杂论"，全书为上、中、下三篇；且篇章之间单独成文。因而，几乎全部以论文形式在历届"国际荷花学术研讨会"、"国际睡莲水景园艺协会（IWGS）2011年度学术研讨会"、"北京皇家园林文化节——皇家园林与城市发展论坛"上交流，或发表于《中国园林》、《广东农业科学》、《广东园林》、《科学月刊》等学术期刊，在此基础上整理成册，故引言在前。

作 者

2013年3月于深圳不染书斋

目 录

下篇 荷文化杂论

上 篇
荷文化与古代园林

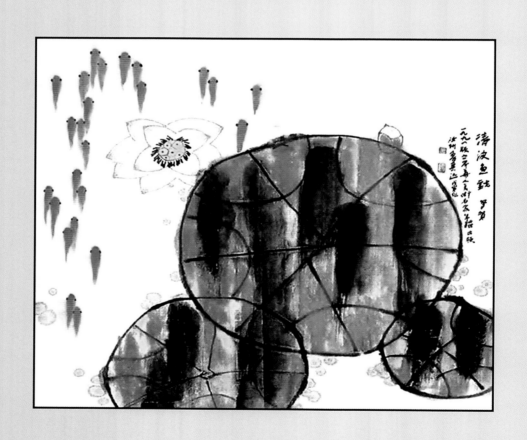

小 记： 按我国史学权威白寿彝主编的《中国通史》（22卷本）对中国古代史划分，上古和中古是以秦皇朝为界，先秦史即是上古史；中古指满清皇朝1840年以前，直至秦皇朝。当然，中国古史分期问题，目前尚无定论。在这里，暂且以《中国通史》为准。荷花在上古时代的应用，史籍中没有详细的文字记载；直至近现代考古学家对河姆渡文化、仰韶文化、良渚文化、贾湖文化、跨湖桥文化、大汶口文化等遗址中发掘的有关荷花化石才得以证实。公元前6000多年，当时的先民以稻谷为主要粮食外，还得从事以莲实、莲藕、菱角和芡实作为补充食物的采集活动，这说明荷花早在我国原始社会母系氏族时期就得到了很好的应用；同时，在河姆渡文化遗址上还出土了具荷花形状的陶器工艺品，这些出土文物足以阐明荷文化在上古时代就出现了应用的萌芽。随着岁月的流逝，时间辗转到公元前2070年至1046年的夏商王朝，尤其是公元前1300年的盘庚迁都于殷（今安阳）后的270多年间，商代的政治经济和文化都有了比较迅速的发展，到武丁便达到了商代后期的极盛时期。国家繁荣，生活富足，社会稳定，当时的奴隶主贵族们就会有条件创造"园"、"囿"之类的园林来丰富文化生活。因而，园囿或沼泽中种植（或野生）荷花作为观赏是有可能的，这就是早期"园"、"囿"园林的雏形，也符合了我国考古学奠基人李济先生曾对殷商时期建筑状况的推测。到殷商，就出现了文字；有了文字，就记载着时代发生的变化。在周代791年时间里，最早的诗歌总集《诗经》载有："山有扶苏，隰有荷华"，"彼泽之陂，有蒲与荷"，以及屈原《楚辞》中"制芰荷以为衣兮，集芙蓉以为裳"，"采薜荔兮水中，搴芙蓉兮木末"，"筑室兮水中，葺之兮荷盖"，"芙蓉始发，杂芰荷些"等，记述了荷花在这一时期的发展与应用。还有战国时期的吴国夫差在灵岩山上筑"玩花池"植荷供宠妃西施欣赏，这是我国最早人工筑造的荷花池。从杭州萧山跨湖桥文化遗址中发掘的独木舟，以及良渚文化遗址出土的木桨，可探究中国的采莲出现在殷商时期或更早。因而，我们有充足的事实，阐明荷文化在上古世纪就得到了广泛的应用和发展。

中古世纪是荷文化在园林中应用和发展的繁盛期，从秦皇到满清约两千多年，荷文化在园林中应用发生过两次大的应用高潮。一是魏晋南北朝，统称六朝。六朝是中国园林史上一个承前启后的转折时期。历经300多年的营造和发展，则形成了皇家园林、私家园林和佛家园林三种类型。纵观荷文化在六朝园林中的应用和发展，精神上极自由、极解放的六朝人，用筑造方寸之园，种荷植竹，吟诗作赋，谈玄论道，把酒言欢，借以精神之寄托。荷文化在这一时期得到了长足的发展；二是清朝"康乾时代"。清王朝定都北京，逐渐兴起了皇家园林的建设高潮，为了维护封建王朝的统治，康熙和乾隆爷孙二人多次南巡体察民情，同时对景色秀丽的江南园林也大加赞赏。因而，按照帝王的需求，在继承其皇家园林的特点上，大量地吸取江南园林的艺术精华。如以荷命名的景点就有"曲院风荷"、"藕香榭"、"濂溪乐处"、"曲水荷香"、"香远益清"、"观莲所"等，此外，还有"双湖夹镜"、"长虹饮练"、"芳渚临流"、"澄波叠翠"、"澄泉绕石"等景点，也均红莲遍植，碧盖浮波，暑风徐来，清香扑鼻；不是江南，却胜似江南。因而，康熙、乾隆在弘扬荷文化的基础上，且进一步使其得到了发展和创新。

新石器时代荷花的应用

引 子

荷花是地球上最早发生的被子植物种属之一，在华夏大地广为分布，很早就被我们的祖先所食用[1]，我国著名荷花专家王其超和张行言教授所著《荷花》、《中国荷花品种图志》、《中国荷花品种图志•续志》对古代荷花的应用作了较详细地论述[2]。而荷花的应用究竟始于何时？历代史书未见确切的记载，故笔者根据相关史料，就新石器时代荷花的生长环境及应用状况，在王其超等人研究的基础上，再展开深入的探讨。在人类文明发展进程中，新石器时代属石器时代的后期（距今约从1.8万年至4000多年），这一时代的基本特征是农业、畜牧业的产生和磨制石器、陶器、纺织的出现[3]。根据考古研究表明，荷花被先民所认识，是先由了解其生长环境，到采摘莲实及掘藕；后逐渐引种栽培到生活上应用的过程。因而，笔者循此逻辑作进一步的分析和研究。

一、新石器时代荷花所生长的气候环境

据古植物学研究证明，在距今一亿三千五百万年以前，在北半球的许多水域都有莲属植物的分布。由于漫长的地球演变史，尤其是后冰期来临，使得莲属植物在一些水域消失，而在另一些水域则幸存下来。其原因在于全球性的气候变化所致，主要由原来的全球温暖变为寒冷，而原来的一年平衡温度，又变为气温有明显差别的四季变化。

根据周昆叔《环境考古》引孙湘君等研究河姆渡遗址的花粉后指出[4]："孢粉谱中大叶眼子菜(*Potamogeton distinctus*)、香蒲(*Typha latifolia*)、黑三棱（*Sparganium*）、莲（*Nelumbo*）、菱（*Trapa natans*）等水生植物花粉，说明遗址周围水域广阔。"又据王心喜研究良渚文化遗址表明[5]，将良渚文化时期分为五个阶段，其生态环境基本特征为：第一阶段（距今5300～4900年）的气候温暖，气温较今低，湖沼较多。水生植物不多见，主要有香蒲属和眼子

[1] 王其超，张行言. 中国荷花品种图志 [M]. 北京：中国建筑工业出版社，1989.
[2] 王其超，张行言. 荷花 [M]. 上海：上海科技出版社，1998.
[3] 张朋川. 黄土上下 [M]. 济南：山东画报出版社，2006.
[4] 周昆叔. 环境考古 [M]. 北京：文物出版社，2007.
[5] 王心喜. 论生态环境对良渚文化兴衰的影响.国际良渚文化研究中心. 良渚文化探秘 [M]. 北京：人民出版社.

菜属等；第二阶段（距今4 900～4 700年）的气候温暖湿润，与第一阶段相仿，湖沼交错，水域面积大。但水生植物不多见，主要有香蒲属、眼子菜属和狐尾藻属等；第三阶段（距今4 700～4 500年）前期气候温暖湿润，气温较今略高，后期逐渐变凉，水域缩减，地势抬高，平原扩大。水生植物不多见，主要有香蒲属、眼子菜属和狐尾藻属等，且前期多，后期减少，说明水域也逐渐缩小；第四阶段（距今4 500～4 300年）气候凉爽，温度较第三阶段低，水域不多。水生植物很少，主要有香蒲属，说明水域不多；第五阶段（距今4 300～4 000年）气候凉爽而干燥，气温较今低，并发生海水侵入。水生植物前期仅香蒲一种，后期绝迹。而郭青岭报导[1]，良渚文化遗址古孢粉植物群研究和古植物学显示，到良渚文化的晚期，长江三角洲新石器时代气候有向凉、干转变的趋势，此时的年平均气温为12.98～13.36℃，比今低2.2～2.7℃，年平均降水量为1 100～1 264mm，比今少140～300mm。这种凉干气候对农作物生长有着破坏性的影响，同样也不利于荷花等水生植物的繁衍。郭青岭又在《良渚文化人地环境因素初探》一文中所述[2]："良渚文化早中期，遗址区域的气候条件对良渚古人显然是有利的。良渚文化第二期前后气候环境温暖湿润，十分适宜良渚古人的生活和耕作。"同样，温暖湿润的气候环境也适合当时荷花等水生植物的生长和繁衍。

图1 黑龙江省虎林市月牙湖的野生莲（由中国科学院植物研究所薛建华教授提供）

[1] 郭青岭. 良渚文化人地环境因素初探. 国际良渚文化研究中心. 良渚文化探秘 [M]. 北京：人民出版社，2006.
[2] 同上。

又据段宏振对白洋淀地区史前环境研究[1]："进入新石器时代以后，地质历史进入相对温暖湿润的冰后期，使得人类可以走出洞穴，来到白洋淀地区这样低平的水草肥美的平原地带生活。"至今，我国黑龙江地区许多大小湖泊及湿沼仍有野生荷花的分布（图1）。

综上，考古专家对良渚文化时期前后的气候环境研究表明，新石器时代早中期的气候环境温暖湿润，有利于水稻等农作物的生长，也有利于荷花等水生植物的繁衍；而后期则气温偏低且凉干，湖泊沼泽范围缩小，同样荷花等水生植物的数量也相应的减少。笔者认为，荷花等水生植物减少的另一个原因，应与当时频繁发生的洪水有关，年年发生的洪水常使荷花遭受灭顶之灾。

二、新石器时代荷花的应用

荷花应用的范围较为广泛，具有食用、药用、工艺装饰及园林观赏等多种功能；但远古时代的先民对荷花的认识与应用，是先逐步认识了解其特性，后才采摘食用，再观赏之用，这也合乎人类认识自然的辩证逻辑。

位于浙江省余姚县的河姆渡遗址，是我国目前已发现最早的新石器时期文化遗址之一。通过1973年和1977年两次科学发掘，出土了骨器、陶器、玉器、木器等各类质料组成的生产工具、生活用品、装饰工艺品以及人工栽培稻遗物、干栏式建筑构件，动植物遗骸等文物近7000件，其中，在第4层及第3C层孢粉带中，就发现有菱角、芡实遗物和荷花花粉化石，说明当时先民以稻谷为主要粮食外，还从事一定的采集活动，以莲实、莲藕、菱角和芡实作为补充食物（图2，图3，图4）。全面反映了我国原始社会母系氏族时期的繁荣景象。根据放射性碳素断代的技术测定，河姆渡遗址的年代约为公元前6000年[2]；而河南省郑州市大河村仰韶文化遗址，在其房基遗址F$_2$室台面上发现两颗碳化莲子，经C$_{14}$测定，距今5 000年[3]。位于河南省舞阳县舞渡镇同一时期的"贾湖

图2 菱角遗物

图3 荷花花粉化石

图4 芡实遗物

[1] 段宏振. 白洋淀地区史前环境考古初步研究. 华夏考古. 2008（1）：39～47
[2] 浙江省文物考古研究所. 河姆渡：新石器时代遗址考古发掘报告 [M]. 北京：文物出版社，2003.
[3] 后晓荣，王涛. 科学发现历史——科技考古的故事[M]. 北京：北京出版社，2004.

文化遗址"中[1]，"随处可见大量的鱼骨、蚌类、龟鳖、扬子鳄、丹顶鹤，以及菱角、水蕨、莲蓬等水生、沼生动植物遗骸，说明当时这里有丰富的水热带资源。"笔者分析认为，从南北各地发掘的考古文物表明，食用莲应始于新石器早中期。其缘由，新石器早中期的气候环境温暖湿润，有利于人类活动，这从研究仰韶文化、贾湖文化、河姆渡文化及良渚文化遗址的史料中可得到证实。

此外，考古工作者在良渚文化遗址上发掘出独木舟，舟长约3.5米，直径约0.7米，舟形两头微翘，头部是梭形，尾部断平。独木舟为良渚古人在太湖采莲摘菱活动，也提供了有力地依据[2]。

三、荷花在工艺品造型中的应用

陶器工艺发展是新石器时代的重要特征之一，而荷花形状常是陶器工艺造型中的主要素材，这在河姆渡文化、良渚文化和大汶口文化等遗址中发掘的有关文物已证实。根据浙江省文物考古研究所编著《河姆渡：新石器时代遗址考古发掘报告·下册》记载[3]，在河姆渡文物遗址中出土的第一期文化陶平底盘（C型Ⅲ式T224 、C型Ⅳ式T221）和第二期文化陶器盖（A型Ⅱ式T235、

图5 陶器平底（荷叶）盘

图6 陶器（荷叶）盖

T25），距今6 000年，其形状均仿荷叶所制；大汶口文化遗址出土高24cm的白陶封口鬶，其封口处有形象逼真的莲蓬状透气筛眼，距今7 000～6 000年，以及良渚文化遗址出土有莲纹装饰的陶片，距今6 000年（图5，图6）。王其超教授为此作了客观的描述[4]："倘若当时制陶艺人不曾见过莲蓬，摘食过莲实（或荷叶），对荷花审美留下不可磨灭的印象，决不可能凭空臆造的。"新石器时代的人在生活中最经常使用的日用器物，是各类陶器。古人按自己的设想模仿自然界中动植物的形貌去造型，这就为原始艺术的创作提供了得以抒发的载体，培育了原始的审美情趣[5]。

按考古资料研究表明，荷花在新石器时代已得到广泛地应用。首先，从河姆渡和良渚等文化遗址发掘的菱、莲、芡实遗骸及独木舟分析，江南一带的原始先民以种植水稻为主要粮食，同时，在湖沼边沿（或驾舟）采摘菱、莲、芡实作为补充食物；其二，当时的气候环境有利于荷花、菱等水生植物的生长发育；其三，从新石器时期以荷叶（莲蓬）造型制作的各种陶器进行分析，也能证实当时荷花应用的状况。这为我们今后研究荷花的发展历史提供了科学的依据。

[1] 后晓荣，王涛. 科学发现历史——科技考古的故事[M]. 北京：北京出版社，2004.
[2] 郭青岭. 良渚文化人地环境因素初探. 国际良渚文化研究中心. 良渚文化探秘 [M]. 北京：人民出版社，2006.
[3] 浙江省文物考古研究所. 河姆渡：新石器时代遗址考古发掘报告 [M]. 北京：文物出版社，2003.
[4] 王其超，张行言. 中国古代装饰工艺领域的荷文化，王其超主编，灿烂的荷文化. 北京：中国林业出版社.
[5] 杨泓等. 中国美术考古学概论 [M]. 北京：中国社会科学出版社.

殷商时期荷花在园林中应用的可能性

根据"夏商周断代工程"研究表明，夏代始于公元前2 070-公元前1 600年；商代为公元前1600-公元前1046年。把我国的历史纪年由公元前841年向前延伸了1 200多年，弥补了中国古代文明研究的一大缺憾。夏商处于上古时代的初期，盘庚迁都于殷（今安阳）约为公元前1300年，从殷墟出土的青铜器皿和甲骨文中，说明殷商时期具有很高的青铜冶炼水平，并且从商朝就有文字记载[1]。有了文字，就记述着时代发生的变化。据周维权《中国古典园林史》记述[2]："中国古典园林的雏形起源于商代，最早见于文字记载的是'囿'和'台'，时间在公元前11世纪，也就是奴隶社会后期的殷末周初。"为此，笔者推测荷花在殷商时期的园林中应用，就出现了萌芽。

一、殷商时期所处的气候环境

上古时代的气候环境如何，则影响着当时人类及动植物的生存和繁衍，荷花等水生植物也不例外。距今约11 000年前，全新世之始，地球史上最末一次冰期（武木冰期）已告结束，世界气候转暖，海水回升，间有较小幅度的海面起落或停顿。我国地处欧亚大陆的东南部，以西高东低的地势，山脉水系交叉相隔的网格状组合地貌类型特征，一方面与世界性古气候变化密切相通，另一方面也受地区性季风环流和寒温海流变迁等一系列因素的影响，形成了特有的生态环境。

据宋镇豪《夏商社会生活史·上》所述[3]：对冰川、沙漠、湖沼等进行的古气候环境信息研究表明，"距今8500～7000年，黄河流域中原地区进入波动升温期，气温较今高2～3℃，降水量超过800mm；7 000～5 000年间，高温期进入最盛阶段，夏季升温1℃，冬季升温可达4～5℃，年温差较小，雨量充沛，植被茂盛；此后气候适宜期走向后期，距今5 000～4 200年为波动降温期；距今4 200～3 200年为较稳定的温暖期，但出现过二次气候异常，即相当于早夏时期，冰川前进，降水明显减少，沙漠与黄土发育及湖泊干涸或湖面下降，气候环境恶化，为短暂低温干冷期，接着又升温，降水量较大，地下水位上升，发生持续的洪水，对生态环境破坏极大，华北

[1] 詹子庆. 夏史与夏代文明. 上海：上海科技文献出版社，2007.
[2] 周维权. 中国古典园林史. 北京：清华大学出版社，1990.
[3] 宋镇豪. 夏商社会生活史·上. 北京：中国社会科学出版社，1994

中原地区各种自然灾害群发；夏代后期至商代前期，又略转向温暖湿润。距今3 200～3 000年的商代后期，为气温波动下降期，但气温仍高于现在；西周以后高温期结束，进入干凉时期"（图1）。

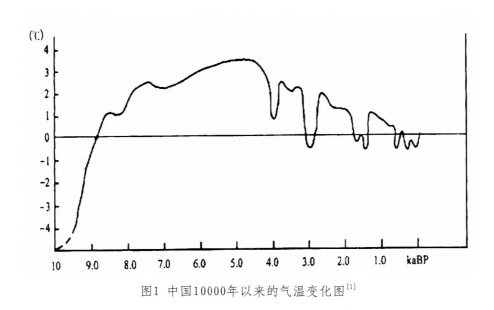

图1 中国10000年以来的气温变化图[1]

进入上古时代，气候环境不断发生变化，洪水频繁发生。据《庄子•秋水》曰[2]："禹之时，十年九潦而水弗为加益"；《淮南子•齐俗斋训》载[3]："禹之时，天下大雨"；《尚书•洪范篇》述[4]："鲧湮洪水"；而《孟子•滕文公•上篇》亦载[5]："当尧之时，天下犹未平，洪水横流，泛滥于天下"。尧、鲧、禹时代洪水发生频繁，严重影响了农作物及荷花等水生植物的正常生长，尤其是常造成荷花的灭顶之灾，而使消失了的荷花等水生植物得以恢复，则需要一个漫长的过程。到殷商后期，气温逐渐变暖，洪水也减少，有利于农作物及荷花等水生植物的生长，荷花步入了生长繁盛时期。

二、荷花和睡莲在世界文明古国园林中的应用

比较殷商时期前后的埃及、巴比伦、亚述等世界文明古国，公元前1500-公元前1000年睡莲和荷花等植物在尼罗河和西亚两河文明古国的园林中得以应用[6]。约公元前1595年，巴比伦古国建造的"空中花园"，堪称世界奇迹，虽未论及莲属植物的应用，但说明了园林在上古时代就发展到了

[1] 王铮，1996，引自《夏商社会生活史•上》[M]，中国社会科学出版社，1994：13
[2] [战国] 吕不韦，刘安，吕氏春秋•淮南子 [M]，长沙：岳麓书社，2006.
[3] 庄子，祝军译注. 庄子集成 [M]. 南京：河海大学出版社，2007.
[4] 何宁. 淮南子集解 [M]. 北京：中华书局新编诸子集成版. 1998.
[5] [汉] 孔安国传，[唐] 孔颖达正义. 尚书正义 [M]. 上海：上海古籍出版社，2007.
[6] 英国尤斯伯恩出版公司编，姚乐野等译. 尤斯伯恩彩图世界史•古代世界 [M]. 成都：成都地图出版社. 2001.

图2 埃及国王庭院里筑有
水池，池内种睡莲[1]

图3 当时亚述国王宫殿花园池塘，
池内种荷花等水生植物[2]

很高的水平；约公元前1450年，埃及（北非）王国处于鼎盛时期，在国王或贵族豪富人家的庭院都布置水池，而池内种植睡莲、纸莎草等水生植物来美化庭院（图2）；位于底格里斯河中游的亚述人，于公元前19世纪到公元前18世纪发展成为王国，约有一千余年的历史，其历史大致可分为早期亚述、中期亚述和亚述帝国三个时期；而亚述帝国是其历史上最强盛的时期。当时国王的宫殿花园也有池塘，并种植荷花等水生植物（图3）。又据印度古代史诗《摩诃婆罗多》曰[3]："池塘散发着阵阵莲香，池里还有各式各样的珍禽，盛开的荷花美丽如画，水中的游鱼和龟鳖更为这美景增色。"而《摩诃婆罗多·森林篇》又吟[4]："清澈的湖面绚丽多彩，到处盛开着黄莲花、白莲花、红睡莲、青莲花、白睡莲、红莲花。水中到处游动着迦丹波鸟、鸳鸯、鹗、水鸡、迦兰陀鸟、鸭子、天鹅、苍鹭、鹈鹕，还有其他水禽。"《摩诃婆罗多》成书于公元前3 100多年，我们从诗句中可窥见天竺古国先民对莲的喜爱及莲池秀美的景色（图4，图5，图6）。

[1] 引自《尤斯伯恩彩图世界史·古代世界》，成都地图出版社，2001：34～35
[2] 引自《尤斯伯恩彩图世界史·古代世界》，成都地图出版社，2001：44～45
[3] [印度]毗耶娑著，金克木等译：摩诃婆罗多（一）[M]. 北京：中国社会科学出版社，2005.
[4] [印度]毗耶娑著，金克木等译：摩诃婆罗多（二）[M]. 北京：中国社会科学出版社，2005.

三、殷商时期荷花在园林中应用的可能性

从史料分析，气候环境有利于殷商时期的农作物及荷花等水生植物生长和繁衍，以及与之同一时期的埃及、亚述、印度等世界文明古国对荷花和睡莲在园林中的应用情况，笔者推测，荷花在殷商时期的园林中应用，有一定的可能性。李济先生是我国考古学的奠基人，他曾推测殷商时期建筑状况，将其归纳14个方面：1. 有高台；2. 有广大的地基平台；3. 有以木板或版建筑墙壁，壁内加以装饰；4. 有大小木柱支持之屋架；5. 有"人"字形之屋顶，或木杠横排之平顶；6. 可能有双层楼阁之建筑；7. 有系统的沟渠制度；8. 有土堆或木塔之台阶；9. 有穴居；10. 有窖藏用的窦或方坑；11. 有带墓道之墓葬；12. 有正位、定向之准绳；13. 有沼泽、园

图4 古印度史诗《摩诃婆罗多》中的莲池[1]

图5 男女青年在莲池内沐浴[2]

---

[1] 引自《摩诃婆罗多》（插图），［印］毗耶婆著，金克木等译，中国社会科学出版社，2005年.
[2] 引自《摩诃婆罗多》（插图），［印］毗耶婆著，金克木等译，中国社会科学出版社，2005年.

图6 古印度史诗《摩诃 婆罗多》中的
莲池[1]

囿之可能；14. 有城邑之设计。这一阐述现在已得到了甲骨金文及地下考古发现的充分证实[2]。既然"有沼泽、园囿之可能"，那么，沼泽中引种或有自然野生荷花等水生植物就很有可能。殷商时期是奴隶社会，奴隶主居住的建筑环境，有条件辟筑园囿种植稻、麦、蔬菜等作物，而沼泽引种莲、菱、芡实、香蒲等水生植物也就在情理之中的事了（图7）。

研究殷商社会的历史现象，《尚书》、《诗经》、《竹书纪年》、《史记》、《左传》等史书，历代都被各学科的专家学者所引用。据《诗经•郑风•山有扶苏》记述[3]："山有扶苏，隰有荷华。不见子都，乃见狂且。"这是一首女子对丈夫（或恋人）的俏骂诗。按马银琴《两周诗史》所述[4]："从地理位置上讲，郑国处于殷商文化的中心区域，其深受殷商文化之浸淫自不待言。"子都，古代著名的美男子。诗中将扶苏比作男子，而自喻荷花，这不仅反映了周人对荷花的审美情趣，还有着悠久的殷商遗风。而《诗经•陈风•泽陂》曰[5]："彼泽之陂，有蒲与荷。有美一人，伤如之何！寤寐无为，涕泗滂沱。彼泽之陂，有蒲与蕳。有美一人，硕大且卷。寤寐无为，中心悁悁。彼泽之陂，有蒲菡萏。有美一人，硕大且俨。寤寐无为，辗转伏忱。"这又是一首对

---

[1] 引自《摩诃婆罗多》（插图），［印］毗耶婆著，金克木等译，中国社会科学出版社，2005
[2] 宋镇豪. 夏商社会生活史•上［M］. 北京：中国社会科学出版社，1994.
[3] 程俊英. 诗经译注（郑风•山有扶苏）［M］. 上海：上海古籍出版社，1985.
[4] 马银琴. 两周诗史［M］. 北京：社会科学文献出版社，2006.
[5] 程俊英. 诗经译注（陈风•泽陂）［M］. 上海：上海古籍出版社，1985.

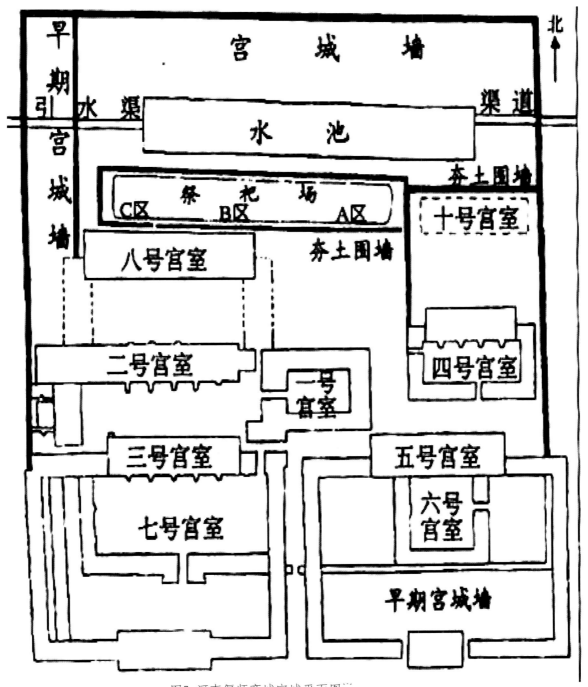

图7 河南偃师商城宫城平面图[1]

女子怀念的爱情诗。马银琴认为[2]，《泽陂》极有可能产生于陈灵公时代（公元前613年）的歌谣。我们暂且不谈及诗的内容，但就"彼泽之陂，有蒲与荷"的自然景观和生态环境，可作一番推理论证。"彼泽之陂，有蒲与荷"，意指池塘周围筑起堤岸，池中的香蒲伴生着艳丽的荷花。诚然，筑有堤的荷塘，就意味着出现"园"、"囿"一类的园林，而不是自然野生的荷花景观；当时的先民何缘筑堤？笔者认为，在很大的程度上是为了防止洪水。可是，西周之后高温期结

[1] 杜金鹏，《偃师商城初探》，引自《夏商社会生活史·上》[M].中国社会科学出版社，1994：78

[2].马银琴. 两周诗史 [M].北京：社会科学文献出版社，2006.

束，洪水逐年减少，随之进入了干凉时期。由此可见，筑有堤的荷塘很有可能是夏商时代所遗留的；换言之，殷商时期就出现了赏荷园林的雏形。据公木、赵雨《名家讲解〈诗经〉》所解[1]："此诗是祭水神的巫歌，恐怕在民间流传时间会相当长（可能至少是夏商之遗）"，而《汉书•艺文志》亦载[2]："孔子纯取周诗。上采殷，下取鲁，凡三百五篇。"也指出《诗经》中有些诗歌内容是采自殷商时期，进一步证实了推测的可靠性。

综上所述，荷花在殷商时期应用于园林就出现了萌芽，其理由：当时的气候环境温暖湿润，虽殷商后期气温波动有所下降，但气温仍高于现在，有利于荷花的生长繁衍。其次，在殷商前后的世界文明古国中，埃及、亚述、印度等文明古国将荷花和睡莲就已布置于园林水景中，而与世界文明古国同时代的商王朝，也有"囿"和"台"的记载 。其三，在商王朝中，盘庚是有作为的国王，当时洪水泛滥、战争频发，则影响社会稳定和国家繁荣，于是他决心迁都于殷（安阳）。在迁都后的270多年间，商代的政治经济和文化都有了比较迅速的发展，到武丁便达到了商代后期的极盛时期。这就给了我们一个启示，国家繁荣，生活富足，社会稳定，当时的奴隶主贵族们就会有条件创造"园"、"囿"之类的园林来丰富文化生活。因而，园囿或沼泽中种植（或野生）荷花作为观赏是有可能的，这就是早期"园"、"囿"园林的雏形，也合乎了李济先生曾对殷商时期建筑状况的推测。

[1] 公木、赵雨. 名家讲解诗经 [M]. 长春：长春出版社，2007.
[2] [东汉] 班固撰，颜师古注. 汉书 [M]. 北京：中华书局，2000.

中国最早人工筑造的荷花池

"彼泽之陂,有蒲与荷"。《诗经》中这句描述荷花的诗,意指池塘周围筑起堤岸,池中的香蒲伴生着艳丽的荷花。这给了我们一个提示,筑有堤的荷塘,就意味着出现"园"一类的园林,而不是自然野生的荷花景观。根据当时的气候环境,夏商以来洪荒频发,先民筑堤主要是为了防止洪水。可见,筑有堤的荷塘很有可能是夏商时代所遗留的;换言之,殷商时期就出现了赏荷园林的雏形。当然,这种赏荷园林,毕竟不是人们有意识筑造的园林,则具一定机缘性。那么,人工有意识筑造的赏荷园林又始于何时何地?

一、苏州灵岩山上的 "玩花池"

据王其超、张行言所著《荷花》记述[1]:"栽培荷花供观赏,最初出自帝王的享乐需要,如2 500年前吴王夫差为宠妃西施欣赏荷花,在太湖之滨的灵岩山(今江苏吴县)离宫修'玩花池',移种太湖的野生红莲,是人工砌池栽荷专供观赏的最早实例。"这是20世纪80年代,著名荷花专家王其超和张行言教授通过查阅史籍和考察研究,所得出的结论。而周维权教授在《中国古典园林史·园林的生成期——商、周、秦、汉》中载[2]:"春秋战国时期,诸侯国商业经济发达,全国各地大小城市林立。城市工商业发展,大量农村人口流入。城市繁华了,城乡的差别扩大了,与大自然的隔绝状况也日益突出。居住在大城市里的帝王、国君等贵族们,为避喧嚣便纷纷占用郊野山林川泽风景优美的地段,修筑离宫别馆,从而出现宫苑建设的高潮。"这进一步证实了"筑池种荷供西施欣赏"的正确性。

于是,2002年4月和2009年7月,笔者按王、张教授提供的线索,曾两度赴苏州木渎镇灵岩山观察"玩花池"遗址。"玩花池"的大小约11.5m见方,深2m左右;池中筑有石台,台上筑带有莲花座的宝葫芦。后来,有人修缮石台,并在石台西侧刻有"无量寿幢"4个字(图1、图2),修缮后的"玩花池",则焕然一新。如今,西施当年赏荷盛景的遗迹无可寻觅,只是一池绿水,随着清风,泛起阵阵涟漪。

[1] 王其超, 张行言. 荷花 [M]. 上海: 上海科技出版社, 1998: 1~16
[2] 周维权. 中国古典园林史 [M]. 北京: 清华大学出版社, 1990: 40~45

图1 苏州灵岩山"玩花池"遗址

图2 近期修缮后的"玩花池"遗址

二、"勾践灭吴"与美女西施

春秋时期，吴王夫差为博得宠妃西施的欢心，筑池种荷为之欣赏，创下了我国最早人工筑造荷花池之先例。为此，"筑池种荷"则需陈述一段"勾践灭吴"的历史，这有助于我们对吴王夫差筑"玩花池"的全面理解。"勾践灭吴"与美女西施有关联，千百年来，后世对此评说不一。有的说西施是亡国祸水、色情间谍；也有的说其舍身为国、巾帼英雄[1]。如今，西施则成了美女的代名词，堪称古代四大美女之冠。

公元前601年，越国与吴国一道同楚国会盟；公元前537年越王派大夫常寿过率兵助楚伐吴，但败于鹊岸，销声匿迹廿年，到了公元前518年，越又派大夫胥犴犒劳楚师于豫章，此役楚亦败于吴，丢了巢邑和钟离。公元前510年，吴正式兴兵伐。4年后吴入郢时，越骚扰吴之后方，成为吴从楚撤军的因素之一。公元前496年，越王允常死，勾践即位，吴王阖闾乘丧伐越，越王勾践派敢死队迎战。在交战中，吴王阖闾反而被戈击伤，因伤势重，故死于回师途中。于是，吴越两国就结怨至深。据《史记·越王勾践世家》曰[2]：

勾践之困会稽也，喟然叹曰："吾终于此乎？"种曰："汤系夏台，文王囚羑里，晋重耳奔翟，齐小白奔莒，其卒王霸。由是观之，何遽不为福乎？"吴既赦越，越王勾践反国，乃苦身焦思，置胆于坐，坐卧即仰胆，饮食亦尝胆也。曰："女忘会稽之耻邪？"身自耕作，夫人自织，食不加肉，衣不重采，折节下贤人，厚遇宾客，振贫吊死，与百姓同其劳。欲使范蠡治国政，蠡对曰："兵甲之事，种不如蠡；填抚国家，亲附百姓，蠡不如种。"于是举国政属大夫种，而使范蠡与大夫柘稽行成，为质于吴。二岁而吴归蠡。

勾践自会稽归七年，拊循士民，欲用以报吴。大夫逢同谏曰："国新流亡，今乃复殷给，缮饰备利，吴必惧，惧则难必至。且鸷鸟之击也，必匿其形。今天吴兵加齐、晋，怨深于楚、越，名高天下，实害周室，德少而功多，必淫自矜。为越计，莫若结齐，亲楚，附晋，以厚吴。吴之志广，必轻战。是我连其权，三国伐之，越承其憋，可克也。"勾践曰："善。"

吴王夫差为报父仇，挑选精兵还击越国，并将越王勾践围困在会稽山上。越王为求得和解，令大夫文种去吴国求和。勾践被吴王赦免回国后，便卧薪尝胆，亲自耕作，委曲求全，礼贤下士，赈济穷人，悼慰死者，与百姓同甘共苦，并接受范蠡的复国三计。一是屯兵，加紧练武；二是屯田，发展农业；三是选美女送给吴王，作为内线。同时，吴王却认为，越国已为奴，应进取中原。而夫差的生活开始腐化，"次有台榭陂池焉，宿有妃嫱嫔御焉，一日之行，所欲必成，玩好必从，珍异是聚，欢乐是务，视民如仇，而用之日新"[3]。西施被选送到吴国后，吴王一眼相中，对西施百依

[1] 刘绪义. 刘绪义读春秋 [M]. 北京：国际文论出版公司，2008：278～279

[2] [汉] 司马迁著，金源编译. 史记·世家 [M]. 西安：三秦出版社，2008：1～20

[3] [东周] 左丘明著，杨伯峻注. 春秋左传 [M]. 北京：中华书局，1990

百顺，筑池种荷，终日沉溺于游乐，不理国事，国力耗费殆尽。这时的越王勾践便乘虚而入，出兵攻打吴国，达到了复国报仇的目的，这其中西施却有很大功劳。而《史记》并未记载美女西施其人，但在先秦诸子的著作中则有提及。如：

《管子·小称》曰[1]："毛嫱、西施，天下之美人也，盛怨气于面，不能以为可好。"

《墨子·亲士》曰[2]："是故比干之殪，其抗也；孟贲之杀，其勇也；西施之沉，其美也；吴起之裂，其事也。故彼人者，寡不死其所长。"

《孟子·离娄下》曰[3]："西子蒙不洁，则人皆掩鼻而过之；虽有恶人，斋戒沐浴，则可以祀上帝。"

《庄子·齐物论》曰[4]："物固有所然，物固有所可。无物不然，无物不可。故为是举莛与楹，厉与西施，恢诡憰怪，道通为一。"

《庄子·天运》曰[5]："故西施病心而矉其里，其里之丑见之而美之，归亦捧心而矉其里。其里之富人见之，坚闭门而不出，贫人见之，挈妻子而去走。彼知矉美，而不知矉之所以美。"

《荀子·正论》曰[6]："若是，则说必不行矣。以人之情为欲，此五綦者而不欲多，譬之，是犹以人之情为欲富贵而不欲货也，好美而恶西施也。"

《韩非子·显学》曰[7]："故善毛嫱、西施之美，无益吾面，用脂泽粉黛，则倍其初。"

《国语·越语·勾践灭吴》曰[8]："愿以金玉、子女赂君之辱，请勾践女女于王，大夫女女于大夫，士女女于士。……越人饰美女八人，纳之太宰嚭。"

《战国策·齐策》曰[9]："岂有骐麟？騄耳哉？后宫十妃，皆衣缟紵，食粱肉，岂有毛嫱、西施哉？"

《战国策·楚策》曰[10]："臣闻之，贲、诸怀锥、刃而天下为勇，西施衣褐而天下称美。

上述勾践灭吴确与西施有关。西施被送往吴国后，为了越王的复国之计，则忍辱负重，终赢得吴王夫差的宠爱；而吴王便筑玩花池植荷供宠妃欣赏，也博得西施的欢心。直至勾践挥师伐吴，夫差走向灭亡；继而，西施随范蠡泛五湖而去。后来，唐大诗人李白《西施》吟之[11]："西施越溪女，出自苎萝山。秀色掩今古，荷花羞玉颜。浣纱弄碧水，自与清波闲。皓齿信难开，沉吟碧云间。勾践征绝艳，扬蛾入吴关。提携馆娃宫，杳渺讵可攀。一破夫差国，千秋竟不还。"客观地陈述了吴王夫差为宠妃筑池植莲的这段历史。

[1]［清］王绍兰撰，管子地员篇注［M］，上海：上海古籍出版社，1995
[2]［清］孙诒让撰，墨子闲诂·后语［M］，上海：上海古籍出版社，1995
[3]［春秋］孟轲著，邵士梅注译. 孟子［M］. 西安：三秦出版社，2008.
[4]［战国］庄周著，庄子·齐物论［M］. 长春：时代文艺出版社，2001.
[5]［战国］庄周著，庄子·天运［M］. 长春：时代文艺出版社，2001.
[6]［战国］荀况著，安小兰注译，荀子［M］. 北京：中华书局，2007.
[7]［战国］韩非著，郑艳玲校注，韩非子［M］. 合肥：黄山书社，2002.
[8] 尚学锋，夏德靠注译. 国语［M］. 北京：中华书局，2007.
[9]［西汉］刘向著，王学典编译，战国策·齐策［M］. 北京：蓝天出版社，2007.
[10]［西汉］刘向著，王学典编译，战国策·楚策［M］. 北京：蓝天出版社，2007.
[11] 复旦大学中文系古典文学教研组选注，李白诗选［M］，北京：人民文学出版社，1977

三、"玩花池"的历史背景

从地方史料分析，当年，吴王夫差修筑"玩花池"供西施赏莲，则有其特殊的历史背景。据《绍兴府志》记述[1]："若耶溪在城南，西施採莲于此"。 若耶溪源出浙江省绍兴市若耶山，北流入运河；而城南即指绍兴府城之南。溪旁有浣纱石古迹，相传西施浣纱于此，又故名浣纱溪。因家庭贫困，儿时的西施常在若耶溪中泛舟采莲。后来历代诗文中出现"西施採莲"之典，均由此而来。

西施到吴国后，夫差常令其香山脚下的河溪泛舟採莲，这与西施在越地若耶溪採莲农事颇相类似。据宋•范成大《吴郡志•卷八•古迹》载[2]："采香泾在香山之旁，小溪也，吴王种香于香山，使美人泛舟于溪以採香，今自灵岩山望之一水直如矢，故又名箭泾"（据《辞源》曰[3]：泾，水名。释名释水："水直波曰泾"）。又载[4]："阖闾城西有山号砚石山，山有吴县西三十里，上有馆娃宫。……今灵岩寺即其地也，山有琴台、西施洞、玩花池，山前有采香径，皆径，皆宫之古迹"。香山名砚石山，亦称灵岩山。"采香径"在灵岩山附近，是西施等嫔妃美女泛舟采香的地方。笔者认为，"采香径"指吴宫美女采香的

图3 江南采莲图（明代木刻版画）

[1] [清]李亨特修，绍兴府志[M]，1792（乾隆57年），写刻本.
[2] [宋]范成大，吴郡志（卷八）•古迹[M]，写刻本.
[3] 商务印书馆编辑部编.辞源[M].北京：商务印书馆，1986：1973
[4] [宋]范成大，吴郡志（卷九）•古迹[M]，写刻本.

地方，泛指芳香会聚之处。采香不单指采莲，还包括山上的芳香花草。在古代作品中多描写吴王和西施艳事之典实。"采香径"又作"采香逕"、"采香泾"、"吴王香径"、"灵岩香径"、"采香路"，或"香径"、"香逕"、"香泾"；而"箭泾"、"箭径"为之别称。而"采香泾"则指沟水或溪水。唐·罗隐《吴门晚泊寄句曲道友》诗吟："采香径在人不留，采香径下停叶舟"。宋·姜夔《庆宫春》词赋："采香泾里春寒，老子婆娑，自歌谁答？"清·顾文彬《哭三子承》诗咏："胥乡遥指采香泾，一棹纯波渡洞庭"。均指吴地灵岩山附近百姓在溪渠泛舟采莲、采菱或采莼之情景（图3）。

可见，吴王夫差在海拔182米的灵岩山上筑造"玩花池"，并植荷专供西施欣赏，是有其历史背景及一定理由的。首先，吴越两国都是盛产荷花的江南水乡，一年一度的采莲成为当地重要的农事活动；其次，越国诸暨若耶溪是西施常采莲的故地。来到吴国后，吴王夫差也经常令其及嫔妃在灵岩山下香泾泛舟采莲；其三，当时商业经济发达，城市繁华，国君及贵族们为避喧器，便纷纷修筑离宫别馆。因而，吴王夫差当年在灵岩山筑"玩花池"博得西施的欢心，则顺应了这一历史潮流，也是筑池植荷的背景和理由。

四、历代文人笔下的西施与荷花诗

相传，西施姓施，名夷光，因居诸暨若耶溪之西村，故称之西施。她生得沉鱼落雁，羞花闭月，倾国倾城，姝妍冠世，乃"天下之至美也"！自从吴王夫差筑池植荷专供西施欣赏，从此，西施与荷花便结下不解之缘，而历代文人墨客则留下无数相关的名篇佳作，被后世誉为莲花之神（图4）。

唐·李白《子夜吴歌》诗曰[1]：

> 镜湖三百里，菡萏发荷花。
>
> 五月西施采，人看隘若耶。
>
> 回舟不待月，归去越王家。

相传春秋时期，越王勾践在绍兴会稽山北麓的镜湖（亦名鉴湖）里遍植荷花。每至盛夏，千顷湖上，菡萏初发，芙蓉出水，风过荷举，清香远溢。五月镜湖，艳阳初升，西施率女，驾舟采莲，满湖碧波，阵阵莲歌，笑语喧天，景致喜人。镜湖沿岸，众人挤拥，狭隘耶溪，堵塞难通，何为这般？争先一睹，西施娇容。

而李白《越女词》又吟[2]：

> 耶溪采莲女，见容棹歌回。
>
> 笑入荷花去，佯羞不出来。

[1] 孙映逵主编.中国历代咏花诗词鉴赏辞典［M］，江苏科技出版社：782～783
[2] 李白 著，瞿蜕园 朱金城 校注.李白集校注［M］，上海：上海古籍出版社，1980：1498～1499

图4 司六月莲花神西施（引自何恭上主编《荷之艺》）

也反映了越女采莲，西子临湖，姝妍冠世，娇容动人；千顷镜湖，绿盖浮波，翠拥红装，景致优美，秀色可餐，迷人画卷。

唐·皮日休《咏白莲》（其二）诗曰[1]：

> 细嗅深看暗断肠，从今无意爱红芳。
>
> 折来只合琼为客，把种应须玉砌塘。
>
> 向日但疑酥滴水，含风浑讶雪生香。
>
> 吴王台下开多少，遥似西施上素妆。

诗人眼中，亭亭白莲，出自淤泥，一尘不染，毫无媚骨，唯独可爱。细嗅深看，素雅似琼，洁白如雪，其色香韵，心醉神摇，断肠消魂；绝世尤物，何处见有？吴王台上，恰似西施，身着素罗，翩翩起舞，袅娜姿影，何等动人。当时社会，世风低下，诗人忧感，借其生发，不染白莲，高洁素雅。

宋·王安石《荷花》诗曰[2]：

> 亭亭风露拥川坻，天放娇娆岂自知？
>
> 一舸超然他日事，故应将尔当西施。

诗人是政治家，目睹朝廷弊政，推行新法，锐意改革，然面对守旧派反对，则进退两难。而诗中荷景与心境相近，托物言志，吐出心声。风露碧荷，亭亭净植，簇拥小洲，娇艳盛放；这绝色美景，是天公措置，还是自然如此？这不正与自身官职相似吗？是皇上信任提拔，还是邀功争宠？于是，借"天放娇娆"之荷景有力地回击守旧派。接下，诗人承诺要象范蠡一样，功成名遂，带着西施，驾一叶扁舟，归隐江湖。将荷喻以西施，借荷抒写怀抱，见界高超，不同凡响。

宋·范成大《再赋郡沼双莲》诗曰[3]：

> 馆娃魂散碧云沉，化作双莲寄很深。
>
> 千载不偿连理愿，一枝空有合欢心。

诗作由诗人暮年归隐而写。相传吴亡，因恨西施，将之沉江，以报子胥。然诗开头，馆娃宫中，香魂碧散，寥无音讯；不料今朝，竟化双莲，开放郡沼，以寄幽恨；生前难与，范郎连理，死后并蒂，重圆之愿。

清·郑燮《芙蓉》诗曰[4]：

> 最怜红粉几条痕，水外桥边小竹门。
>
> 照影自惊还自惜，西施原住苎萝村。

画家诗笔，出手不凡。池畔桥头，竹篱茅舍，碧叶红莲，荡漾波中，几条红痕，妖媚美艳；翠盖佳人，水佩风裳，婷婷玉立，临流照影，好似耶溪，苎萝水边，浣纱少女，西施美人。

[1] 李文禄，刘维治主编.古代咏花诗词鉴赏辞典[M]，长春：吉林大学出版社，1990：940~941
[2] 孙映逵主编.中国历代咏花诗词鉴赏辞典[M]，南京：江苏科技出版社.1989：827~828
[3] 孙映逵主编.中国历代咏花诗词鉴赏辞典[M]，南京：江苏科技出版社，1989：830~831
[4] 孙映逵主编.中国历代咏花诗词鉴赏辞典[M]，南京：江苏科技出版社，1989：839~840

此外，还有宋·欧阳修《阮郎归》词云："越女采莲秋水畔，窄袖轻罗，暗露双金钏。"宋·晏殊《渔家傲》词："越女采莲江北岸，轻桡短棹随风便。" 明·梁辰鱼《浣纱记》："采莲泾红芳尽死，越来溪吴歌惨凄。"明·汤显祖《与刘浙君东》诗吟："南士争攀柳，西娃正采莲。"清·钱谦益《荷花十首》诗曰："一枝占断西湖种，曾是西施旧采花。"又吟："十里莲泾接馆娃，石城西畔是侬家"。清·朱彝尊《越江词》诗："一自西施采莲后，越中生女尽如花。"

综上所述，我们可对吴王修筑玩花池作进一步的探讨。春秋时期，种荷采莲是吴越水乡重要的农事活动，而西施自小就在诸暨若耶溪采莲；成为吴王夫差的宠妃后，也常在灵岩山下香泾泛舟采莲（这时候西施及嫔妃的采莲不是劳动，而是一种享乐）；此外，当时商业经济发达，城市繁华，国君及贵族们为避喧嚣，便纷纷修筑离宫别馆。因而，吴王夫差当年在灵岩山筑"玩花池"博得西施的欢心，则顺应了这一历史潮流，也是筑池植荷的理由。

《诗经》和《楚辞》中荷花意象及园林水景

　　《诗经》和《楚辞》分别产生于上古时代末的春秋和战国时期，是我国南北文化的杰出代表，又是现实主义与浪漫主义的开山鼻祖。而这两部最早的诗歌集均出现荷花意象，且两者则形成了各自的特色。《诗经》以写实为主，以荷之艳美比喻女性姿色，寄情而歌；《楚辞》则以浪漫手法，充满神秘色彩，借荷喻以文人志行高洁，托神而颂。《诗经》和《楚辞》中的荷意象，在后世的文学作品中不断的延伸和扩充，并经过长期的积淀，直至宋时周敦颐的《爱莲说》问世，荷花的高洁形象则成为人们道德规范之化身，也成为园林审美的标准。

一、《诗经》中的荷意象

　　《诗经》中有两处描述荷花，一是《诗经·郑风·山有扶苏》；二是《诗经·陈风·泽陂》。诗中均以艳丽的荷花象征女子的貌美，来描写男女之间的情感生活。

1. 以荷象征女子的貌美

　　《郑风·山有扶苏》曰[1]："山有扶苏，隰有荷华。不见子都，乃见狂且。"郑国的疆域为河南中部，都城在新郑，古时的新郑地区池塘、沼泽地较多，适合于荷花的生长。此诗由高山、湿沼、扶苏（枝叶茂盛的树木）和荷花多个意象构成的意境。这是一首女子对恋人（或丈夫）的俏骂诗；诗中女子将扶苏比作男子，而自喻荷花，则反映了周人对荷花的审美情趣。《论语·卫灵公》曰[2]："放郑声，远佞人。郑声淫，佞人殆。"宋·朱熹《诗集传》云[3]："淫女戏其所私者"，"戏"为俏骂之意。据李英健等人评注："郑声即郑国地方的乐曲，'淫'是超过必要的程度之意，并不是淫荡的意思。"后世对郑诗"淫"的含义，均有误解。诗中以"扶苏"（山）和"荷华"（湿）喻男性和女性，描写男女约会的欢快心情和调笑情景。

　　《诗经·陈风·泽陂》中："彼泽之陂，有蒲与荷。有美一人，伤如之何！寤寐无为，涕

　　[1] 程俊英. 诗经译注[M]. 上海：上海古籍出版社，1985：152~248
　　[2] 孔子著，李英健等解读. 图解论语[M]. 沈阳：万卷出版公司，2008：250~251
　　[3] [宋] 朱熹. 诗集传[M]. 北京：中华书局，1958

泗滂沱。彼泽之陂，有蒲与蕑。有美一人，硕大且卷。寤寐无为，中心悁悁。彼泽之陂，有蒲菡萏。有美一人，硕大且俨。寤寐无为，辗转伏枕。"这又是一首爱情诗，也是由池塘、香蒲和荷花多个意象构成的意境。陈国位于今河南省淮阳、柘城及安徽省亳县一带，因这里土地广平，无名山大川，多沼泽之地。洪荒年代，气候环境变化频繁，洪灾经常发生，故当地百姓筑起堤坝，以防洪水泛滥。后来，气候环境变暖，洪水减少，气温有利于农作物及荷花等水生植物的生长，因而，炎夏时节，男女青年站在堤坝上见到满塘盛开的荷花，触景生情，思念梦中的情人。《郑笺》[1]："蒲以喻说男之性！荷以喻说女之容体也"，以"蒲"和"荷"比喻男女。为何《陈风·泽陂》以荷花代表女性？因荷花的色彩形态艳丽洒脱，常喻作女子的外貌特征。据《文心雕龙》所述[2]："夫比之为义，取类不常；或喻于声，或方于貌，或拟于心，或譬于事。"故此先民以荷之艳丽比作女性之貌美；以外形的硕大，形容美丽且充满生命的活力。

2. 《诗经》中荷意象代表女性的阴柔

《郑风·山有扶苏》中"山有扶苏，隰有荷华""山有桥松，隰有游龙"；再如《邶风·简兮》中"山有榛，隰有苓"；《唐风·山有枢》中"山有枢，隰有榆"；《秦风·晨风》亦云："山有苞栎，隰有六驳"。几乎远古先民把"山"比作男性的阳刚；把"隰"比作女性的阴柔。俞香顺在《中国荷花审美文化研究》述及[3]："山与隰具有古老的生殖崇拜象征意味，所以'山有……隰有……'成为了一个固定的模式，用以引发爱情。与之相对应，山上与泽中的植物分别与男性、女性相关，也具有生殖象征意味。"因而，这"山"与"隰"所出现的一阳一阴，具有对立统一的属性，则成为我国古代哲学研究的重要范畴；而生长在水隰（泽）中的荷花，也就被古人视为女性阴柔的象征。

3. 《诗经》中荷花的生殖意义

在《陈风·泽陂》中出现"蕑"、"菡萏"等，均为荷的别称，与其他植物相比，荷花具有很强的生殖繁衍能力。据历代史籍记载，荷的别称远不只这些；除荷华（周·《诗经》）外，还有芙蓉、芰荷（战国·《楚辞》）；夫容（汉·《子虚赋》）；芙蕖、夫渠、扶蕖（西汉·《毛诗古训传》）；容华（汉·《淮南子》）；菡萏（汉·《尔雅》）；水芝、水目、水华、水花（西晋·《古今注》）；嘉莲、瑞莲、并头莲、并蒂莲、一品莲、四面莲（南朝·《宋书符瑞志》）；水宫仙子（宋·《鸡川子·荷花》）；蕖仙（宋·《鸡川子·荷花》）；藕花（宋·《如梦令》）；凌波女（宋·《蝶恋花·秋莲》）；凌波仙子（宋·《咏荷》）；君子花（宋·《爱莲说》）；溪客（宋·《西溪丛语》）；玉环（元·《说郛》）；水旦、水芸、泽芝、水芙蓉、出水芙蓉（明·《群芳谱》）；净客（明·《三柳轩杂识》）；净友（明·《三余赘笔》）；浮友、静客（清·《广群芳谱》）；草芙蓉（清·《采芳随笔》）；孰華（清·《小知录》）；六月春（民国·《类腋辑览》），等等。

此外，荷花各部位器官亦有很多的专用名，如：荷花的别称有莲花、水花、水芙蓉、芙蕖、藕

[1] 程俊英，蒋见元注.诗经注析[M]．北京:中华书局，1991:382
[2] 周振甫译注.文心雕龙[M]．南京:江苏教育出版社，2005:511
[3] 俞香顺．中国荷花审美文化研究[M]．成都:巴蜀书社，2005:29~36

花、菡萏、君子花等；莲叶的别称有荷叶、蕸、风盖、翠盖、荷衣、碧圆、莲田、荷钱等；莲梗的别称有茄、芰茄等；莲实的别称有莲房、菂、薂、玉蛹、白玉蝉、湖目、石莲子等；地下茎的别称有藕、蔤、蓉玉节、玉玲珑、玉笋、玉臂龙、玉藕、光旁、雨草、玲珑腕等。

荷花是一种古老植物，具有根茎发达，繁衍快速，花叶茂盛，莲实丰满等特点。其花部为生殖器官，通过传粉、授精、孕育、结实等过程来完成"传宗接代"的使命。于是，古人富有想象力，给荷花以人格化，且衍生出"鸳鸯戏莲"、"五子戏莲"、"连生贵子"、"喜结连理"、"荷花童子"、"并蒂同心"、"鸳鸯荷花"、"莲里娃娃"、"本固枝荣"、"和合二仙"、"双莲图"、"鱼穿莲"等许多祈求人丁兴旺的吉祥隐语。其中"鸳鸯戏莲"、"鸳鸯荷花"是借荷池中形影不离的鸳鸯鸟与莲花共同生活的习性，隐喻夫妻关系恩恩爱爱，子孙满堂；"荷花童子"、"莲里娃娃"，借繁衍茂密的荷花，隐喻早生贵子；"并蒂同心"和"双莲图"之意，借自然界发生稀罕少见的并蒂莲这一吉祥征兆，隐喻男女相爱、同心同德，期盼双胎，繁衍后代；"本固枝荣"借荷花地下盘根交错、茂密繁盛的根茎，寓意多子多孙，四世同堂；而"喜结连理"、"连生贵子"、借"莲"与"连"之谐音，意示多得聪明伶俐的贵子。有资料报到，在一些"连生贵子"的画面上，把莲花的花瓣与花蕊恣意变形，使其与文明相似。并以孩童点明其画意。从客观上讲，莲花生孩子既不合情，又不入理，二者根本也不存在本质上的联系。但莲花自古就是女性的象征，且变形后的莲花近似女阴，这样使莲花能生子就会达到形和意、情和理上相通的统一。这无疑是对"原始生殖力"的崇拜；白头偕老的"和合二仙"图案，其中一位就是手执荷花的仙子，而荷花也暗喻着女性的子孙满堂。晋地民间俗话说："鱼穿莲，十七、十八儿女全。" 还有"鱼儿戏莲花，夫妻结下好缘法"等。综上所述，这些吉祥隐语都直接或间接地说明了荷花在古人对生殖崇拜中的地位和影响（见下篇《莲与古代生殖崇拜》）。

二、《楚辞》中的荷花意象

《楚辞》中谈及荷花意象（包括宋玉的《九辩》和《招魂》）共有9处。将荷花喻为"香草美人"，或不染世俗的神女，给荷以人格化，比作人的志行高洁。

1. 荷花比作香草，当作隐士之服

《离骚》中"制芰荷以为衣兮，集芙蓉以为裳。不吾知其亦已兮，苟余情其信芳"以荷制衣，还有《少司命》中"荷衣兮蕙带，倏而来兮忽而逝"；《思美人》中"令薜荔以为理兮，惮举趾而缘木。因芙蓉而为媒兮，惮褰裳而濡足"；《九辩》中"被荷裯之晏晏兮，然潢洋而不可带"等，三闾大夫以荷花制作衣裳，而以兰芷、薜荔、杜蘅、幽兰、秋菊等植物作佩带之物，把荷花与兰芷、幽兰、秋菊等植物构成了香草意象。古时的楚地，巫风盛行，先民在祭祀时，常以香草供奉神灵。位于水乡泽国的荆楚一带，荷花也就成为一种显而易见的水生香草植物。诚然，诗人常将荷叶制成衣当作隐士之服，体现出一种避世之志，高洁之情。但苏雪林《楚骚新诂》

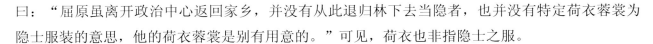

曰："屈原虽离开政治中心返回家乡，并没有从此退归林下去当隐者，也并没有特定荷衣蓉裳为隐士服装的意思，他的荷衣蓉裳是别有用意的。"可见，荷衣也非指隐士之服。

2. 荷意象与神仙的关连

《湘夫人》中："筑室兮水中，葺之兮荷盖。荪壁兮紫坛，播芳椒兮成堂……；白玉兮为镇，疏石兰兮为芳。芷葺兮荷屋，缭之兮杜衡。"朱熹注释："此言其所筑水中之室，欲其芳洁如是也。"诗人用浪漫且夸张的手法描写水神所居住的环境，用荷叶盖屋顶的宫殿随着清风，芳香飘逸。据苏雪林解释[1]："巫师鼓励人与神结婚，如果不将神的家乡说得万分之好，谁愿意听他们的话跑到深山或水里去死呢？你看他们描写水神的家怎样？水神的屋子筑在水中（筑室兮水中），荷叶为盖，紫贝为坛，播芳椒以成堂，以极香的木（桂）为栋，极香的花（兰）为橑。以最早开的迎春花（辛夷）为门楣。把薜荔结成网子挂做窗帷，将蕙草编为流苏，悬为屋联。白玉镇于坐席，更敷以石兰，芷草以盖屋顶，又缭之以杜蘅，庭中种了百种的美草，门庑之间又有各色香花。这种建筑，极飘逸，极幽美，极富有诗意，真配给一个美丽的女神住。"

再如《河伯》中："与女游兮九河，冲风起兮水横波。乘水车兮荷盖，驾两龙兮骖螭。"少司命、河伯、湘夫人均属水神。少司命的本身为西亚生神旦缪子。旦缪子为水主哀亚之子，所以也有水神的资格。湘夫人的前身是西亚金星之神易士塔儿，她的属性至为繁杂，而女水神亦为其一。至于河伯的前身即水主哀亚，哀亚虽为众水之王，而又为幼发拉底斯河之神，传到我国则为黄河之神。三者都是水神仙，所以屈原对他们的衣服、屋宇、车乘的描写，皆用芰荷之属。

3. 视荷为爱情的象征

在《湘君》中："采薜荔兮水中，搴芙蓉兮木末。心不同兮媒劳，恩不甚兮轻绝。"其意为：迎湘君好像水中采薜荔，又好比在树梢上攀摘荷花。俩人的心不同，媒人也徒劳，彼此间感情不深易轻抛。宋·朱熹《楚辞集注》云[2]："薜荔缘木，而今采之水中，芙蓉在水，而今求之木末，既非其处，则用力虽勤，而不可得。至于合昏而情异，则媒虽劳而昏不成，结友而交疏，则今虽成而终易绝，则又心志暌乖，不容强合之验也。"薜荔长在陆地，荷花生于水中；要采薜荔于水中，而搴荷花于树梢，犹缘木求鱼，必然一无所得，比喻求爱不易。

三、《楚辞》中以荷花意象出现的园林水景

在《招魂》中："坐堂伏槛，临曲池些。芙蓉始发，杂芰荷些。紫茎屏风，文缘波些。"苏雪林《楚骚新诂》曰[3]："蒋云：'此承离榭而序其游览待从之乐也。所游常有待女，故高堂亦有帷帐之饰。'此解甚佳。不然，前文已铺陈建筑之华美，又言'堂'言'梁'言'池'，言池中之'芙蓉'，岂不犯复？"诗人别出心裁，将这一处园林水景描写得漓淋尽致。当然，这只是

[1] 苏雪林．屈赋论丛[M]．武汉：武汉大学出版社，2007：93～94
[2] [宋]朱熹撰．楚辞集注[M]．香港：中华书局香港分局，1972，影印本
[3] 苏雪林．楚骚新诂[M]．武汉：武汉大学出版社，2007：450～451

神仙居住的瑶池仙境，那厅堂临水而筑，池面弯曲有度，小荷现蕾初绽，间有菱叶映衬，点点荇叶飘荡，紫茎随波引长，实为佳景也！

据周维权《中国古典园林史》载[1]："春秋战国时期见诸文献记载的众多贵族园林之中，规模较大、特点较突出，因而也是后世知名度最高的，当推楚国的章华台、吴国的姑苏台。"地处云梦水泽的楚都郢（现江陵），离宫别馆众多，其中章华台位于现湖北省潜江境内。经考古发掘的遗址表明，章华台遗址范围东西长2 000米，南北宽约1 000米，总面积达220万平方米。据《水经注·沔水》曰[2]："水东入离湖……，湖侧有章华台，台高十丈，基广十五丈，……穷土木之技，单府库之实，举国营之数年乃成。"史料表明，章华台始建于楚灵王六年（公元前535年），

6年后才全部完工。以章华台建造的地理位置进行分析，其周边附近湖泊河溪交错。有了湖池湿沼，自然就会生长荷花。又据《国语·吴语》曰[3]："昔楚灵王不君，其臣箴谏以不入。乃筑台于章华之上，阙为石郭，陂汉，以象帝舜。"后韦昭注释："阙，穿也。陂，壅也。舜葬九嶷，其山体水旋其丘下，故壅汉水使旋石郭以象之也。"可知，章华台的三面为人工开凿的水池所环抱，临水而成景，而水池的水引自汉水。笔者认为，章华台是楚王的离宫别馆，又处于古云梦水泽之中，而《招魂》所写的荷景，很有可能是诗人对章华台园林水景的吟唱（图1）。

图1 古时楚都离宫别馆之荷景

到西汉时期，大文学家司马相如《子虚赋》曰[4]："……其乐则有蕙圃：蘅兰芷若，芎䓖菖浦，江蓠蘪芜，诸柘巴苴。其南侧有平原广泽：登降陁靡，案衍坛曼，缘似大江，限以巫山；其高燥则生葳菥苞荔，薛莎青薠；其埤湿则生藏莨蒹葭，东蘠雕胡。莲藕觚卢，菴闾轩于。众物居之，不可胜图。其西则有涌泉清池：激水推移，外发芙蓉菱华，内隐钜石白沙。"经过战争的洗礼，曾一度辉煌的章华台园林景致，却一去不复返了；300年之后，只有司马相如在他《子虚赋》中留下了这样一段古云泽国荷景的记载。

[1] 周维权. 中国古典园林史·第三版 [M]. 北京：清华大学出版社. 1990：58～59
[2] ［北魏］郦道元撰. 王国维校. 水经注校 [M]. 上海：上海人民出版社，1984
[3] ［明］闵齐汲裁注. 国语 [M]. 北京：北京出版社，1998
[4] ［西汉］司马相如. 子虚赋 [C] 赵雪倩编注. 中国历代园林图文精选 [M]. 上海：同济大学出版社，2005：38

我国采莲文化的形成、演变及发展

采莲，是我国古代江南水乡一项重要的农事，经历代文人的大肆渲染和讴歌后，逐渐演变成宫廷和民间具歌舞形式的文化娱乐活动。目前有关采莲题材的研究论文甚多，有的探讨采莲发生时间和地点；也有的考究采莲曲起源与演变，但都是从文学角度进行多方位的论证。然而，采莲究竟起源于何时何地？采莲如何演变成宫廷具歌舞形式的文化娱乐活动？以及采莲活动对现代园林的发展具何意义？现有的论述尚不多见，故笔者试图将采莲文化从园林方面的应用与发展，陈述一管之见。

一、采莲溯源

《诗经》是我国第一部诗歌总集，最早有了荷花的记载；而《楚辞》是继《诗经》后又一部诗歌集，诗中也多次描述荷花的情景。后来陆续有了汉乐府相和歌《江南可采莲》，南朝乐府《西洲曲》等采莲曲问世，于是有学者认为，荆楚江南是采莲发生地。据俞香顺《中国文学中的采莲主题研究》报导[1]："只是由于区域文化优势的递变，荷花的中心产地在文献记载中也有着相应的变化。大致说来，汉代之前，荷主要是楚地荷花；而东晋至南朝，主要是以建业为中心的吴地荷花"。诚然，采莲所发生的时间，也就是《楚辞》问世的年代；也有人将采莲活动分为荆楚江南和吴越江南，采莲最早出现在楚地。而魏振东《采莲探源》认为[2]："统观《乐府诗集》，时代越早，采莲就越与古'江南'即荆楚'江南'有关系，唐朝以前的采莲曲大多反映的荆楚'江南'的风情，这给我们一个启示：采莲曲最早产生在荆楚'江南'地区。"这些所论及采莲发生的时间或地域，只是作者限于现有史籍，从文学层面上对采莲民歌进行分析所得出结论，笔者并非持否定态度。但要溯源采莲的年代和地点，只凭文字推测，难以置信，还需借助考古史料进行综合分析研究。

笔者认为，我国古代江南的采莲活动年代久远，源远流长，至少可上溯至距今5 000多年前的良渚文化晚期。众所周知，采莲需要具一定浮力的承载工具才能进行活动；若无这种条件，古人只

[1] 俞香顺. 中国文学中的采莲主题研究. 南京师范大学文学院学报. 2002（4）：7～15
[2] 魏振东. 采莲探源. 河北建筑科技学院学报（社科版）. 2006（1）：62～63.

有在湖沼河池沿岸采摘。考古学家在研究河姆渡文化遗址时作出论断，距今6000多年前，当时的先民以稻谷为主要粮食外，还要从事一定的采集活动，则以莲实、莲藕、菱角和芡实作为补充食物。由此可知，远古先民已把采莲、采菱作为一项重要的农事活动了。但有关采莲、采菱所用的木舟（或船），在历代史籍中却无详细地记载。据《淮南子·说山训》云[1]："古人见窾木浮而知为舟"。很早以前先民已认识到空木具有浮性，可用来载物，由此发明创造了舟船工具；而《周易·系辞》载[2]："刳木为舟，剡木为楫，舟楫之利以济不通，致远以利天下。"意指挖空树木为舟及削制木头为桨楫。

据蒋乐平《跨湖桥独木舟三题》报导[3]："2002年11月在杭州萧山跨湖桥新石器遗址上发掘的独木舟，对独木舟舟体的木质标本进行碳$_{14}$年代测定，距今近8000年。……这是一艘残损的独木舟。残长5.6米，一端保存基本完整，保存1米左右宽的侧舷。船头宽29厘米，离船头25厘米处，船体宽呈一定弧线增至52厘米，这也是舟体的基本宽度"（图1）。而王心喜《中华第一舟》亦述[4]："跨湖桥遗址发掘的独木舟，离船头1米处有一片面积较大的黑炭面，东南侧舷内发现大片的黑焦面，西北侧舷内也有面积较小的黑焦面。这些黑焦面是当时借火焦法挖凿船体的证据。"

又据吴振华《杭州古港史》报导[5]："良渚文化遗址出土了不少木桨。如浙江吴兴的钱山漾遗址就曾出土过一支木桨，木桨选用的是质地坚硬的青冈木，木桨通长96.5厘米，柄长87厘米（已腐朽）、叶宽19厘米，是用整块木料制成的，中间一脊贯穿桨叶连接柄部，整条木桨结实厚重。如此结实的木桨，使人们能想像出当时的独木舟体形是比较大型而且敦实的。杭州水田畈遗址也出土了4支木桨，这些木桨器型都比较大，桨叶比河姆渡的木桨大一倍，它实用性也大大超过后者。"在此之前在江苏省武进发现的一条距今2000多年前达11米的独木舟；2002年初在苏州附近一处文化遗址发现了5000年前的独木舟；而在浙江省河姆渡遗址上曾经发现7000年前

图1　杭州萧山跨湖桥遗址发掘的独木舟

的船桨，以及可冲气浮于水面的兽皮，但没有发现木船的整体。以上出土独木舟和木桨的史料，为我们研究古代采莲、采菱活动的起源提供了有力地科学依据。

吴振华先生在研究出土独木舟和木桨时进一步论述[6]："夏商始于公元前2146年，正是良渚文化

[1] [战国] 吕不韦, [汉] 刘安. 吕氏春秋·淮南子 [M]. 长沙: 岳麓书社, 2006.
[2] 黄寿祺, 张善文撰. 周易译注 [M]. 上海: 上海古籍出版社, 1989: 572~573.
[3] 蒋乐平. 跨湖桥独木舟三题. 林华东, 任关甫主编. 跨湖桥文化论文集. 2009: 29~34.
[4] 王心喜. 中华第一舟. 发明与创新. 2005 (8): 40~41.
[5] 吴振华. 杭州古港史 [M]. 北京: 人民交通出版社, 1989.
[6] 吴振华. 独木舟与水文化的萌芽. 林华东等主编. 跨湖桥文化论文集. 2009: 102~107

的晚期，止于公元前1675年。商代是公元前1760年到公元前1120年，夏、商二代共历时1000多年。这个阶段特别是水上交通工具发生巨变的时代，……至迟三千年前的商代，我国就已完成了由独木舟到木板船的变革，且此时的木板船已具有成熟的规制。"由此，我们可进一步推测，古代先民造船下海捕鱼；同样有可能造船在太湖及周边湿沼河溪采莲和采菱。因为采莲船比下海捕鱼船小巧且轻便，在制造工艺上也要简易，故有充分的理由断定，古代江南驾舟采莲、采菱活动，早在距今5000多年前的良渚文化晚期（或夏商初期）就出现了。

二、采莲歌谣的产生

我国南方远古先民主要以稻谷为食粮，而莲、菱及芡是作为食物的一种补充。为了保证食物的充足和多样化，先民们长年累月地把采莲、采菱作为一项重要的农事活动，且代代相传了下来。古时，采莲活动是按采摘快慢和体力大小来分工搭配的。采莲和采菱是一项手巧快捷的农活，一般由女子操作；而划桨撑篙需要体力，则由小伙子承担。为消除一日的疲劳，男女青年在一起常发出前呼后应的呼喊。这种伴随劳动重复出现，且有强烈节奏和简单声音的呼喊，就是萌芽状态的民歌——劳动号子。据《淮南子•道应训》记述[1]："今夫举大木者，前呼'邪许'，后亦应之，此举重劝力之歌也。"意指特定的劳动方式和过程，引发出与这种劳动方式和过程相适应的歌唱形式，而这种"举重劝力之歌"，即劳动号子。而这古老的劳动号子，随着时间的推移，历代相传，不断创新，逐渐发展成为劳动歌。

早期的劳动歌调子比较固定，歌词比较单一，有的只是"咳嗬"、"哎嗨"的呼呐声，在劳动中起着号令的作用。由于生产力的进步、社会的发展，劳动歌不仅是一种单纯的呼喊号令，而且还描写劳动的过程，表现与劳动者的思想感情相关的生活情态和风俗特征。因而，劳动号子是我国古代民间歌曲中产生最早的音乐体裁。它源于劳动，结合于劳动。因民间体力劳动存在多种多样的项目和复杂的分工，故号子又因劳动项目和分工的不同，而被划分为若干与工种相应的具体劳动号子歌种。常见的有搬运号子、工程号子、农事号子和船渔号子等。如搬运号子在装卸、扛抬、挑担、推车等劳动中歌唱；工程号子在打夯、打硪、伐木、采石等劳动中歌唱；农事号子在农事中歌唱，如打麦、春米、采莲、采菱、车水、薅草等；船渔号子则伴随水运、打渔、船务等劳动而歌唱。采莲、采菱属于农事号子中的一种。据《楚辞•招魂》[2]："吴歈蔡讴，奏大吕些。"歈、讴都是不用乐器伴奏的徒歌。歈是会意字，"俞"是独木舟，"欠"是张口扬声，合起来即船夫唱歌。在采莲歌谣中[3]："汀洲采白蘋，日落江南春。洞庭有归客，潇湘逢故人。故人何不返，春华复应晚。不道新知乐，只言行路远"（南朝梁•柳恽）等，因而，可进一步推测，采莲民歌就是由农事号子发展而来。

[1] ［汉］刘安.淮南子［M］.沈阳：万卷出版公司，2009.
[2] 方飞评注.楚辞赏析［M］.乌鲁木齐：新疆青少年出版社，2000：151～165.
[3] ［宋］郭茂倩.乐府诗集［M］.北京：中华书局，1982.

降至汉魏南北朝时期，每逢莲花盛开时节，江南水乡对对青年男女成群结队驾舟湖上采莲摘菱，那阵阵清脆悦耳的莲歌，仿佛空间在流动，时间在凝固，情景交融，令人陶醉。随着岁月的流逝，时代的进步，采莲活动不仅由农事号子演变成徒唱或但唱的采莲歌谣，还由此发展有乐器伴奏的相和歌及相和大曲等，且上至朝廷官府，下达江南民间百姓，十分盛行，直到流传至今。

三、采莲曲由相和歌到清商乐的演变

采莲民歌是由远古先民的农事号子发展而来，但随着社会的发展，生产力不断的进步，采莲民歌也就赋予了新的内容和形式。其内容主要描写采莲男女青年在劳动过程中的表现，以及他们的思想感情，或是相关的生活情态和地方习俗；而形式上由徒唱（清唱，无伴奏）或但唱（有伴唱而无伴奏）发展到相和歌或相和大曲（由歌唱、舞蹈、器乐三种艺术相结合的综合性歌舞大曲）等；且自民间发展到朝廷乐府，又从乐府流传至民间，数千年来，传唱不衰。

1. 乐府收集采莲歌谣

乐府是汉代封建王朝建立管理音乐的宫廷官署，最初始于秦代，汉承秦制，然乐府作为专门机构被保留。惠帝时有"乐府令"之职；到武帝时，乐府的规模和职能都被大规模地扩充，其具体任务包括搜集民歌、制定乐谱、训练乐工及制作歌辞等，因而乐府便派人到各地搜集民歌，以了解民情，其中采莲歌谣在江南所搜集。据《汉书·艺文志》所述[1]："自孝武立于乐府而采歌谣，于是有代、赵之讴，秦、楚之风。皆感于哀乐，缘事而发，亦可以观风俗，知薄厚云。"反映了汉乐府诗的创作主体有感而发，且具有很强的针对性。它深入地反映了社会下层百姓日常生活的艰难与痛苦，具有浓厚的生活气息，以及对生命短促，人生无常的悲哀；还有不少采莲作品表现出男女青年对爱情生活的向往，道出了那个时代的苦与乐、爱与恨、生与死的人生态度。

2. 相和歌到清商乐的演变

按宋代郭茂倩所编的《乐府诗集》整理[2]，将汉至唐的乐府诗搜集在一起，共分郊庙歌辞、燕射歌辞、鼓吹曲辞、横吹曲辞、相和歌辞、清商曲辞、舞曲歌辞、琴曲歌辞、杂曲歌辞、近代曲辞、杂歌谣辞、新乐府辞等12类。采莲曲及采莲民歌主要编列在相和歌辞、清商曲辞、杂曲歌辞和近代曲辞中，而清商曲辞最多，杂歌谣辞中则较少。

汉乐府相和歌《江南可采莲》吟："江南可采莲，莲叶何田田。鱼戏莲叶间，鱼戏莲叶东，鱼戏莲叶西，鱼戏莲叶南，鱼戏莲叶北。"据南朝·梁沈约《宋书·卷一九·志第九》载[3]："凡乐章古辞，今之存者，并汉世街陌谣讴，《江南可采莲》、《乌生十五子》、《白头吟》之属是也。"可见，汉乐府相和歌《江南可采莲》是采自江南民间"街陌谣讴"的歌谣；然而，乐府搜集采莲民歌后，通过整理再创作，则由徒歌（或但歌）演变成以丝、竹、节等多种乐器唱奏的相和歌。

[1] [汉] 班固. 汉书·艺文志 [M]. 北京: 人民出版社, 2006: 188~198.
[2] [宋] 郭茂倩辑. 乐府诗集 [M]. 台北: 台湾商务印书馆. 1986.
[3] [南朝·梁] 沈约撰. 宋书·卷十九·志第九. 长春: 吉林人民出版社. 1998: 325.

采莲曲在清商曲辞中最多，在郭茂倩《乐府诗集》的"清商曲辞二"、"清商曲辞四"和"清商曲辞七"中共19首。何谓清商乐？《乐府诗集》所述："清商乐，一曰清乐。清乐者九代之遗声，其始，即相和三调是也。并汉魏已来旧曲，其辞皆古调及魏三祖所作。"而《旧唐书•卷二八•音乐》亦载[1]："清乐者南朝旧乐也，永嘉之乱，五都沦丧；遗声旧制，流落江左。宋梁之间，南朝文物，号为最盛。人谣国俗，亦各有新声。后魏孝文，宣武用师淮、汉，以其所获南音，谓之清商乐。"自永嘉之后，咸洛为墟，礼坏乐崩，典章殆尽。东晋、南北朝时期是战乱频繁及民族大迁徙的年代，同时经济和文化艺术的发展随着政治中心的转移也发生变化；因而，音乐名称随朝代更替亦有变更。于是，汉乐府的北方音乐相和歌与南方音乐融为一体，称之清商乐。还有汉乐府机构到曹魏时也改为清商署。它"上承秦汉，下启隋唐"，被隋文帝称之"华夏正声"。

3. 采莲曲唱奏形式

初期的采莲民歌，是由一人演唱的徒歌，或一人唱众人帮腔的但歌，后发展成由歌者自击节鼓与伴奏的管弦乐器相应和的相和歌。而相和歌在发展过程中逐渐与舞蹈、器乐演奏相结合，产生了"相和大曲"。汉代的相和歌，主要在宫廷"朝会"、"置酒"、"游猎"与民间"禊祓"等场合演唱，其作品如《阳阿》、《采菱》、《江南可采莲》、《激楚》、《今有人》等。这些作品原是战国时代就流行的楚地民歌或歌舞曲。根据《淮南子》曰[2]："欲学讴者，必先徵为乐风。欲美和者，必先始于《阳阿》、《采菱》。"至汉代，它们都成为相和歌或相和大曲的重要曲目（图2）。

曹魏时期的清商乐，其伴奏乐队由笛、笙、节鼓、琴、瑟、筝、琵琶等7种乐器所组成。在实际演奏时，可灵活选用乐器，有时可不用节鼓，而用筑（古代一种管弦乐）。如

图2 宴饮观舞（拓片，东汉•四川成都）

《江南可采莲》、《采莲曲》、《采菱》、《采莲归》、《张静婉采莲曲》等，是常演奏的曲目。如今，《采莲曲》等曲目只有文字，乐曲早已不可耳闻了。但从歌辞里仍可了解到那个时代民俗音乐之概貌。据《梁书•列传第三十三•羊侃》曰[3]："羊侃性豪侈，善音律，姬妾列侍，穷极奢侈。有舞人张静婉，容色绝世，腰围一尺六寸，时人咸推能掌上舞。侃尝自造采莲棹歌两曲，甚有新致，乐府谓之《张静婉采莲曲》。其后所传，颇失故意。"相传，张静婉是羊侃（泰山梁甫人）家的舞女，羊曾为之作"采莲棹歌"两曲，乐府谓之《张静婉采莲曲》，后羊曲已佚，现温庭筠诗大致保持了原调的风味。

因此，清商乐是一种风格独特的民间曲调；而采莲曲的演唱形式多种多样，既可一人演唱，还能众人帮腔；不仅由笛、笙、节鼓、琴、瑟、筝、琵琶等多种乐器演奏，还可舞蹈表演。可想象

[1] [后晋]刘昫等撰，廉湘民标点. 旧唐书•卷二八•音乐 [M]. 长春：吉林人民出版社. 1998：671.
[2] 何宁. 淮南子集解 [M]. 北京：中华书局新编诸子集成版. 1998.
[3] [唐]姚思廉. 梁书•列传第三十三 [M]. 北京：中华书局，线装书.

得出，采莲曲的音调抒情、细腻且婉转；其风格缠绵悱恻，音韵亦美妙悦耳，在当时荆楚、吴越一带民间十分流行。

四、采莲曲的审美意象

郭茂倩编《乐府诗集》中所收集的《采莲曲》，反映了数千年来江南水乡浓郁的劳动气息，采莲女含蓄的爱情表达，团结互助的精神，以及丰富的江南水乡历史文化等文学审美特征。

1. 采莲劳动环境美

古时夏日的江南，是一个碧水蓝天、荷浪翻卷、清香远溢、环境优雅的季节。"晚日照空矶，采莲承晚晖。风起湖难度，莲多摘未稀。棹动芙蓉落，船移白鹭飞。荷丝傍绕腕，菱角远牵衣。常闻蕖可爱，采撷欲为裙"（南朝梁·萧纲），此诗以空矶、晚晖、棹船、白鹭、荷丝、菱角等来描写了采莲劳动环境，再以照、摘、落、动、移、飞、绕等动词把人与环境融合起来，使采莲的劳动环境更为优雅且生动。"稽山罢雾郁嵯峨，镜水无风也自波。莫言春度芳菲尽，别有中流采芰荷"（唐·贺知章），那郁郁葱葱、云雾缭绕、群峰连绵的会稽山多么壮丽，而无风的镜湖怎会自动涌现波澜？原是镜湖有上百个小湖组成而造成的落差所致；别说春光已尽，炎夏降临；其实夏景比春色更美丽，因这是摘菱采莲的好时光。其实，诗人在描绘家乡镜湖采莲环境那秀美的景色。"平川映晓霞，莲舟泛浪花"（南朝梁·沈君攸）；"采采乘日暮，不思贤与愚"（唐·储光羲），"浮照满川涨，芙蓉承落光"（南朝陈·祖孙登）等，都反映了清晨或傍晚采莲的时间环境。

2. 采莲劳动生活美

从仲夏到金秋是采莲的季节。江南男女青年在采莲的过程中，有的荡桨，有的撑篙，有的摘莲，也有的唱歌，则充满着青春活力，表现出一种劳动生活美。"金桨木兰船，戏采江南莲。莲香隔浦度，荷叶满江鲜。房垂易入手，柄曲自临盘。露花时湿钏，风茎乍拂钿"（南朝梁·刘孝威），瞧！采莲人将船驶入莲丛，一只只籽实饱满的莲蓬压弯了莲柄，垂坠在莲叶上，使得采莲女轻而易举的摘到。那带露的莲叶莲花打湿了姑娘们的宝钏，清风摇曳莲柄，时而拂动她们的花钿，这是多么欢快的劳动场景。"若耶溪傍采莲女，笑隔荷花共人语"（唐·李白），在采莲的过程中，少男少女产生爱情是真诚的，且相互都很珍惜。"泛舟采菱叶，过摘芙蓉花。扣楫命童侣，齐声采莲歌。东湖扶菰童，西湖采菱芰。不持歌作乐，为持解愁思"（乐府相和歌），不仅采菱叶还摘莲花；既驾舟游荡湖上，又命童子高声和唱。如此游玩之乐，当然心中的忧愁也就荡然全无了（图3）。

还有采莲人表达出莲菱满船、凯旋而归的渴望。如"船中未满度前洲，借问阿谁家住远"（唐·张籍），莲子还没有装满船舱，还需继续采摘，亲切问话，相互鼓劲，揭示出采莲人善良的心地和美好的情操。"湖里人无限，何日满船时"（南朝梁·朱超）；"还船不畏满，归路讵嫌赊"（南朝梁·沈君攸）等，都充满了采莲人对劳动的热爱。

图3 "笑隔荷花共人语"

此外，采莲人在采莲时，善于观察自然现象，不断总结劳动生活经验，这也是一种劳动态度的审美。"试牵绿茎下寻藕，断处丝多刺伤手"（张籍），采莲人顺着莲柄在泥下寻找新藕，但因莲柄上的刺多又硬却刺伤手。到了秋季，莲停止生长，地下部分便开始长出新藕。"浅渚荷花繁，深塘菱叶疏"（唐·储光羲），荷花是赖水而生的植物，但其却不耐深水，当水深超过1.2～1.5米时，荷花难以生存，只有生长耐深水的菱、芡实等植物，故深水处只有稀疏的菱叶飘浮。说明作者对荷、菱等植物的生长习性和生态环境观察入微。

3.采莲女的形象美

《采莲曲》中塑造了一个个聪颖勤劳、活泼美丽的采莲女文学形象。如"碧玉小家女"，"莲花乱脸色，荷叶杂衣香"（南朝梁·萧绎），碧玉佳人，莲脸留春，好生动人；在梁元帝的笔下，这小户人家的美貌女子，则初具采莲女的形象。"荷叶罗裙一色裁，芙蓉花脸两边开。棹入横塘人不见，闻歌始觉有人来"（唐·王昌龄），采莲女与大自然融为一体。罗裙与莲叶莫辨；脸面与莲花难分；以致置身莲丛，却浑然不知；当闻歌四起，方知人影藏于莲丛中。诗人以巧妙的构思，用浪漫的手法，烘托出一个莲歌甜润、活泼靓丽的采莲女。"逢郎欲语低头笑，碧玉搔头落水中"（唐·白居易），姑娘遇上小伙，想说又突然语塞，只有羞涩低头微笑，却不慎将头上碧玉簪落入水中。诗人抓住采莲姑娘腼腆且羞涩的心理，且进一步观察其神态和细节变化，捕捉了一个含羞带笑的真实特写。"浔阳女儿花满头，毵毵同泛木兰舟。秋风日暮南湖里，争唱菱歌不肯休"（唐·戎昱），采莲女头上插满鲜花，划舟在湖上荡漾；秋风清爽，夜色降临，姑娘们仍"争唱"菱歌，竟毫无归意。诗人把采莲女那活泼欢快、忘情歌唱的情态，描写得入木三分。"摘取芙蓉花，莫摘芙蓉叶。将归问夫婿，颜色何如妾"（王昌龄），作者构思巧妙，以采莲少妇摘莲自比，娇涩而矜夸，健美且活泼，刻划出纯真爽朗的性格，又羞涩且自信的采莲女形象（图4）。还有"朝出沙头日正红，晚来云起半江中。赖逢邻女曾相识，并著莲舟不畏风"（唐·张潮），朝阳升起，晴空万里；突涌乌云，暴雨降临，狂风恶浪，莲舟摇摆；危急关头，幸遇邻女，两船并连，化险为夷。塑造了采莲女团结互助的精神。

4. 含蓄浪漫的情歌

朱自清《荷塘月色》曰[1]："采莲是江南的旧俗，似乎很早就有，而六朝时为盛；从诗歌里可以约略知道。采莲是少年的女子，她们是荡着小船，唱着艳歌去的。采莲人不用说很多，还有看采莲的人。那是一个热闹的季节，也是一个风流的季节。梁元帝《采莲赋》里说得好：'于是妖童媛女，荡舟心许；鹢首徐回，兼传羽杯；棹将移而藻挂，船欲动而萍开。尔其纤腰束素，迁延顾步；夏始春余，叶

图4　碧玉佳人，莲脸留春

嫩花初，恐沾裳而浅笑，畏倾船而敛裾。'可见当时嬉游的光景了。"

历代专家学者认为，"清商曲辞"属南朝乐府的艳歌。据《萧涤非说乐府》记述[2]："其所谓'荡悦淫志'，所谓'喧丑之制'，乃适为南朝乐府之正宗与特色焉"。而郭茂倩的《乐府诗集•卷六十一》中"杂曲歌辞"序曰[3]："自晋迁江左，下逮隋唐，德泽浸微，风化不竞，去圣逾远，繁音日滋，艳曲兴于南朝，胡音生于北俗。哀音靡曼之辞，迭作并起，流而忘反，以至陵夷。"故在南朝乐府诗歌中，常有"寒闺动蔽帐，密筵重锦席。卖眼拂长袖，含笑留上客"（南朝梁•萧衍《子夜冬歌》）；"忆眠时，人眠强未眠。解罗不待劝，就枕更许牵。复恐旁人见，娇羞在烛前"（南朝梁•沈约《六忆诗》）；"碧玉破瓜时，相为情颠倒。感郎不羞郎，回身就郎抱"（《碧玉歌》）等艳歌。而这些艳歌所表达的情感十分直白、显露且入俗，缺乏艺术审美感而遭人贬损。

《采莲曲》则不然，它所表达的男女情感具有含蓄而委婉、文雅且浪漫之特点。如著名抒情长诗《西洲曲》吟："开门郎不至，出门采红莲。采莲南塘秋，莲花过人头。低头弄莲子，莲子清如水。置莲怀袖中，莲心彻底红。楼高望不见，尽日栏杆头。栏杆十二曲，垂手明如玉。卷帘天自高，海水摇空绿。水梦悠悠，君愁我亦愁。南风知我意，吹梦到西洲。"意为采莲女开门没见心上人，就出门采莲了；仲秋的南塘，莲花高过人头，低头拨弄水中莲，莲子则清如湖水；然把莲子藏于袖中，莲子却熟红透。思念的郎君却没回，只有抬头看飞鸟，再走上楼台遥望远方

[1] 朱自清. 荷塘月色 [M].南京: 江苏文艺出版社. 2006.
[2] 萧涤非. 萧涤非说乐府 [M].上海: 上海古籍出版社，2002: 47.
[3] [宋]郭茂倩辑. 乐府诗集 [M]. 台北: 台湾商务印书馆. 1986.

的情郎，可楼台太高则看不见；整天就倚坐在十二道弯曲的栏边，垂下的双手像玉一样明润；卷帘天更高，且荡漾的海水更显深绿；像梦幻般的海水悠悠然，使得你忧愁我也忧愁。若南风知道我的情意，把梦吹拂到西洲与之相聚。诗中描述采莲女怀着满腹心事去采莲，并若有所思地拿着莲子把玩；那清香的莲子使她想起心爱人，不由得珍惜地"置莲怀袖中"。以"采莲"、"弄莲"、"置莲"三个动作，刻划出人物的情感变化；作者还运用了谐音双关之手法，如"莲子"谐"怜子"，"莲心"谐"怜心"；"清如水"说其情纯洁如清水，"彻底红"说爱得极为热烈；这样显得隐含又委婉。又如"辽西三千里，欲寄无因缘。愿君早旋反，及此荷花鲜"（南朝梁•吴均），以少妇自叙的方式表达对远方丈夫的深切思念及对青春难留的感慨。"佳人不在兹，怅望别离时。牵花怜并蒂，折藕爱莲丝"（唐•王勃），采莲女见莲花而自怜，莲美怎比得上自己的青春红颜美，但欣赏自己的美，丈夫却不在身边陪伴，一种失落、抑郁的情感油然而生，委婉地描述了少妇内心复杂的感情。"船动湖光滟滟秋，贪看年少信船流。无端隔水抛莲子，遥被人知半日羞"（唐•皇甫松），描摹出采莲女因贪看意中人，以致船随水飘流；那痴情憨态，灼烈的渴求，以及隔水抛莲的举动和"半日羞"的窘态，生动地反映了初恋少女特有的羞怯，其形象更丰满可爱。

鉴上，与"清商曲辞"中《子夜冬歌》、《六忆诗》和《碧玉歌》比较，《采莲曲》对男女爱情的表达，不是粗俗显露，而是高雅含蓄，更具其独有的审美特色。

五、采莲文化的发展与延伸

采莲本是古代江南水乡一项重要的农事活动，但经历代文人们的大肆渲染，采莲再不是一种单纯的农事，而具有文学审美及园林应用等多种功能，其积淀的文化涵义十分丰富。正如俞香顺博士所言[1]："采莲已经不单单是一个文学意象，而是一个文学母题，具有多重象征功能。"

1. 江南采莲文化对北方宫廷的影响

江南采莲文化何时传播到北方？据史料记载，应始于汉代。公元前138年，汉武帝刘彻将上林苑在秦时的基础上进一步扩建，其苑墙130～160公里（按汉代1里相当于0.414公里计），共设12座苑门；南至终南山，北倚九嵕山及渭河北岸，地跨西安、周至、户县、咸阳和蓝田5市县境地，成为中国历史上最大一座皇家园林。

当时的封建帝王为了娱乐享受，不顾人民的疾苦，招募成千上万的百姓在上林苑内开凿湖池，如昆明池、影蛾池、琳池、太液池等。据《三辅黄图》引自南朝梁•吴均《庙记》曰[2]："建章宫北池名太液，

图5《三辅黄图》

[1] 俞香顺. 中国荷花审美文化研究 [M].成都：巴蜀书社.2005：114.
[2] 佚名. 三辅黄图（第3册）[M].北京：北京图书馆出版社.2002.（中华再造善本）

周回十顷，有采莲女鸣鹤之舟"（图5）。又据《西京杂记》（卷六）云[1]：太液池中有鸣鹤舟、容与舟、清旷舟、采菱舟、越女舟。"越女舟即采莲舟。由此可知，江南的采莲文化在西汉时期就传到了北方皇家园林。而传播的方式是乐府搜集江南采莲歌谣的同时，也把江南具有欣赏意义的采莲活动传到了北方。在皇家园林中，采莲主要供帝王嫔妃游乐欣赏。据《三辅黄图》曰[2]："成帝常以秋日与赵飞燕戏于太液池，以沙棠木为舟，以云母饰于鷁首，一名云舟。又刻大桐木为虬龙，雕饰如真，夹云舟而行。以紫桂为柁枻及观云棹水，玩撷菱藻。帝每忧轻荡以惊飞燕，命佽飞之士以金锁缆云舟于波上。"说明汉成帝刘骜与宠妃赵飞燕常乘舟在太液池上观莲赏景（图6、图7）。

图6　汉成帝与宠妃赵飞燕观莲赏景

此外，上林苑内天然湖泊就有10多处，据汉·司马相如《上林赋》述："泛淫泛滥，随风澹淡，与波摇荡，奄薄水渚，唼喋菁藻，咀嚼菱藕。"上林苑天然湖泊中，有成群的鸟儿聚集在野草覆盖的沙洲上，口衔着菁、藻，唼喋作响，口含着菱藕，咀嚼不已。反映出当时的莲菱生长茂盛的情景，以及水鸟在莲间活动的原始生态状况。

汉代采莲不仅只限于荆楚、吴越江南一带，西蜀的采莲也十分盛行。1978年四川新都县马家乡出土的东汉画像砖《采莲图》可得到证实（图8）；而四川德阳出土画像砖《采莲图》[3]，那一片平静的池塘，莲叶和莲蓬整齐的浮在水面上，水中的野鸭游动着，一只采莲船摇进来，使整个画面活跃了起来。到唐代，北方的采莲之风尤甚，这与当时南风北渐的政治背景有关联。唐太宗李世民对南朝乐府的采莲作品十分感兴趣，其《采芙蓉》咏[4]："结伴戏方塘，携手上雕航。船移分细

图7　宫廷采莲图

浪，风散动余香。游莺无定曲，惊凫有乱行。莲稀钏声断，水广棹歌长。栖鸟还密树，泛流归建章。"由于唐天子热衷于江南的采莲文化，故当时许多文人也就纷纷仿效。如唐·王勃的"采莲

[1] 葛洪撰. 西京杂记[M]，西安：三秦出版社. 2006.
[2] 陈直校证. 三辅黄图校证[M]. 西安：陕西人民出版社. 1981.
[3] 张道一. 画像石鉴赏[M]. 重庆：重庆大学出版社. 2009：255
[4] 俞香顺. 中国荷花审美文化研究[M]. 成都：巴蜀书社. 2005

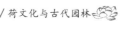

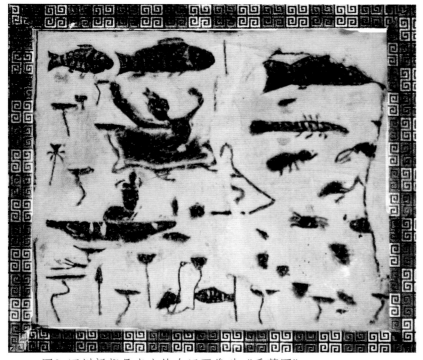

图8 四川新都县出土的东汉画像砖《采莲图》

图9 当年慈禧太后在圆明园赏荷情景

归，绿水芙蓉衣。秋风起浪凫雁飞。桂棹兰桡下长浦，罗裙玉腕摇轻橹"（《采莲曲》）；唐·阎朝隐的"莲衣承玉钏，莲刺罥银钩。薄暮敛容歌一曲，氛氲香气满汀洲"（《采莲女》）。正如俞香顺在《中国文学中的采莲主题研究》中论及[1]："采莲活动、清乐北传，模仿南朝乐府的采莲文学也随之产生，具有代表性的是唐太宗的作品。但是，如同南朝后期的《采莲曲》一样，唐太宗的采莲作品呈现出宫廷色彩，继续在脱离民间的路子上远行。"对唐太宗为代表的采莲诗，仍沿袭梁陈宫掖之风作了客观的点评。而北方采莲诗中带有浓厚宫廷色彩的现象，直到贺知章为代表的江左文人北上，才还江南采莲文化的真实面目。江南采莲文化在北方如此盛行，主要是为宫廷帝王嫔妃、众臣百官服务。长安曲江是一处兼有御苑功能的大型园林。如唐·康骈《剧谈录》所述[2]："池中备彩舟数只，唯宰相、三使、北省官与翰林学士登焉。每岁倾动皇州，以为盛观。入夏则菰蒲葱翠，柳荫四合，碧波红蕖，湛然可爱。"还有唐·卢纶《曲江春望》云："菖蒲翻叶柳交枝，暗上莲舟鸟不知。更到无花最深处，玉楼金殿影参差。"这些都说明江南采莲文化传播到北方，则发生了截然不同的情景。采莲女变成达官显贵；莲舟由大型彩舟所替代；采莲农事活动则成了娱乐欣赏的场所。甚至宫廷饮宴也奏采莲歌，如包何《阙下芙蓉》咏[3]："一人理国致升平，万物呈祥助圣明。天上河从阙下过，江南花向殿前生。广云垂荫开难落，湛露为珠满不倾，更对乐悬张宴处，歌工欲奏采莲声。"

下降宋时的辽金王朝，也是如此。大宁宫是辽金时一座规模较大的离宫御苑，这里水面辽阔，环

[1] 俞香顺. 中国荷花审美文化研究 [M].成都：巴蜀书社.2005
[2] [唐]康骈. 剧谈录·二卷 [M].北京：古典文学出版社，1958.
[3] 周维权。中国古典园林史 [M]。北京：清华大学出版社，1989：147

37

图10 南朝宫廷采莲舞

境幽静；每至夏月，红荷碧盖，秀色空绝。据周维权引史学《宫词》曰[1]："宝带香褥水府仙，黄旗扇九龙船；薰风十里琼华岛，一派歌声唱采莲。"那红荷、龙船、莲歌，可见江南采莲文化的影响程度。正如北京大学葛晓音教授所论述[2]："采莲之事风向天下，正是北人倾慕江南文化一个典型例证。因采莲而产生大量'丽什'、'情诗'，原是南朝清商乐府的主要特色，如今也随着采莲之风遍及全国"（图9）。

2.采莲舞的形成及发展

采莲舞是怎样形成？又是如何在民间传承及发展成现代荷花舞？最初是起源于江南采莲歌谣的汉乐府综合性采莲歌舞大曲。后来，东晋南渡，经济政治文化中心也随之发生变化，清商乐中的采莲舞更为盛行，尤其是南朝·梁萧氏父子对采莲的偏爱，使得江南采莲文化活动空前高涨。因此，采莲舞成为历代宫廷宴

餐庆典中的一项重要歌舞仪式。如前所述，南朝·梁时，泰山梁甫人羊侃善音律，自作两曲采莲棹歌，由自家舞女张静婉为其表演，这可证实当时采莲舞在皇宫贵族中流行的程度（图10）。

唐宋时期，采莲舞的规模进一步扩大，其舞队发展到几十人至数百人不等。据《宋史·卷一四七·乐十七》记述[3]："女弟子队凡一百五十三人：一曰菩萨蛮队，衣绯生色窄砌衣，冠卷云冠；二曰感化乐队，衣青罗生色通衣，背梳髻，系绶带；三曰抛球乐队，衣四色绣罗宽衫，系银带，奉绣球；四曰佳人剪牡丹队，衣红生色砌衣，戴金冠，剪牡丹花；五曰拂霓裳队，衣红仙砌衣，碧霞帔，戴仙冠，红绣抹；六曰采莲队，衣红罗生色绰子，系晕裙，戴云鬟髻，乘彩船，执莲花。七曰凤迎乐队，衣红仙砌衣，戴云鬟凤髻；八曰菩萨献香花队，衣生色窄砌衣，戴宝冠，执香花盘；九曰彩云仙队，衣黄生色道衣，紫霞帔，冠仙冠，执旌节、鹤扇；十曰打球乐队，衣四色窄绣罗襦，系银带，裹顺风脚簇花幞头，执球杖。"说明了宋代参加采莲舞的人数多，其规模也大。又据宋·孟元老《东京梦华录》曰[4]："亦每名四人簇拥，多作仙童丫髻，仙掌执花，舞步进前成列。或舞《采莲》，则殿前皆列莲花。槛曲亦进队名。参军色作语问队，杖参军色作语问队，杖子头者进口号，且舞且唱。乐部断送《彩莲》讫，曲终复群舞。"记述了北宋帝王上寿时演出大型采莲舞的盛况。宋代的采莲舞在古代舞蹈园地中最具特色，它通过5位美丽的仙女下凡人间，驾一叶彩舟，畅漾在碧波绿水间，采撷盛开的莲花，载歌载舞的情景，再现了一幅神韵

[1] 周维权．中国古典园林史 [M]．北京：清华大学出版社，1989：147
[2] 葛晓音．诗国高潮与盛唐文化 [M]．北京大学出版社，1989：147.
[3] [宋]脱脱等撰，刘浦江等标点．宋史·卷一百四十二·乐十七 [M]．长春：吉林人民出版社．1998：2096～2097
[4] [宋]孟元老撰．东京梦华录 [M]．北京：中华书局．2006.

超然、清新自然的画面，旨在表达太平盛世的景象及洒脱淡泊的人生观。而明时的采莲舞则发展成系列的舞蹈，《明史·卷六三·乐三》也记载[1]："洪武十五年（1382）重定宴飨九奏乐章……，正旦（农历正月初一）大宴用百戏莲花盆队，胜鼓采莲队舞"之概貌。

随着岁月流逝，历代宫廷采莲舞也流传到民间。每逢正月元宵节，或端午节，各地民间百姓以采莲舞欢度节日，喜庆丰收。据报导，苏、浙、鄂、皖、鲁、豫、冀、闽、湘、赣等地一带，仍保留这种习俗。根据杨丽芳《泉州"采莲舞"与中原古乐舞的渊源关系》所述[2]："泉俗五月端午跳'采莲'，家家户户踊跃参与，最先采到的人家被炫耀为采'头莲'，紧随其后的为'二莲'、'三莲'，之后便是逐街逐巷，采遍家家户户，泉州城内一时欢歌笑语、人潮如涌，热闹非凡。"由中原流传到福建的采莲舞，至今在泉州地区民间，每逢正月十五等节日，仍有表演活动。

图11　现代荷花舞表演

20世纪50年代初，由著名舞蹈艺术家戴爱莲女士创作的大型荷花舞，表现出中国人民热爱祖国、热爱和平、热爱大自然的美好情操，该舞曾荣获世界青年联欢节金质奖，为世界艺术宝库增添了可贵的财富。荷花舞在表演形式上，边歌边舞，以音乐伴奏，轻歌曼舞，其舞姿以甩纱带为主，身段一扭三弯，摇扭相配，颇似碧盖飘逸、细柳轻柔之态。主要描绘水乡风光，反映劳动人民热爱生活、追求幸福和安居乐业的纯朴情感。其实，荷花舞也汲取了民间采莲舞的艺术营养，使舞姿更显优美动人（图11）。近年来，荷花舞在各地大型公益活动中频繁演出，如1999年澳门回归祖国表演《莲颂》大型舞蹈、2008年北京奥运会开幕式的荷花舞等，均表现了具有东方神韵的中国风采，给人留下了深刻的印象。

1996年由中国文化部设立，而中国文联、中国舞蹈家协会主办的中国舞蹈"荷花奖"，是中国舞蹈家的最高奖项。旨在奖励优秀的舞蹈艺术作品，表彰成绩突出的舞蹈创作与表演人员，活跃舞蹈理论与舞蹈评论，推动我国舞蹈艺术事业健康发展。

3.采莲文化现象

历经数千年的演变和发展，采莲不再是单纯的农事活动，而是具有多种文化功能的研究母题。除采莲舞外，还有放莲灯，采莲饰物，以及采莲女称呼变易等。

（1）采莲灯

采莲灯是由采莲舞演变的另一种娱乐形式，在北京、湖北、河南、山东、安徽、江苏、江西等地民间流传。据《中国民族民间舞蹈集成·河南卷》载[3]："九莲灯流传于南阳镇平县大陈营

[1] [清]张廷玉等撰，王天有等标点. 明史·卷六三·乐三 [M]. 长春：吉林人民出版社. 1998：1027～1028.
[2] 杨丽芳.泉州"采莲舞"与中原古乐舞的渊源关系.泉州师范学院学报（社科版）. 2004.（3）：103～106.
[3] 中国民族民间舞蹈集成编辑部编. 中国民族民间舞蹈集成·河南卷 [M].北京：中国ISBN中心. 1993：697～698.

图12 河南民间采莲灯表演

村，因表演时由九女子持莲花灯作舞而得名。"每年元宵灯会上，表演"九莲灯"时，36朵莲花灯（每人执4朵）随着跑场升降起落，其风格细腻、典雅、飘逸，从视觉上给人以美的享受（图12）。而《中华舞蹈志•安徽卷》载[1]："流行于淮南、凤台等地的《采莲盆子》，由九人表演，一背花篮少年，丑扮，表演幽默风趣；八少女手捧采莲灯，时而起舞如风摆杨柳，时而穿梭如彩蝶纷飞。"有"捧莲"、"举莲"、"对莲"等，其舞姿优美，动作轻盈，表现人们对美好生活的追求，对和平幸福的向往。

还有采莲灯与宗教活动关系也很密切。据《广成仪制》载[2]："莲灯，指用竹木作筋，以纸糊成莲花状的灯盏，下衬小木扳，中可插点蜡烛，举行仪式后漂于江河溪流，认为它可以照亮冥河，使鬼魂超度。"莲灯源于佛教，而道教吸收后则形成本教的科仪，并解释为："水能浣浊以扬清，灯可除昏而破暗"。清人庞垲《长安杂兴效竹枝体》吟："万树凉生霜气清，中元月上九衢明。小儿竞把青荷叶，万点银花散火城。"客观地描绘了中元月夜，儿童持荷叶灯结伴游乐的情景。

图13 采莲工艺品

（2）采莲饰物

各地民间的采莲饰物多种多样，有刺绣、服饰、工艺品、绘画等，反映出我国丰富的采莲文化内涵。如田顺新编著的《民间刺绣》中[3]，就记述了清代北京的《采莲图》马面饰物；而民间苏绣、粤绣、湘绣中也都有构图雅致、精美细腻的采莲图案（图13）。

（3）"采莲女"称呼的变化

《采莲曲》中的"采莲女"形象，则积淀了古代江南丰厚的历史文化意蕴。汉代的"采莲女"，具有朴实、善良、勤劳的江南女子形象；到南朝，在萧氏父子的笔下，采莲女称之"佳人"，"妾"或"碧玉小家女"；隋时卢思道则呼"妖姬"；降至隋唐，采莲女才有了地域文化指向。文人们将采莲女称为"越女"，唐诗之王勃称采莲女是"吴姬越女"，徐彦伯称"妾家越水边"，王昌龄则称"吴姬越艳"或"越女"，而李白"西施采莲"，具体地指向美女西施，西施则成了采莲女的代名词。

[1] 中华舞蹈志编委会编. 中华舞蹈志•安徽卷[M]. 上海：学林出版社. 2000：178～179.
[2] 陈仲达校辑. 广成仪制. 刻印本.
[3] 田顺新. 民间刺绣[M]. 石家庄：河北少年儿童出版社. 2007

六、采莲文化在现代园林中应用前景和意义

时代在发展，社会在进步。自共和国成立以来，我国的荷花事业蒸蒸日上，繁荣昌盛，尤其是近十多年发展起来的荷花旅游观光农业，使得采莲文化有了更广阔的应用前景。

据王其超、张行言《荷花》所述[1]："荷花科研启动于50年代初期，……直到1979年后中国进入了一个新的历史时期，荷花的科研、生产才获得新生，发展速度和栽培范围都超过历史上任何时期。20世纪80年代，荷花品种经收集、整理、培育，总数约200个，90年代中期全国拥有荷花品种已超过300个，其中新品种占80％。至此，中国荷花品种资源，其数量之多，品质之优，前所未有，领先国际。"在王其超、张行言教授等人的带领下，荷花的育种、栽培和应用等研究工作有了新的突破。由于创造了这些良好的研究基础及环境条件，自20世纪80年代至本世纪初，中国荷花协会与各地地方政府在武汉、杭州、合肥、济南、上海、北京、成都、承德、苏州、深圳、昆明、桂林、大连、南戴河和佛山、东莞及澳门等地共同举办了20多届中国荷花展览会（各省、市园林部门也举办了地方荷花节），有力地推动了中国荷花事业的迅速发展。

正当大江南北举办荷花展览会（或荷花节）如火如荼、方兴未艾的同时，一种以旅游荷花观光农业则应运而生。荷花观光农业是将观光旅游与荷花结合起来的一种旅游活动，其形式多种多样，规模大小不一。大型的有数万至数十万公顷赏荷湖泊湿沼，小型则有数十至数百亩的荷花园。如大型观荷景区有湖南的洞庭湖（团湖）、湖北的洪湖、山东的微山湖及河北的白洋淀等，这些观荷景区具有得天独厚的荷花原始生态特点，可让游人驾船采莲摘菱，正如乐府《西洲曲》中"采莲南塘秋，莲花过人头。低头弄莲子，莲子清如水"；"荷叶罗裙一色裁，芙蓉花脸两边开"之意境，享受到古代江南采莲文化的乐趣。

其次，遍植荷花的大型湿地公园，如北京的翠湖湿地、广州的南沙湿地、绍兴的镜湖湿地、苏州的荷塘月色湿地均以湿地的科普宣教，弘扬湿地文化等为主题，并建有一定规模的旅游休闲设施，供人们旅游观光。这种观荷湿地景区具有良好的生态环境，鹭鸟逐波，鱼儿戏荷，生物多样性丰富，那《采莲曲》中"棹动芙蓉落，船移白鹭飞。荷丝傍绕腕，菱角远牵衣"之景致，真令人心旷神怡，流连忘返。还有一种小型的观光荷花园，通常在城郊或风景区附近利用水稻田或小型湖池开辟的荷花园，如佛山的三水荷花世界、南京的莲艺苑、重庆的雅美佳莲园、东莞的桥头镇莲湖等，其特色能让游人进行赏荷、采莲活动，亦具水乡之情趣（图14、图15）。

因而，我国传统的采莲文化在旅游荷花观光农业中得到了广泛的应用。为了获得良好的社会效益、环境效益和经济效益，通常主办方在荷花盛开的仲夏时节，将举行形式多样的颂莲演唱会、荷花舞等，促使旅游活动达到高潮。随着时代的变迁，社会的进步，如今的颂莲演唱会和荷花舞，其实也是继承和发扬了传统的采莲文化化。所以说，旅游荷花观光农业不仅对采莲文化的弘扬，还给生活在繁华都市的人们能欣赏到荷花原生态的秀美景色。

[1] 王其超, 张行言. 荷花 [M]. 上海: 上海科技出版社. 1998.

图14　主办方举行形式多样的采莲舞

图15　第22届全国荷展北京圆明园举办荷花舞

采莲文化博大精深、丰富多彩，且源远流长，是中国荷花文化中重要的组成部分。以考古史料为依据进行分析，认为采莲活动应追溯到夏商初期；而采莲歌谣是由远古先民的劳动号子演变而来；汉代设立乐府机构，并搜集荆楚、吴越江南一带的采莲民歌，然进行再创作，则形成了宫廷相和歌名曲《江南可采莲》。自东晋南渡，其政治、经济、文化发生变化，《采莲曲》则由相和歌演变为清商乐；而《采莲曲》具有丰富的审美意象（包括采莲劳动环境美、生活美、采莲女的形象美及含蓄浪漫的情歌审美）；随着时代的变化，采莲文化在现代园林中得到广泛的应用。

"荷柳程式"在园林景观中
的应用及文化涵义

在我国园林水景中，荷花与垂柳的配植，自古就得到了广泛地应用，则形成了一种传统程式景观。历代史书中描述荷柳意象的诗文，比比皆是，并赋予不同的文化涵义。有关荷柳搭配的园林意境，无论江南私家园林，还是北方皇家园林，以及寺观园林，都随处可见；然目前尚未见有关"荷柳程式"在园林中应用的报导，故笔者企图从荷柳栽培历史、荷柳意象审美、文化内涵及在园林中的应用，作一浅论。

一、悠久的荷柳文化

荷花和柳树均起源于白垩纪时期，在我国及周边国家均有广泛的分布；荷柳文化灿烂而年代久远，内容丰富且涵义深邃，最早的诗歌总集《诗经》亦有记载。

1. 荷柳起源略微

荷花是被子植物中起源最早的植物之一，大约在一亿三千五百万年前的白垩纪时期，在北半球的许多水域都有莲属植物的分布。后来全球气温下降，出现大面积的冰川，其持续时间较长，许多植物在这一时期相继被淘汰，而莲属植物也由原来的十多种仅幸存两种，即中国莲（*Nelumbo nucifera*）和美洲黄莲（*N. lotus*）。据报导，北美北极地区、阿穆尔河流域（今黑龙江）和欧洲、东亚（库页岛）及日本的渐新世和中新世地层中均发现莲化石（图1）。至今，我国黑龙江省许多湖沼地仍有原始野生莲生长和分布[1]。

图1 莲化石

[1] 王其超，张行言. 荷花 [M]. 上海：上海科技出版社，1998：1~16

柳树为杨柳科柳属植物，全世界约520余种，我国约257种。柳树在我国有着悠久的历史，柳叶化石最早发现于我国吉林省早白垩纪中晚期的阿普第期（Aptian），距今约1.4亿年；柳树的孢粉化石也始于晚白垩纪早期的赛诺蔓期（距今约1.3亿年）。说明晚白垩纪早期就出现了柳属植物（图2）。据专家考证，柳属植物的起源地主要在东北亚地区，如我国东北三省及日本、朝鲜一带。后经第三纪、第四纪的地质运动，柳树广泛分布于中国的大江南北。

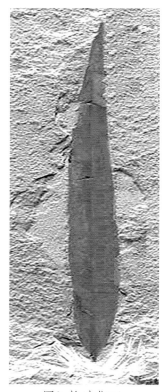

图2 柳叶化石

2.悠久且灿烂的荷柳文化

据史籍报导，《诗经》最早记述了荷花和柳树的意象，如《郑风·山有扶苏》曰[1]："山有扶苏，隰有荷华"；《陈风·泽陂》曰[2]："彼泽之陂，有蒲与荷"；《小雅·采薇》曰[3]："昔我往矣，杨柳依依"；《小雅·小弁》曰[4]："菀彼柳斯，鸣蜩嘒嘒"等。历代文人墨客对荷花和柳的意象赋予更丰富的文化内涵。

《诗经》中的荷花意象，隐喻美貌女子，而表达一种情爱；《楚辞》中的荷花则象征着文人的芳洁之志。从园林的角度，这两种荷花原始意象融合后，表现出丰富的审美特征及文化涵义。如"恰如汉殿三千女，半是浓妆半淡妆"，描写荷花的艳丽之美；"吴王台下开多少，遥似西施上素妆"，吟唱白莲的洁雅之美；"攀荷弄其珠，荡漾不成圆"，荷上露珠，晶莹透亮，攀折之时，颗颗泻落，滴入水中，荡漾逝去，绘就荷盖的意境之美；"人来间花影，衣渡得荷香"，暑风徐来，清香飘逸，吟荷香的淡雅之美；"秋阴不散霜飞晚，留得枯荷听雨声"，淅淅沥沥的秋雨，滴嗒滴嗒地敲打在残荷上，那凄清且错落的声响，乃天籁之韵，别具个中之美。还有"出淤泥而不染，濯清涟而不妖，中通外直，不蔓不枝，香远益清，亭亭净植，可远观而不可亵玩焉"，表达了荷的"君子"人格形象美，等等。笔者在《〈诗经〉和〈楚辞〉中荷花意象及园林水景》一文已有叙述。

我国的柳文化历史悠久，其内涵丰富多彩，历代史书均有记载。柳，是文人墨客吟诗绘画的重要体裁；数千年来，留下无数名篇佳作。其中最著名的是唐·贺知章《咏柳》吟："碧玉妆成一树高，万条垂下绿丝绦。不知细叶谁裁出，二月春风似剪刀。"那春月柳丝，鹅黄嫩绿，婀娜多姿，随风起舞，令人赏心悦目，成为千古绝唱。因而，"柳"成为人们心目中美好的形象。历史上的章台柳、灞桥柳、水边柳、隋堤柳、左公柳、青门柳、金雪柳、寒食柳、沈园柳、江边柳、城边柳、东门柳、宛溪柳、亭柳、问柳、柳色等，则构成了一桩桩趣味横生的故事传说；还有杨柳曲、折杨柳、杨柳枝、柳枝词等诸多柳诗、柳赋、柳记、柳词、柳曲，柳画等，大大地丰富了灿烂悠久的柳文化。

[1]程俊英. 诗经译注[M]. 上海：上海古籍出版社，1985：152
[2]程俊英. 诗经译注[M]. 上海：上海古籍出版社，1985：248～249
[3]程俊英. 诗经译注[M]. 上海：上海古籍出版社，1985：302～306
[4]程俊英. 诗经译注[M]. 上海：上海古籍出版社，1985：388～391.

柳树因其美感，自古成为丹青妙手表现的重要题材。如战国时期的楚国漆器上就出现柳纹图；汉代画图；汉代画像砖上也有柳的图案（图3）；而东晋·顾恺之《洛神赋图》卷，则按魏·曹植《洛神赋》所绘，画面中就有银杏和垂柳景物；唐·王维《辋川图》中也画有许多柳树。到了宋代，画柳技法极为完备。据明·董其昌《论画琐言》称[1]："宋人多写垂柳，又有点叶柳、垂柳不难画，只要分枝得势力耳。点叶柳之妙在树头圆铺处只以汁绿渍出，又要森梢有迎风摇扬之意，其枝须半明半暗。又春三月，树未垂条，秋九月柳已衰飒，俱不可混，设色亦须体此意也。"宋徽宗《柳鸦图》就是表现画柳的作品；元代著名画家赵孟頫是画柳圣手，其《鹊华秋色图》中多处表现有柳景，在德钧别墅的路旁，柳林聚散，高下横斜，各有意趣；近处汀岸，于苇间立数石，石后作柳二株，一直上，布叶较匀，一右斜，叶左密右疏；桥畔则高柳三株，柳荫

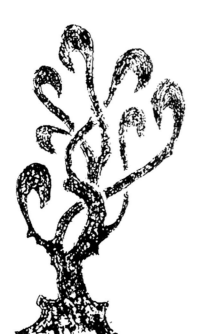

图3 汉代柳画像石

小舟荡漾，远处林舍错落，衬托出消夏的主题。清代"金陵画派"龚贤最善画柳，其著作《龚安节先生画诀》曰[2]："柳不可画，惟荒柳可画。凡树笔法不宜枯脆，惟荒柳宜枯脆。荒柳所附惟浅沙、僻路、短草、寒烟、宿水而已。他不得杂其中。柳身短而枝长，丫多而节密。画柳之法，惟我独得，前人无有传者。凡画柳先只画短身长枝古树，绝不作画柳想。凡树皆成，然后更添枝上引条，惟折下数笔而已。若起先便作画柳想头于胸中，笔未上伸而先折下，便成春柳，所谓美人景也。柳丫虽多，直用向上者伸出数枝，不必枝枝曲也。"对历代画柳之法进行了高度概括。此外，我国民间还有戴柳、插柳、赠柳、射柳的习俗。魏晋南北朝时期，元旦日、寒食日（三月三）插柳于户辟鬼之俗。北魏·贾思勰《齐民要术》述[3]："正月旦取柳枝著户上，百鬼不入家"；梁·宗懔《荆楚岁时记》载[4]："江淮间寒食日，家家折柳插门。今州里风俗望日祭门，先以杨柳枝插门，随枝所指以酒脯饮食祭之。"意为寒食节在门旁插柳枝祭拜鬼神，防止鬼的侵扰。到唐时，则演变为插柳或戴柳圈，唐·段成式《酉阳杂俎》记[5]："三月三日，赐侍臣细柳圈，言带之可免虿毒"。直至今日，这种戴柳、插柳的习俗，在我国民间仍在延续。

二、荷柳搭配在园林中的应用

荷花和柳树在我国均具数千年的栽培历史，而荷柳在园林中的应用也很悠久。然而，荷柳配植所形成的园林景观又始于何时？故笔者汇集历代史料分析，认为荷柳配植所形成的园林景观也应

[1] [明] 董其昌撰. 论画琐言·一卷 [M]，线装书
[2] [清] 龚贤撰. 龚安节先生画决 [M]. 上海：上海古籍出版社，1995
[3] [后魏] 贾思勰. 齐民要述校释 [M]. 北京：中国农业出版社，2009
[4] [南朝·梁] 宗懔撰. 宋金龙校注. 荆楚岁时记 [M]. 太原：山西人民出版社，1985：302～306
[5] [唐] 段成式撰. 酉阳杂俎 [M]. 台北：台湾商务印书馆. 1986

始于西汉时期或更早。

1. 荷柳栽培史略

荷花在我国已有数千年的栽培历史，王其超教授在《荷花》一书中指出[1]："从汉平帝元寿年（公元前2年）起，上朔至西周的千年间，古人食用的蔬菜约40种，当时经人工保护或已有人工栽培的15～16种，'藕'是其一。"随之，作者将荷花（花莲）的发展历史划分为5个阶段，即初盛时期（东周至秦、汉、三国•公元前7世纪至公元前265年）；渐盛时期（晋、隋、唐、宋•265-1271）；盛兴时期（元、明、清代前期•1271-1840）；衰落时期（清代后期至民国•1840-1949）；发展时期（20世纪50年代至今）。并论述了各个时期荷花栽培的历史背景、技术水平及发展状况，尤其是共和国成立后，荷花事业的发展象雨后春笋，如日中天，蒸蒸日上。

柳的栽培史应溯源至殷商时期，据《夏小正》记载[2]："正月柳稊。稊也者，发孚也。" 表明当时柳树已经受到了人们的广泛重视而被利用，且有较细致的记录。夏纬瑛考证《夏小正》时，认为是在夏王朝末期成书。我国甲骨卜辞中也有"柳"的象形文字。但明确提出种植柳树则是周朝时期。据《古微书•礼纬•稽命征》载[3]：春秋时期"庶人无坟，树以杨柳"，意为平民百姓无坟墓，仅在埋葬地种植杨柳树。《周礼•地官•大司徒》述[4]："土宜之法" 载有"以土会之法，辨五地之生。一曰山林……，二曰川泽，其动物宜鳞物，其植物宜膏物……"，"膏物"则泛指杨柳类植物。据《诗经•齐风•东方未明》述[5]："折柳樊圃，狂夫瞿瞿"，用柳枝围成篱笆，提出了扦插育苗技术；《战国策•魏二》也记述[6]："今夫杨，横树之则生，倒树之则生，折而树之又生。"古人对杨和柳不分，并互为相称。说明先民已经充分认识到柳树很容易繁殖的习性，且掌握了插柳育苗的技术。据北魏•贾思勰《齐民要术》载[7]："种柳，正月二月中，取弱柳枝，大如臂，长一尺半，烧下头二三寸，埋之令没，常足水以浇之。必数条俱生，留一根茂者，余悉掐去。别竖一柱以为依主，每一尺，以长绳柱栏之。若不栏，必为风所摧，不能自立。一年中，即高一丈余，其旁生枝叶即掐去，令直耸上。高下任人取足，便掐去正心，即四散下垂，婀娜可爱。若不掐心，则枝不四散，或斜或曲，生亦不佳也。"又载："六七月中，取春生少枝条种，则长倍疾。少枝叶青而壮，故长疾也。"对历代柳树的栽培技术进行了系统总结。

隋唐以来，柳树的栽培非常普遍。白居易《隋堤柳》诗云[8]："隋堤柳，隋堤柳，岁久年深尽衰朽。风飏飏兮雨萧萧，三株五株汴河口。老枝病叶愁煞人，曾经大业年中春。大业年中隋天子，种柳成行傍流水。西自黄河东接淮，绿阴一千三百里。"反映了隋炀帝开汴渠，沿岸大规模植柳的创举。据《宋史•韩琦传》载[9]："遍植榆柳于西山，翼其成长，以制藩骑"。还有《榆林

[1] 王其超，张行言. 荷花 [M]. 上海：上海科技出版社，1998：1～16
[2] [清] 任兆麟撰. 夏小正补注 [M]. 上海：上海古籍出版社，1995
[3] [清] 乔松年辑. 古微书存考 [M]. 上海：上海书店出版社，1994
[4] [清] 吕飞鹏撰. 周礼补注 [M]. 上海：上海古籍出版社，1995
[5] 程俊英. 诗经译注[M]. 上海：上海古籍出版社，1985：172
[6] [明] 闵齐伋裁注. 战国策 [M]. 北京：北京出版社，1998
[7] [后魏] 贾思勰撰. 齐民要术 [M]. 台北：台湾商务印书馆．1986
[8] [唐] 白居易. 隋堤柳[A] 全唐诗[C]. 北京：中华书局.1999
[9] [元] 脱脱等撰. 宋史•韩琦传 [M]. 长春：吉林人民出版社，1998：7254

府志》载[1]："辽阳迤南三堡七十余里，蒲河至铁岭八十余里，四行品守植柳三十万株。"都说明大规模种植柳树保卫边防。如今，人们在园林水景中种植垂柳，以达到遮荫造景的观赏效果。

在文学作品中，"柳意象"是表达"离情别意"的符号。柳色如烟，柳条曼长，犹如亲友间缱绻的柔情，仿佛离人不尽的别恨，加之"柳"与"留"谐音，人们乐意把柳视为情感的寄托物和负载体，则形成了"折柳赠别"和"折柳寄远"的风俗。

2. 荷柳配植始于西汉时期

在栽培技术上，荷花和柳树都是很容易栽培繁殖的植物，随着其栽培技术水平进一步提高，同时在园林中也逐渐得到了应用。据周维权《中国古典园林史》述[2]："根据《诗经》等文字记载，至晚在西周时的观赏树木已有栗、梅、竹、柳、杨、榆、楸、栎、桐、梧桐、梓、桑、槐、楮、枫、桂、桧等品种，花卉已有芍药、茶（茶花）、女贞、兰、蕙、菊、荷等品种，作为园林植物配置的素材不能算少了。"说明荷花和柳树在西周时期就作为园林植物配置的素材。

西汉的皇家园林上林苑，原是秦时旧苑，汉武帝期间重新扩建。上林苑中有三十六苑、十二宫、三十五观。而三十六苑中的宜春苑，是供帝王嫔妃游憩的场所。唐·李白《侍从宜春苑奉诏赋龙池柳色初青听新莺百啭歌》咏[3]："东风已绿瀛洲草，紫殿红楼觉春好。池南柳色半青青，萦烟袅娜拂绮城。垂丝百尺挂雕楹，上有好鸟相和鸣，间关早得春风情。"而周维权教授对宜春苑景色的评说[4]："这里是秦汉时著名的风景区，曲江池中遍生荷芰菰蒲，其间禽鱼翔泳，与巍峨壮丽的宫殿建筑相结合而交映生辉……。"可见，曲江池畔的宜春苑，由荷柳配植的园林景色，与宫殿建筑映衬，产生了良好的景观效果。上林苑有许多大小池沼，如昆明池、影娥池、太液池、琳池、镐池、祀池、糜池、牛首池、蒯池、积草池、东陂池、当路池、大一池、郎池等，这些池沼也都有荷柳搭配的园林景观。如昆明池南岸著名的"细柳观"，则以观柳闻名；据《三辅黄图》曰[5]："昭帝始元元年，穿琳池，广千步。池南起桂台以望远，东引太液池之水。池中植分枝荷，一茎四叶，状如骈盖……。"因而，按笔者所汇集的史料分析表明，荷花和垂柳搭配形成的园林景观应始于西汉时期。

3. 历代荷柳配植则形成固定园林景观程式

以荷柳为主题而形成的园林景观，自汉代皇苑中出现以来，无论历代皇家园林，还是私家庭园都相继仿效，则形成了一种固定的搭配模式，这在各类史书中均有较详细的记载。

（1）皇家园林中荷柳配植状况

据杜宝《大业杂记·隋西苑》曰[6]："其池沼之内，冬月亦剪彩为芰荷。每院开东、西、南三门，门并临龙鳞渠，渠面阔二十步，上跨飞桥。过桥百步，即种杨柳修竹，四面郁茂，名花美草，隐映轩陛。"杜宝是唐初人，官至著作郎，著有《大业杂记》，此杂记对隋大业（隋炀帝杨

[1] ［清］李熙龄纂修. 榆林府志 [M]. 1841. 线装本
[2] 周维权. 中国古典园林史 [M]. 北京: 清华大学出版社. 1990
[3] ［唐］李白. 侍从宜春苑奉诏赋龙池柳色初青听新莺百啭歌[A]全唐诗[C]. 北京: 中华书局.1999
[4] 周维权. 中国古典园林史 [M]. 北京: 清华大学出版社. 1990: 76
[5] 佚名. 三辅黄图（第3册）[M].北京: 北京图书馆出版社.2002.（中华再造善本）
[6] ［唐］杜宝. 大业杂记 [M]. 上海: 商务印书馆.1930.（线装书）

广年号）年间的城市园林建设作了记载。西苑位于隋东都洛阳西面，是一座人工山水园，在苑内的植物配植中，池中的菱荷与岸边的杨柳，则形成传统形式的组合。而周维权教授在《中国古典园林史》（第四章 园林的全盛期——隋、唐）中对唐时的兴庆宫苑林区记述[1]："池中植荷花、菱角、鸡头米及藻类等水生植物，南岸有草数丛，叶紫而心殷名'醒酒草'。池西南的'花萼相辉楼'和'勤政务本楼'是苑林区内的两座主要殿宇，楼前围合的广场上遍植柳树……"，那龙池中的荷花、菱角等水生植物与广场上遍植的柳树，也是一种以荷柳为主题的植物搭配方式。还有长安曲江畔的芙蓉苑，原是隋朝的一处御苑，到唐时苑内垂柳成荫，曲江翠盖摇曳，景色十分宜人。唐著名诗人白居易《长恨歌》吟[2]："归来池苑皆依旧，太液芙蓉未央柳。芙蓉如面柳如眉，对此如何不泪垂。"也客观地描绘了当年长安城大明宫太液池那红荷吐艳、翠柳如烟的秀丽宜人景色（图4、图5）。

在宋代皇苑中，荷柳搭配方式更趋成熟，尤其是南宋临安，位于城外的德寿宫，其后苑4个景区中央人工开凿大水池，引西湖之水，池中遍植荷花，池岸柳荫浓郁，可乘画舫赏荷观景。而位于清波门外的聚景园，南宋诸帝常临幸此游园。园内沿湖岸遍植垂柳，"每盛夏秋首，芙蕖绕堤如锦，游人舣舫赏之"[3]。聚景园筑造亭榭20余座，以及柳浪桥等；每当阳春三月，柳浪迎风摇曳，浓荫深处莺啼阵阵，后成为"柳浪闻莺"景点之

图4 历代皇宫中荷柳景观之一

图5 历代皇宫中荷柳景观之二

[1] 周维权. 中国古典园林史 [M]. 北京: 清华大学出版社. 1990: 190
[2] 顾学颉 周汝昌选注. 白居易诗选[M].北京: 人民文学出版社. 1982
[3] 周维权. 中国古典园林史 [M]. 北京: 清华大学出版社. 1990: 293~294

所在。辽、金王朝的园林也不例外，据金•赵秉文《北苑寓直》诗云："柳外宫墙粉一围，飞尘障面卷斜晖。潇潇几点莲塘雨，曾上诗人下直衣。"这是描述位于皇城之北偏西的北苑，苑中有湖泊、荷池、小溪、柳林、草坪等；可见，荷柳搭配也出现在金代皇家园林中。

北京是元、明、清时期的都城，三朝帝王都十分重视对皇宫园林的建设。元灭金后，迁都于大都（北京前身），对琼华岛及周边的湖泊进行治理，并命名为"太液池"。永乐十八年（1420年），明成祖迁都北京，加大了对三海水面（原太液池）园林景色改造的力度，北海水面遍植荷花，百年榆柳夹岸成荫；诚然，也突出了以荷柳为主题的自然景观。清王朝在前代的基础上，不断扩充和增建了圆明园、颐和园、畅春园及承德离宫避暑山庄，这些景区湖面的划分和布局，均借鉴了江南园林的造景手法，如"曲院风荷"、"天然图画"、"濂溪深处"等；而圆明园福海水面广阔，碧荷翻卷，清香远溢，与西岸深柳读书堂前的垂柳配植适宜，显现了荷柳搭配的自然景观效果。

（2）私家园林中的荷柳配植

皇家园林中荷柳配植的秀丽景致，固然也就影响着历代私园的造景。在古代私园中，唐王维的辋川别业屈指可数。这座别业是在初唐诗人宋之问的辋川山庄基础上营建起来的，今已湮没[1]。辋川别业中有"孟城坳"、"木兰柴"、"华子岗"、"斤竹岭"、"文杏馆"、"鹿柴"、"茱萸片"、"柳浪"、"欹湖"、"临湖亭"、"竹里馆"、"辛夷坞"、"漆园"、"椒园"等胜处；欹湖是园内之大湖，湖畔筑临湖亭，诗云："轻舸迎上客，悠悠湖上来，当轩对尊酒，四面芙蓉开。"沿湖堤岸上种植柳树，其景色"分行接绮树，倒影入清绮"；"映池同一色，逐吹散如丝"，故题名"柳浪"。这是荷柳在当时私园中配植的范例（图6）。

宋代宜春苑是秦王赵廷美（宋太宗之弟）的私园，据宋杨侃《皇畿赋》云[2]："……柳笼阴于四岸，莲飘香于十里。"也描述了荷柳为主题的景观效果。

明代影园（现扬州荷花池公园内）是明末扬州名士郑元勋的私园，由当时造园大师计成主持设计施工。此园手法独特，匠心独运，巧借当时蜀岗的山影、瘦西湖的水影、柳树的柳影，借景造园，构造了一座风光绝胜的人间仙境。据郑元勋《影园自记》述[3]："……环四面柳万屯，荷千

图6 古代私家庭园荷柳景观

[1] 周维权.中国古典园林史 [M]. 北京: 清华大学出版社. 1990: 229~232
[2] [宋] 杨侃.皇畿赋[A]. [宋] 吕祖谦辑.宋文鉴[C].江苏书局.1886. 刻本
[3] [明] 郑元勋.影园自记[A]陈植、张公弛选注.中国历代名园记选注[C]. 合肥: 安徽科技出版社.1983: 220~227

余顷，萑苇生之。水清而多鱼，渔棹往来不绝。"实际上，除山影、水影和柳影外，还有荷影；故影园也是荷柳程式应用的代表作。

在明末清初的苏州名园中，王献臣的拙政园颇为时人所推崇。据明代著名画家文征明《王氏拙政园记》所云[1]："其西多柳，曰'柳隈'。……水尽别疏小沼，植莲其中，曰'水花池'。"这亦是很好的荷柳组合。

清时的随园为著名文人袁枚之私园。据清袁起《随园图说》载[2]："下是随廊再折再下而东，万柳阴中，深藏水榭，曰：'柳谷'。后枕牡丹岩，前凭菡萏池，水面豁然而开，天宇朗照，螺峰扫黛，丝柳垂金，浸影于鸭绿波中，时有鸳鸯翡翠，往来游戏，沉李浮瓜，最宜消夏……。南出圆篱门，登池心桥，亭曰：'双湖'，两水如镜，左右夹亭，柳浪荷风，清心濯魄。"对随园的"柳浪荷风"景色，陈述得客观且细致。

三、"荷柳程式"的审美意义

以荷柳为主题，且形成一种独特的传统程式来审美，这一文化意象已成为中国园林审美的专利。数千年来，人类在改造自然界的过程中，逐步认识到自然界的各种规律，同时也产生了审美的需要和审美活动。故俄国格·瓦·普列汉诺夫在论证人类审美意识起源时说[3]："以功利观点对待事物是先于以审美对待事物的。"可见，先人对荷花和柳树的审美，最初认识莲子和莲藕可食充饥，而柳树可绿化遮荫，后才产生其审美。因而，美的事物产生是人类实践活动的结果，人们审美活动也经历了一个由不自觉到自觉的发展过程。

按美学宗师蔡仪先生对自然美的形态分类[4]："自然美的形态可分为单象自然美、个体自然美和综合自然美。"然而，各种自然美的形态，从单象自然美，进入个体自然美，再进入综合自然美，这是一个发展过程。比如说，人们对荷花和垂柳的美感，现已成为中华民族共同的一种审美感受。当我们的先人发现色彩艳丽的荷花和婀娜多姿的垂柳，就开始引种野生种，并经过人工不断的选育，形成了今天名品荟萃、姿色秀美的荷花和垂柳品种。这两种审美对象是一个由发现美的形态到人化自然的过程；换言之，是一个非人化到人化的过程。我们可将"荷柳组合"看作综合的自然美，而荷花和垂柳可看作单象和个体的自然美，它们与亭榭楼阁衬托相映，则成为社会的自然美。故自然美可发展到社会美和园林艺术美，这就是"荷柳程式"审美的意义。

四、"荷柳程式"的传承与发展

由荷柳组合所产生的园林景观，这一传统程式在我国已得到了广泛的应用、传承和发展，且成为大江南北园林水景中一道靓丽的风景线，如北京北海公园、颐和园、济南大明湖、苏州拙政

[1]　[明]文征明.王氏拙政园记[A]陈植，张公弛选注.中国历代名园记选注[C]．合肥：安徽科技出版社.1983：98～104
[2]　[清]袁起.随园图说[A]陈植，张公弛选注.中国历代名园记选注[C]．合肥：安徽科技出版社.1983：362～370
[3]　张涵.美学大观[M]．郑州：河南人民出版社．1986：196
[4]　林同华.中国美学史论集[M]．南京：江苏人民出版社．1984：603～604

图7 济南大明湖荷柳景观之一

图8 济南大明湖荷柳景观之二

图9 苏州拙政园荷柳景观之一

图10 苏州拙政园荷柳景观之二

图11 北京北海荷柳景观之一

图12 北京北海荷柳景观之二

园、杭州西湖等，都是观赏荷柳景观之胜地。然而，"荷柳程式"在历代园林应用过程中，随着时间的推移，其文化涵义也在不断地丰富和扩充。这主要表现在与之相映衬的楹联、匾额等园林景题及诗词，使"荷柳程式"的景观效果，更富有文化内涵。

在园林景题中，反映出荷柳景观，应首推济南大明湖。现镌刻于大明湖西北岸铁公祠西门两侧楹联[1]："四面荷花三面柳，一城山色半城湖"，系清代大书法家铁保所书。这一对描写"荷柳程式"景观的楹联，已成为家喻户晓、人人皆知的千古绝唱，且准确地概括出济南柳绿荷香、湖山掩映的独特风貌。同时，还有大明湖得月亭檐柱上长联："翠柳映佛山荷香溢泉城似瞻赵伯驹兄弟画图，名贤留胜蹟绝唱启后人若读刘铁云祖孙诗文"，以及"云蓝水碧之间看杨柳楼台荷花世界，树绿山青而外认圣贤桑梓齐鲁封疆"等，都从某个侧面也反映了大明湖的荷柳景观。20世纪60年代，现代著名诗人、书法家郭沫若在大明湖历下亭名士轩楹柱上也留下笔墨："杨柳春风万方极乐，芙蕖秋月一片大明"，客观地描写了沿岸春柳，婀娜多姿，展现济南人民安康、幸福美好之景象；湖上秋荷，明媚秀色，昭示中华民族团结，国家和谐之昌盛。

而苏州拙政园也是"荷柳程式"应用的典范，如荷风四面亭为池中西岛西南方的六角小亭，四面皆水，荷花亭亭净植，岸边柳条婆娑。亭中抱柱联曰："四壁荷花三面柳，半潭秋水一房山。"春柳轻，夏荷艳，秋水明，冬山静；则一亭览尽满目风景，一联写尽春夏秋冬；诗中带景，景中含诗，真妙不可言（图7至图12）。

此外，以"荷柳程式"应用为主体的园林景题，还有"芰荷香绕垂鞭袖，杨柳风微弄笛船"（北京故宫重华宫）；"晓风柳岸春先到，夏日荷花舞石知"（苏州狮子林）；"初日芙蓉湖上路，晓风杨柳水边堤"（甘肃平凉柳湖）；"柳占三春色，荷香四座风"（扬州江园及重庆雅美

[1] 济南市园林管理局. 济南风景名胜楹联集[M]. 济南：未公开出版物.1984：7～21

佳荷园）；"柳影绿围三亩宅，藕花红瘦半湖秋"（南京莫愁湖）；"图画香山，风流玉局；荷花世界，杨柳楼台"（杭州西湖横翠阁）；"一提杨柳莺啼树，四面荷花蝶戏鱼"（合肥浮庄临濠水榭）；"杨柳池边桑柘月，芙蓉帘幕荔枝风"（福州绘春园）；"人行柳色花光里　身在荷香水影中"（福州西湖桂斋）；"画舫远汀迷柳树　一池明水浸荷花"（成都桂湖杨柳楼台）；"阴浓想见莺边柳，香远如闻溪上莲"（广东南海周公祠）；"莲花座上春风暖，杨柳枝头甘露清"（湖北嘉鱼甘露寺）；"岸柳依依送客去　池荷袅袅迎君来"（云南思茅普益公园喜客来亭）；"十顷平湖堤柳合，一庭情景藕花香"（云南蒙自南湖）；"翠柳拂开金世界　红莲涌出玉楼台"（陕西岐山白雀寺）；"垂两行杨柳色，凭十里芰荷香"（贵州安龙招提一览亭），等等。由此可见，荷柳组合这一传统程式在我国各地园林水景中得到了进一步应用、传承和发展。

　　综上所述，荷柳均起源于白垩纪时期前后，且都具有灿烂悠久、丰富多彩的文化历史。对荷柳的审美，先人起初认识莲子和莲藕可食充饥，及柳树可绿化遮荫等功能，后才产生其审美。通过人类不断地实践，初步形成了荷柳搭配的基本方式。荷柳配植应始于西汉时期，作为荷柳组合进行审美则盛行于唐宋二代，降至元明清，以及近现代，随着荷柳文化内涵不断丰富和延伸，"荷柳程式"的审美亦得到进一步地传承和发展。

荷文化在六朝园林中的应用及对后世的影响

一、六朝及六朝园林的形成

在中国园林史上，六朝园林是一个承前启后的转折时期。何谓"六朝"？据唐许嵩《建康实录》（二十卷）述[1]："起吴大帝迄陈后主，凡四百年，而以后梁附之。六朝皆都建康，故以为名。"故许嵩把中国历史上三国至隋朝南方的东吴、东晋、宋、齐、梁、陈，统称六朝。大多数史学家则认同许嵩六朝说。而北宋司马光撰《资治通鉴》，则将曹魏、晋朝、宋、齐、梁、陈，作为正统编年纪事，亦称六朝。实际上，历代史学家对曹魏、西晋、后魏、北齐、北周等也纳入六朝的研究范围。

六朝的特征，就是政局不稳，社会动荡，则充满混乱、血腥和灾难，战争连绵，改朝换代频仍，使得仕官、文人对政局产生悲观与失望；其内心深藏极大的苦恼、恐惧和烦忧。于是，他们便崇尚老庄思想，则喜好玄理与清淡，政治上逃避现实，转而寻求山水，纷纷隐逸江湖，寄情于自然山水，从中吮吸灵感或悟性，来摆脱人事的羁梦，获取心灵的解放。因而，当时的士大夫们几乎无不隐居山林或湖畔，悉心经营具有自然山水之美的园林。

六朝园林历经300余年的营造和发展，则形成"江南佳丽地，金陵帝王州"，盛极一时的景况。据吴功正《六朝园林》所述[2]："把六朝园林的发展历程视为一部史，再从分类上考察，私家园林由东晋奠定基础，佛家园林以梁代最盛，皇家园林有两个阶段最值得注意，一是刘宋，一是萧梁。"由此，可将六朝园林分为三种类型[3]：一是皇家园林（以南方建康的华林园和北方邺城、洛阳的华林园为代表）；二是私家园林（以西晋石崇的金谷园、北魏张伦华林宅园为代表）；三是寺庙园林（以东晋庐山东林寺为肇端，洛阳宝光寺、景明寺为代表）。在这些园林中，江南多湖泊湿沼，少不了水景；有水便植荷，植荷有景，故江南的荷花景致秀丽可人及荷文化应用则丰富多彩。

---

[1] ［唐］许嵩撰. 建康实录•二十卷[M]. 台北：台湾商务印书馆. 1986.影印本
[2] 吴功正. 六朝园林［M］. 南京：南京出版社. 1992☆15
[3] 同上

二、荷花在六朝园林中的应用

我们知道，园林艺术是一个可行、可观、可游、可品、可居的实物形态。这样，可通过园林来反映庭园主人的日常生活状况，及其内心精神世界。在此，笔者论及的主题是荷景及荷文化应用；同理，探讨六朝园林对荷花的种植及景致，能对六朝时期荷文化应用的状况有更深入的了解。

1. 皇家园林中莲景秀丽

六朝远逝，皇家园林的遗址也荡然无存，我们只能从史料中寻找蛛丝马迹。据周维权《中国古典园林史》记述[1]："三国、两晋、十六国、南北朝相继建立的大小政权都在各自的首都进行宫苑建置。其中建都比较集中的几个城市有关皇家园林的文献记载也较多：北方为邺城、洛阳，南方为建康。这三个地方的皇家园林大抵都经历了若干朝代的踵事增华，规划设计上达到了这一时期的最高水平，也具有一定的典型意义。"借此，以南方的建康和北方的邺城为例，探究这两处的皇家园林中荷景及荷文化。

建康（今南京）是吴、东晋、宋、齐、梁、陈六个朝代的都城。孙权称帝建都，营建皇家园林华林园，引玄武湖之水入园，园内亭榭楼台，翳然林水，鸟语花香，具有一派自然天成的景观。后经东晋、宋、齐、梁、陈各朝不断的扩建、添设和修缮，尤其到梁武帝时，华林园已臻于极盛的局面。有梁武帝萧衍《首夏泛天池诗》为证[2]："薄游朱明节，泛漾天渊池。舟楫互容与，藻蘋相推移。碧沚红菡萏，白沙青涟漪。"诗中对华林园的红莲景色描绘得风韵别致，意境深远，秀丽可人。梁代是华林园发展的鼎盛时期，无论帝王臣相，还是文人士大夫对皇家园林及湖乡的荷花吟唱不已。简文帝萧纲是梁武帝之子，自幼聪敏，好学能文，其诗《咏芙蓉》吟[3]："圆花一蒂卷，交叶半心开。影前光照耀，香里蝶徘徊。欣随玉露点，不逐秋风催。"对荷的花形叶态，媚妖姿色；清香阵阵，花间蝶恋；不着雕琢，给人以朴实无华，清新自然之感。

梁简文帝萧纲和梁元帝萧绎各写有《采莲赋》，可知当时皇家园林游园的情景。萧纲《采莲赋》云[4]："望江南兮清且空，对荷花兮丹复红。卧莲叶而覆水，乱高房而出丛。楚王暇日之欢，丽人妖艳之质。且弃垂钓之鱼，未论芳萍之实。唯欲回渡轻船，共采新莲。傍斜山而屡转，乘横流而不前。於是素腕举，红袖长。回巧笑，堕明珰。荷稠刺密，妬牵衣而绾裳。人喧水溅，惜亏朱而坏妆。物色虽晚，徘徊未反。畏风多而榜危，惊舟移而花远。歌曰，常闻蕖可爱，采撷欲为裙。叶滑不留綖，心忙无假薰。千春谁与乐，唯有妾随君。"而萧绎《采莲赋》道："紫茎兮文波，红莲兮芰荷。绿房兮翠盖，素实兮黄螺。于时妖童媛女，荡舟心许，鹢首徐回，兼传羽杯。棹将移而藻挂，船欲动而萍开。尔其纤腰束素，迁延顾步。夏始春余，叶嫩花初。恐沾裳而

[1] 周维权. 中国古典园林史•第三版[M]. 北京：清华大学出版社，2008: 122
[2] 周维权. 中国古典园林史•第三版[M]. 北京：清华大学出版社，2008: 135
[3] [南朝•梁]萧纲. 咏芙蓉诗[C]李文禄，刘维治主编. 古代咏花诗词鉴赏辞典[M]. 吉林：吉林大学出版社，1989: 916
[4] [清]严可均辑，冯瑞生审订. 全梁文•卷八[M].北京：商务印书馆.1999

浅笑，畏倾船而敛裾。故以水溅兰桡，芦侵罗荐。菊泽未反，梧台迥见。荇湿沾衫，菱长绕钏。泛柏舟而容与，歌采莲于江渚。歌曰：碧玉小家女，来嫁汝南王。莲花乱脸色，荷叶杂衣香。因持荐君子，愿袭芙蓉裳。"吴功正先生说[1]："赋虽写江南采莲，实为写皇家园林后苑中游园，画舫泛波的景象。"又说："从两赋中可以看出，这是一种以采莲形式的游园活动，湖心荡舟，容与徘徊，有鹢首船头的画舫徐徐游荡，画船上频递羽杯饮酒，而妖童艳女，频抬素手，在湖中采莲，彩袖飘动，笑语荡漾。"

在这一时期咏荷诗作，还有南朝梁江洪的《咏荷诗》、吴均的《采莲》、刘孝威的《采莲曲》、刘缓的《咏江南可采莲》，以及南朝陈祖孙登的《赋得涉江采芙蓉》等。这些荷诗大多数吟唱的是江南水乡采莲景象，反映了天然纯清之美。据唐姚思廉《梁书》所云[2]："六月乙酉，嘉莲一茎三花，生乐游苑"，记载了梁武帝天监十年（公元511年），乐游苑长出一茎三花的荷花，这当然是个吉祥的好兆头。相传，梁昭明太子曾在玄武湖岛屿上建果园，种莲藕，并在梁州设读书台。南齐皇帝萧宝卷（东昏侯）奢侈腐靡，他凿金为莲花，贴放于地，令宠妃潘氏行走其上，而"步步生莲花"之典故就源于此；同时，反映了荷花文化在六朝皇家园林中应用有了开端。邺城位于今河北省临漳县漳水北岸，魏武帝曹操在邺城之西营筑御苑铜爵园，凿渠引漳水入园，园中筑铜雀台、金虎台、冰井台等；另在邺城之北郊兴建一处离宫别馆玄武苑，苑内有玄武池，以肆舟楫。据西晋左思《魏都赋》曰[3]："篁筱怀风，蒲陶结阴。回渊濇灂，积水深。蒹葭，蘦蒻森。丹藕凌波而的皪，绿芰泛涛而浸潭。"北方不如江南水多，筑池则需凿渠引水，所以"丹藕凌波而的皪"之景也就少些。邺城之北的芳林园，由魏武帝所筑，后改名为华林园。这座皇家园林历由后赵、冉魏、前燕、东魏、北齐等政权的经营，其规模不断扩大，宫苑颇多，亭台若干，后可惜均毁于战火。六朝的文会武习活动，也在皇家园林里举行，当时曹丕常和徐干、刘桢等著名文士在铜雀园游园，就起到了开展园林文会的先河作用。在他们的诗作中，也偶有莲诗莲句。如曹丕《芙蓉池作》云[4]："乘辇夜行游，逍遥步西园。双渠相溉灌，嘉木绕通川。卑枝拂羽盖，修条摩苍天。惊风扶轮毂，飞鸟翔我前。丹霞夹明月，华星出云间。上天垂光采，五色一何鲜。寿命非松乔，谁能得神仙。遨游快心意，保己终百年。"诗中的"西园"则是芙蓉池所在地，因是夜游，所以没有具体且细致地描绘芙蓉池的优美景物，而是通过粗线条的勾勒，运用动静结合的手法，表现了一种优美的意境，显示了芙蓉池无限勃发的生机。而曹植的《公宴》诗中"秋兰被长坂，朱华冒绿池"，就是描写芙蓉池红荷的秀丽景色。还有玄武池位于邺城西南，曹魏时常在此操练水军，故曹丕写有《于玄武陂作》一诗，诗中"菱芡覆绿水，芙蓉发丹南"，也是记述了当时玄武池荷花生长状况。

值得一提的是，北齐后主高纬于邺城之西营建仙都苑。史料载，仙都苑在邺城皇家园林诸苑中，其规模更大，内容更丰富。据周维权引《历代宅京记·卷十二·邺下》述[5]："仙都苑周围数

[1] 吴功正. 六朝园林 [M]. 南京：南京出版社. 1992：124～125
[2] [唐]姚思廉撰. 梁书·卷二·本纪第二·武帝中[M]. 台北：台湾商务印书馆. 1986. 影印本.
[3] 周维权. 中国古典园林史·第三版[M]. 北京：清华大学出版社，2008：124.
[4] 逯钦立辑校. 先秦汉魏晋南北朝诗[M]. 北京：中华书局，1998.
[5] 周维权. 中国古典园林史·第三版[M]. 北京：清华大学出版社，2008：126

十里，苑墙设三门、四观。苑中封土堆筑为五座山，象征五岳。五岳之间，引来漳河之水分流四渎为四海——东海、南海、西海、北海，汇为大池，又叫大海。……大海之北有七盘山及若干殿宇，正殿为飞鸾殿十六间，柱础镌作莲花形，梁柱'皆苞以竹，作千叶金莲花三等束之'。"飞鸾殿的柱础上镌莲形及梁柱用金莲花装饰，这也是荷文化在北方皇家园林中的亮相。

而洛阳是魏文帝曹丕登基后，从邺城迁都至此。魏明帝时，在东汉旧址上仿邺城的宫城规制构筑芳林苑，后改名华林园。西晋和北魏政权仍沿袭曹魏之旧，充分利用水资源，水渠不仅接济到华林园内，也引入私宅和寺观，为当时的造园创造了有利条件。据何晏《景福殿赋》云[1]："茄蔤倒植，吐被芙蕖；……菡萏炳焕，纤缛纷敷。"许昌宫景福殿是魏明帝东巡时避暑之处。此赋详细描写了殿中的气势、规模、结构、装饰及雕绘图案，其中就饰有荷景图，说明荷文化在皇家园林中得到了广泛的应用。如曹植《洛神赋》中有"迫而察之，灼若芙蕖出渌波"之句；而其《芙蓉赋》云[2]："览百卉之英茂，无斯华之独灵。结修根于重壤，泛清流而擢茎。"作者以洛阳华林园的莲花，赞颂其秀丽和高洁。此外，西晋张华《荷诗》吟[3]："荷生绿泉中，碧叶齐如规。回风荡流雾，珠水逐条垂。照灼此金塘，藻曜君玉池。不愁世赏绝，但畏盛明移。"这首吟荷小诗把荷叶齐如规的碧盖，凌空绝世的姿色，薰风扑鼻的清香和出泥不染的情操，描述得淋漓尽致，可谓妙笔生花，引人入胜。

2. 私家园林中荷池溢香

吴功正把六朝的私家园林划分两类，一种是豪华型，另一种是萧致型，而萧致型又分为栖息型、观赏型、隐逸型。不管哪一种类型，大部分都筑有水景，而有水的也都配植荷花等水生植物。虽没有实物实景可寻，但从史书中字里行间可知一二。

豪华型私家园林首推西晋石崇的金谷园。该园遗址位于今洛阳老城东北七里处的金谷洞内，因金谷水贯注园中而得名。此园随地势高低筑台凿池，造园建馆，周围几十里内，楼榭亭阁，高低错落。金谷水萦绕穿流其间，鸟鸣幽谷，鱼跃荷池；清溪萦回，水声潺潺。阳春三月，风和日暖，梨花泛白，桃花灼灼，柳绿袅袅，百花含艳；炎夏暑月，池沼碧波，清风阵阵，莲香绕岸，风过荷举，景色盎然；屋宇通明，宛若皇宫，楼亭内外，交相映辉，金谷园同此而名扬天下。

到南朝梁代，时任湘东王的萧绎在地封地首邑江陵营建湘东苑，这是南朝著名的一座私家园林。苑内"穿地构山，长数百丈，植莲蒲，缘岸杂以奇木。其上有通波阁，跨水为之。南有芙蓉堂，东有禊饮堂，堂后有隐士亭……"[4]。湘东王爱莲，在他的苑中还专筑有芙蓉堂；暑气袭来，荷风阵阵，临芙蓉堂前赏荷，神清气爽，舒畅开怀。其《采莲曲》吟[5]："碧玉小家女，来嫁汝南王。莲花乱脸色，荷叶杂衣香。因持荐君子，愿袭芙蓉裳。"正如明人陆时雍《诗境总

[1] [北魏]何晏.景福殿赋[A]赵雪倩编注.中国历代园林图文精选[C].上海：同济大学出版社，2005：205～208
[2] [晋]张华.荷诗[C]李文禄，刘维治主编.古代咏花诗词鉴赏辞典[M].吉林：吉林大学出版社，1989：914
[3] [宋]李昉等撰.太平御览·卷一九六·渚宫故事[M]北京：中华书局.2010
[4] [宋]郭茂倩编.乐府诗集[M].北京：中华书局.1982
[5] [明]陆时雍选评，任文京等点校.诗镜[M].石家庄：河北大学出版社.2010

论》所言[1]："梁元学曲初成，遂自娇音满耳，含情一粲，蕊气扑人。"

南朝宋代，始宁庄园为东晋士族大官僚谢玄在会稽郡始宁占领山林而筑，其孙谢灵运在此基础上继续扩建。谢灵运也是当时刘宋时代的大名士、大文学家；他在《山居赋》中较详细的记述了始宁庄园周边远东、远南、远西、远北自然风物及山水形态等环境，其中"水草则萍藻蕴薮，藿蒲芹荪，兼菰苹蘩，蒝荇菱莲。虽备物之偕美，独扶渠之华鲜"[2]。作者对庄园里"独扶渠之华鲜"的芰荷景致也作了描述。还有其《石壁精舍还湖中作》吟："荷芰迭映蔚，蒲稗相因依。披拂趋南径，愉悦偃东扉。"这是宋景平元年（公元423年）秋天，谢灵运托病辞去永嘉太守之职，回始宁时所吟庄园景色。湖水中，那田田荷叶，重叠葳蕤，碧绿的叶子抹上了一层夕阳的余辉，又投下森森的阴影，明暗交错，相互照映；那丛丛菖蒲，株株稗草，在船桨剪开的波光中摇曳动荡，左偏右伏，互相依倚。

南朝史学家沈约历仕宋、齐、梁三朝，在齐梁禅代之际，他助梁武帝建立梁朝。位于金陵钟山脚下的东田园林，原为齐永明年间，文惠太子所筑；后归其长子郁林王所有。梁灭齐后，由为沈约经营。当时，被称之"竟陵八友"之一的谢朓咏有《游东田》一诗[3]："远树暧阡阡，生烟纷漠漠。鱼戏新荷动，鸟散余花落。不对芳春酒，还望青山郭。"作者将沈约东田园中的荷、鱼、鸟、山、树、烟及酒等物象，以及生态意境，描写得客观真实，朴实自然，耐人寻味；南朝梁名士徐勉《为书诫子篇》云[4]："中年聊于东田间营小园者，非在播艺，以要利入，正欲穿池种树，少寄情赏。……渎中并饶菰蒋，湖里殊富芰莲。"也述及东田园的芰莲之景；在沈约《郊居赋》中[5]：也有"紫莲夜发，红荷晓舒。轻风微动，芬芳袭余。风骚屑於园树，月笼连於池竹"之句；

图1　六朝私园盆荷

其《咏芙蓉诗》亦云[6]："微风摇紫叶，轻露拂朱房。中池所以绿，待我泛红光。"此诗对仗工整，声律谐调；把东田园初夏时节，含苞待放的新荷绘就得栩栩如生，惟妙惟肖，给人以美感（图1）。

[1] [南朝]沈约撰.宋书·卷六十七·列传第二十七·谢灵运[M].北京：中华书局.1974
[2] [南朝]沈约撰.宋书·卷六十七·列传第二十七·谢灵运[M].北京：中华书局.1974
[3] 吴功正.六朝园林[M].南京：南京出版社.1992：135
[4] 吴功正.六朝园林[M].南京：南京出版社.1992：48～49
[5] 林家骊.一代辞宗沈约传[M].杭州：浙江人民出版社.2006
[6] [南朝]沈约.咏芙蓉诗[C]李文禄，刘维治主编.古代咏花诗词鉴赏辞典[M].吉林：吉林大学出版社.1989：915

在这些私家园林中，还有西晋潘岳《闲居赋》云[1]："爰定我居，筑室穿池，长杨映沼，芳枳树橘，游鳞瀺灂，菡萏敷披，竹木蓊蔼，灵果参差。"庄园里水中游鱼出没，池上遍植荷花。又如南朝齐谢朓《治宅诗》云[2]："辟馆临秋风，敞窗望寒旭。风碎池中荷，霜剪江南绿。"以及其《冬日晚郡事隙诗》吟[3]："案牍时闲暇，偶坐观卉木。飒飒满池荷，翛翛荫窗竹。"诗中反映了南朝私家园林理水的技巧比较成熟，通过借景以沟通室内外的空间，则透过窗牖的框景来欣赏残荷与青竹。

3.寺庙园林中荷的禅意

六朝寺庙园林中，庐山东林寺白莲华社，则源于东晋慧远所创之结社念佛。东晋太元九年（公元384年），慧远入庐山东林寺，四方求道缁素望风云集。元兴元年（公元402年）七月，集慧永、慧持、道生、刘遗民、宗炳、雷次宗等123人，于东林寺般若台无量寿佛像前建斋立誓，精修念佛三昧，以期往生西方。以寺之净池多植白莲，又为愿求莲邦之社团，故称白莲社；到元代至大元年（公元1308年）莲社被禁。原来，东林寺白莲花社是寺池里多植有白莲而得名。后北宋诗人黄庭坚《东林寺二首》吟："白莲种山净无尘，千古风流社里人。禅律定知谁束缚，过溪沽酒见天真。胜地东林十八公，庐山千古一清风。渊明岂是难拘束，正与白莲出处同。"诗意为：种在东林山中的白莲，香雅净洁，让人联想到白莲社中那些旷达飘逸的高士。若能透过外相来看，一定能够知道谁的心性没有被束缚；那常常跨过虎溪去饮酒的陶渊明，他的心性多么率真天然。东林胜地十八高贤的德业流韵，千载以来在庐山流响不绝。陶渊明没有位列十八高贤中，别人都认为是他难以被佛法约束，其实他的心性思想与白莲社的高贤是在一个境界上（图2）。

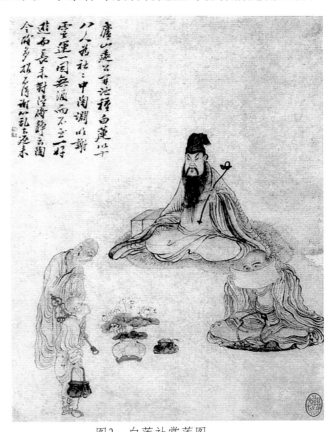

图2 白莲社赏莲图

佛教在南北朝盛行，而南朝建康城成为佛寺的集中地，有的甚至"舍宅为寺"了。据北魏杨炫之《洛阳伽蓝记》叙述[4]：位于洛阳西阳门外御道北的宝光寺，其"园中有一海，号'咸池'，葭菼被岸，菱荷覆水，青松翠竹，罗生其旁。……或置酒林泉，题诗花圃，折藕浮瓜，以

[1] [唐]房玄龄.晋书[M].北京：中华书局.1974
[2] 吴功正．六朝园林[M]．南京：南京出版社.1992：139
[3] [北魏]杨炫之，范祥雍校注.洛阳伽蓝记校注[M].上海：上海古籍出版社，1978
[4] [宋]郭茂倩编．乐府诗集[M]．北京：中华书局.1982

为兴适"。又如景明寺"……寺有三池，萑蒲菱藕，水物生焉。"还有河间寺（寺为河间王旧宅）"入其后园，见沟渎塞产，石磴礁嶤，朱荷出水，绿萍浮水……"。在这些舍宅为寺的宅园里，记述了荷的生长状况及其景色。可见，生长在佛寺（或舍宅为寺）中的荷花及荷景为当时好佛习佛的人们，给与几多的佛理和禅韵。

三、各地出土的六朝莲形器物

据《金陵晚报》报导[1]，2008年2月，南京下关区象山附近发现六朝贵族大墓，"这种墓后壁的造型极为高贵典雅，属外弧突后壁，高约2米，分7层砌成，墓砖紧密整齐排列有序，从墓壁上出现大量的莲花饰特别之处来判断，墓主身份高贵，地位显赫。"其墓砖上每朵莲花均为6片花瓣，纹外还有一圆圈，保存较好，还有的是半莲花纹，为5片花瓣。从墓葬莲花纹饰来看，为典型的宗教纹样，与印度佛教有关"。此次发现如此多的莲花纹，还是很少见，这座墓几乎每块砖都是莲花纹饰（图3）。据2003年贺云翱《南京出土六朝瓦当初探》研究报导[2]："莲花纹瓦当是南京地区出土六朝时期数量最大、造型最为丰富、分布最为广泛的一种瓦当。"这些莲花纹瓦当都应用于园林建筑上。到了东晋后期，由

图3 南京下关墓葬出土的莲纹砖

于时代精神的巨变，莲花纹瓦当开始兴起，进入南朝，莲花纹瓦当如日中天，占尽风情……，南朝后期，南、北方瓦当走向融合，都以单瓣莲花纹瓦当为主，瓣尖之间有"T"形，成倒三角形装饰，这顺应了南朝瓦当的演变趋势，莲花边缘出现了联珠纹带，重瓣莲花纹瓦当产生，这些又构成了隋唐至宋代莲花纹瓦当的基本特征（图4）。

据魏杨菁报导[3]：1972年，在南京东郊麒麟门外灵山南朝墓葬中，出土一对造形相同的莲花尊，高85cm，最大腹围125cm，口径21cm，底径20.8cm，是目前我国所发

[1] 南京六朝墓惊现莲花壁 [N].金陵晚报.2008－2－28（A36）
[2] 贺云翱.南京出土六朝瓦当初探[J].东南文化.1：2003：23～33
[3] 魏杨菁.六朝青瓷之王——莲花尊[J].南京史志.1998：52

图4　南京市雨花台窑岗村等处出土不同类型的南朝莲花瓦当

现的六朝青瓷器中最大、最精美的一对。莲花尊造型高大庄重，装饰华丽
繁缛，工艺精巧细致，堪称稀世珍品。此尊有莲瓣形盖，尊的腹上部饰
模印重瓣覆莲两圈，其下贴花菩提叶一圈和刻画瘦长莲瓣纹一圈，莲
瓣下垂，瓣尖上翘；腹下部饰仰莲纹两层，圈足如一喇叭座，饰覆莲纹
两圈。各层莲瓣均向外翻卷，丰腴肥硕，整件器物在层层叠叠的莲瓣
纹装饰下，显得华丽繁缛，气派非凡（图5）。

　　古代青铜器中，尊的用途是酒器，但在南朝佛教盛行时期，佛教
以五戒"不杀、不盗、不淫、不欺骗、不饮酒"成为佛门至高无上的
戒律，这对寺院僧尼和众多的佛教信徒具有严格的约束力。故在南朝
以莲花尊为酒器则难成立；且莲花尊体型巨大沉重，纹饰精细繁复，
器物的内壁不施釉，极不光滑平整，这些现象足以证明其不是日常生
活中的实用器物。这种成对的青瓷莲花尊只能是一种用来礼佛的陈设
供品。

图5　南京出土南朝莲花尊

　　南北朝时期，莲花在佛教艺术中占有特殊的地位，当时的手工业者将莲那富有装饰意味的花、
实、茎、叶图案应用到莲花纹瓦当、莲花纹砖等宗教建筑和艺术品中，以及瓷器的装饰题材。用莲
装饰的工艺品可分为仰莲和覆莲两种，仰莲多饰于碗、盘等小件器物的内外壁和内底；覆莲一般饰
于壶、罐等器物上。当时大量出现的装饰莲瓣图纹的碗、盘、盏托、罐、尊等青瓷器就是这一现象
的反映。据韦正《六朝墓葬的考古学研究》述[1]：从长江中游地区出土南朝墓砖花纹，"武昌水果
湖南朝墓砖的莲花纹在花瓣之间填充带箭头的直线，造成花瓣与花蕊间隔的样子；应城狮子山南朝
墓砖扁平面为两个正方形的莲花图案，莲花中心为莲心、花瓣，外围则似多层的卷边荷叶。"还有

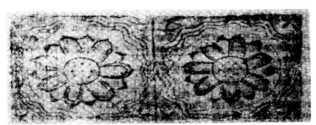

浙江、福建、广东沿海地区都出土有南朝墓砖莲
花纹，这些文物史料为我们探讨荷文化在南朝园
林中的应用，具有深远且现实的意义（图6）。

图6　湖北应城狮子山南朝墓砖的莲花图案

[1] 韦正.六朝墓葬的考古学研究[M].北京：北京大学出版社.2011：242～267

四、六朝园林中荷文化应用对后世的影响

荷文化在六朝园林中的应用非常广泛，无论南北朝的皇家园林，还是私家园林和寺庙园林，有水必植荷，植荷必有景，既使隐居于无水的山林，也要开凿一方小池植荷。正如余开亮博士在他的《六朝园林美学》一书中所述[1]："几乎所有六朝园池中都会种植荷花。'蓑荷依阴'，潘岳园中有荷；'风碎池中荷，霜剪江南绿'，谢朓园中有荷；'动红荷于轻浪，覆碧叶于澄湖'，沈约园中有荷；'余有莲花一池'，江淹园中有荷；'及出镇郢州，乃合十馀船为大舫，于中立亭池，植荷芰'，孙玚园中有荷。"孙玚是南朝陈代的兵部尚书，他在船上造园筑池植荷，据唐姚思廉《陈书·卷二十五》云[2]："合十余船为一大舫，于中立池亭，植芰荷，良辰美景，宾僚毕集，泛长江置渌酒，亦一代之胜赏。"六朝几乎到了无园不植荷的地步。我们再细心体验，发现六朝园林中的荷花与荷景，不仅有单景，也有组景；不仅有近景，也有远景；而且对借景、框景和色彩对比及空间层次等都运用了较好的处理手法，获得良好的艺术效果。因而，吴功正先生在论及"六朝园林之影响"时说[3]："在建园观念、意识上是有若自然、酷肖自然。六朝人善于运用自然、采撷自然，又改造自然、整治自然，形成特有的自然山水园林景观。而这些经过人力整治过，形成起来的园林又酷似自然，具有和自然一样的风貌、风采。"对六朝源于自然、提炼自然，而又有若自然的园林美学思想，对后世的造园则产生了极大且深远的影响。

那么，荷文化在六朝园林中的应用对后世又产生了哪些影响呢？就唐代园林而言，初唐时期王维的辋川别业，其中"轻舸迎上客，悠悠湖上来，当轩对尊酒，四面芙蓉开"，描写了辋川别业中欹湖的荷景；这是受到谢灵运始宁山墅园林"芰荷迭映蔚，蒲稗相因依"的影响，园中格调带有乡村风光和大自然气息，充满温馨的情感。中唐白居易庐山草堂的白莲景致，受到"白莲种山净无尘"的影响更深；他为何见匡庐奇秀，"恋恋不能去，因面峰腋寺，作为草堂"？原来，"乐天既来为主，仰观山，俯听泉，旁睨竹树云石，自辰及酉，应接不暇。俄而物诱气随，外适内和。一宿体宁，再宿心恬，三宿后颓然嗒然，不知其然而然"。无论他的"庐山草堂"，还是洛阳"履道里园"，其造园风格和手法与六朝书卷型名士园林比较，则一脉相承。故曰，六朝的造园理念对后世的影响，不仅仅是唐代，还有宋、元、明、清，直至今日。

还有值得注意的现象，在六朝园林的植物配置中，"荷竹组合"等出现较多。比如，潘岳园中"菡萏敷披，竹木蓊蔼"；沈约园中"红荷晓舒"，"月笼连于池竹"；江总园中"涧清长低筱，池开半卷荷"；谢灵运园中"芙蓉始发池"，"绿筱媚清涟"；谢朓园中"飒飒满池荷，翛翛荫窗竹"；还有北魏郦道元《习郁鱼池》曰："楸竹夹植，莲芰覆水"等等。名士园林中的荷景，在池岸上都植有竹，则形成了一种固定的组合模式。六朝这种"荷竹组合"的水景在白居易的园中影响极深；无论庐山草堂里"环池多山竹野卉，池中生白莲白鱼"，还是洛阳覆道里园中

[1] 余开亮.六朝园林美学 [M].重庆：重庆出版社.2007：164～165
[2] [唐]姚思廉.陈书[M].北京：中华书局.1974
[3] 吴功正. 六朝园林 [M]. 南京：南京出版社.1992：199～215

"有水一池，有竹千竿"，"灵鹤怪石，紫菱白莲"，均为"荷竹组合"的模式。诚然，这与当时的隐士好莲"出泥不染"，爱竹"虚心有节"的情操，无不相关。

六朝园林影响着后世，而后世对六朝的造园思想也不断的传承、发展和求新。如明代著名造园家计成《园冶》云："虽由人作，宛自天开"；清代李渔《一家言》述："天然委曲之妙"；设计荷景时，明代文震亨则发展了六朝的造园思想，其《长物志·广池》曰[1]："于岸侧植藕花，削竹为栏，勿令蔓衍。忌荷叶满池，不见水色。"因而，满池荷叶，显得臃肿不堪；要留出一定尺度的水面观倒影，且能丰富水景的空间层次。

著名美学家宗白华在《美学散步》所论[2]："汉末魏晋六朝是中国政治史上最混乱、社会最苦痛的时代。然而，却是精神史上极自由、极解放，最富于智慧、最浓于热情的一个时代。"纵观荷文化在六朝园林中的应用和发展，精神上极自由、极解放的六朝人，用筑造方寸之园，种荷植竹，吟诗作赋，谈玄论道，把酒言欢，借以精神之寄托。六朝园林中，荷文化应用特别广泛，几乎所有六朝园林水景中都植有荷。最典型的事例是南朝陈代的兵部尚书孙瑒在船上造园筑池植荷，可见当时的植荷，蔚然成风。从全国各地出土六朝文物来看，以莲纹莲图的墓砖、瓦当、瓷器，及宫殿的梁柱廊等，也占有很大的比例，说明荷文化在六朝园林建筑上得到了很好的应用。六朝园林对后世的影响，单就荷文化应用而言，如"荷竹组合"、"荷柳组合"、"荷石组合"等造园艺术手法，对后世植荷造景则具有积极且深远的意义。

[1] [明]文震亨著，，屠隆，陈剑注释. 长物志考槃余事，杭州：浙江人民美术出版社. 2011.

[2] 宗白华.美学散步[M].上海：上海人民出版社，2006

荷文化在历代皇家园林中的
应用、传承与发展

据《诗经》记载[1]："山有扶苏，隰有荷华"；"彼泽之陂，有蒲与荷"，从此荷花则成为人们心目中美好的象征。后经历代文人的渲染和延伸，荷花的审美意象及文化内涵也就更加丰富多彩。荷花何时应用于皇家园林？史籍亦有详细记载。东周列国，群雄争霸，位于江南楚、吴、越等诸侯国，其商业经济发达，各自按所处的地理环境条件，大量修筑王宫贵族园林。如章华台是楚灵王的离宫，《国语•吴语》述[2]："昔楚灵王……，乃筑台于章华之上，阙为石郭，陂汉以象帝舜。"而东吴韦昭对其注释[3]："阙，穿也。陂，壅也。舜葬九嶷，其山体水旋其丘下，故壅汉水使旋石郭以象之也。"由此可知，章华台三面为人工开凿水池而环抱，临水成景。有水便有荷花等水生植物生长，故屈原《楚辞•招魂》曰[4]："坐堂伏槛，临曲池些。芙蓉始发，杂芰荷些。紫茎屏风，文缘波些。"诗人对当时楚国离宫荷景进行了客观的描述。又如吴国灵岩山'玩花池'，据王其超等《荷花》记述[5]："栽培荷花供观赏，最初出自帝王的享乐需要，如2500年前吴王夫差为宠妃西施欣赏荷花，在太湖之滨的灵岩山（今江苏吴县）离宫修'玩花池'，移种太湖的野生红莲，是人工砌池栽荷专供观赏的最早实例。"其实，东周时期江南诸侯国贵族园林中荷花的应用已出现了萌芽。

一、秦汉时期荷花及荷文化应用

秦始皇统一六国后，便开始大规模地建设皇家园林。其中上林苑范围甚广，南至终南山北坡，北界渭河，东达宜春苑，西抵周至；且苑内宫、殿、亭、台、馆散布，大小湖泊纵横交错，荷菱遍植，鹭鸟成群。据汉•司马相如《上林赋》述[6]："泛淫泛滥，随风澹淡，与波摇荡，奄薄水

[1] 程俊英. 诗经译注[M]. 上海：上海古籍出版社.1985：152～248
[2] [明]闵齐汲裁注.国语[M].北京：北京出版社.1998
[3] [东吴]韦昭注.国语[M].台北：台湾商务印书馆. 1986
[4] 方飞评注.楚辞赏析[M].乌鲁木齐：新疆青少年出版社.2000：151～165
[5] 王其超，张行言. 荷花[M].上海：上海科技出版社.1998：1～16
[6] [西汉]司马相如. 子虚赋[A]赵雪倩编注. 中国历代园林图文精选[C]. 上海：同济大学出版社.2005：38～39

渚，唼喋菁藻，咀嚼菱藕。"上林苑天然湖沼中，有成群鸟儿聚集在野草覆盖的沙洲上，口衔着菁、藻，唼喋作响，口含着菱藕，咀嚼不已。反映出当时莲菱生长茂盛，以及水鸟在莲间活动的原始生态景观。到了西汉，荷花在皇家园林中得到了应用。建章宫修筑于汉武帝太初元年，在其西北部开凿大池，名曰"太液池"。据周维权《中国古典园林史》述[1]："池中种植荷花、菱芡等水生植物。水上有各种形式的游船。"阐明了汉苑太液池那秀美的荷景。

据《西京杂记•卷六》云[2]："太液池中有鸣鹤舟、容与舟、清旷舟、采菱舟、越女舟。"越女舟即采莲舟，这是汉代宫苑仿江南越女采莲而制作。汉朝设有管理音乐的宫庭官署为乐府，然乐府是汉承秦制，而作为专门机构被保留。惠帝有"乐府令"之职；到武帝时，乐府的规模和职能则被大规模地扩充，其具体任务包括搜集民歌、制定乐谱、训练乐工及制作歌辞等，因而乐府便派人到各地搜集民歌，以了解民情，其中采莲歌谣在江南所搜集。据《汉书•艺文志》所述[3]："自孝武立于乐府而采歌谣，于是有代、赵之讴，秦、楚之风。皆感于哀乐，缘事而发，亦可以观风俗，知薄厚云。"反映了汉乐府诗的创作主体有感而发，且具有很强的针对性。如相和歌《江南可采莲》吟[4]："江南可采莲，莲叶何田田。鱼戏莲叶间，鱼戏莲叶东，鱼戏莲叶西，鱼戏莲叶南，鱼戏莲叶北。"此外，还有《采莲曲》、《采菱》、《采莲归》、《张静婉采莲曲》等，均是汉乐府常演奏的曲目。在西汉皇家园林中不仅植荷赏荷，仿制江南越女采莲的采莲舟；同时，汉乐府还创作许多采莲曲及采莲舞，专供帝王嫔妃欣赏。当时，荷花藻井、荷花瓦当等也出现在园林建筑上，可知荷文化在汉代皇家园林中应用已初步形成。

而东汉建都洛阳，在皇苑中，濯龙园以水景取胜，是供皇妃休闲娱乐之所。据东汉张衡《东京赋》云[5]："濯龙芳林，九谷八溪。芙蓉覆水，秋兰被涯。"描述了濯龙园荷花遍布之景观。而位于北宫之西的西园，园内堆筑假山，水渠周流澄澈可行舟。据东晋王嘉《拾遗记•卷六》述[6]："灵帝初平三年，游于西园。……又奏《招商》之歌，以来凉气也。歌曰：'凉风起兮日照渠，青荷昼偃叶夜舒，惟日不足乐有余。清丝流管歌玉凫，千年万岁喜难逾。'渠中植莲，大如盖，长一丈，南国所献。其叶夜舒昼卷，一茎有四莲丛生，名曰'夜舒荷'。亦云月出则舒也，故曰'望舒荷'。帝盛夏避暑于裸游馆，长夜饮宴。"园内种植的莲为南方所进献。从中可证实汉代皇家园林中荷花的应用则趋于成熟。

二、大唐皇家园林荷文化考究

降至李唐，荷文化在皇家园林中的应用得到了进一步扩展和延伸。太液池位于长安城大明宫北部，是唐代最重要的皇家池苑。每临夏日，池中荷花娇艳亮丽，清香远溢；池岸垂柳随风飘逸，

[1] 周维权. 中国古典园林史[M]. 北京：清华大学出版社. 2008：85~87
[2] 葛洪撰. 西京杂记[M]. 西安：三秦出版社. 2006
[3] [汉] 班固. 汉书•艺文志[M]. 北京：人民出版社. 2006：188~198
[4] [宋] 郭茂倩. 乐府诗集[M]. 北京：中华书局. 1982
[5] [东汉] 张衡. 东京赋[A] 赵雪倩编注. 中国历代园林图文精选[C]. 上海：同济大学出版社. 2005：76~78
[6] [东晋] 王嘉撰. 拾遗记[M]. 台北：台湾商务印书馆（影印本）. 1986

唐代白居易《长恨歌》吟[1]："归来池苑皆依旧，太液芙蓉未央柳。芙蓉如面柳如眉，对此如何不泪垂。"客观地描绘了当年长安城大明宫太液池那红荷吐艳、翠柳如烟的秀丽景色。

据中日联合考古队报导[2]，2005年2～5月，对西安唐长安城大明宫太液池遗址进行考古发掘，太液池池岸和池内出土大量的条砖、方砖、瓦当、鸱尾、础石、陶瓷三彩等建筑和生活遗物。发现其中有不少用于园道的莲纹方砖（图1），亭榭的荷花瓦当及石狮子莲花座望柱（图2、图3），这是唐考古历代发掘中出土最精美的园林建筑石

图1 莲纹方砖

图2 莲花座望柱

图3 莲花瓦当

图4 荷叶痕迹

构件，有些还是罕见的珍品。同时，考古工作者在太液池湖底淤泥层中，发现大量清晰可辨的荷叶及保持较完整的莲梗和莲蓬（图4）。这些出土遗物，足以证实荷花在唐代皇家园林中应用的多样性，以及荷文化曾经有过的辉煌。

此外，还有曲江池、兴庆池等也都是皇家园林中著名赏荷景点。曲江池既是皇家园林，又是开放的公园，位于长安城东南隅，因水流曲折而得名。据唐康骈《剧谈录》述[3]："开元中疏凿为妙境，花卉周环，烟水明媚，都人游赏盛于中和节。江侧苑蒲葱翠，柳荫四合，碧波红蕖，湛然可爱。"后有不少诗人对曲江池荷花均吟唱，如唐·韩愈《酬司门卢四兄云夫院长望秋作》咏[4]：

[1] 顾学颉 周汝昌选注. 白居易诗选[M]. 北京：人民文学出版社. 1982
[2] 中国社会科学院考古研究所等. 西安唐长安城大明宫太液池遗址的新发现[J]. 考古，2005（12）：3～6
[3] [唐]康骈. 剧谈录·二卷[M]. 北京：古典文学出版社，1958
[4] [唐]韩愈. 酬司门卢四兄云夫院长望秋作[A]全唐诗[C]. 北京：中华书局.1999

"曲江荷花盖十里，江湖生目思莫缄"；而李商隐《暮秋独游曲江》云[1]："荷叶生时春恨生，荷叶枯时秋恨成。深知身在情长在，怅望江头江水声。"兴庆池位于兴庆宫南部苑林区，池岸亭台楼阁，错落耸立；林木蓊郁，绿柳飘拂；池上红荷摇曳，碧浪翻卷，清香远溢，景色绮丽可人。唐武平一《兴庆池侍宴应制》吟[2]："銮舆羽驾直城隈，帐殿旌门此地开。皎洁灵潭图日月，参差画舸结楼台。波摇岸影随桡转，风送荷香逐酒来。愿奉圣情欢不极，长游云汉几昭回。"而李适《帝幸兴庆池戏竞渡应制》亦吟[3]："拂露金舆丹旆转，凌晨黼帐碧池开。南山倒影从云落，北涧摇光写溜回。急桨争标排荐度，轻帆截浦触荷来。横汾宴镐欢无极，歌舞年年圣寿杯。"当年唐玄宗与杨贵妃常乘坐画船赏荷观景，那一派歌舞升平的景象，便可想而知了。

唐朝实行两都建制，即西都长安和东都洛阳。据清徐松《唐两京城坊考·卷五》记[4]："魏王池与洛水隔堤，初建都筑堤，壅水北流，余水停成此池，下与洛水潜通，深处至数顷，水鸟翔咏，荷芰翻覆，为都城之胜也。"记述了魏王池的荷花生态景色，当时东都洛阳魏王池也具有皇家园林和开放性公园的特点。

三、荷花在两宋皇苑中的应用及影响

宋代皇家园林主要集中于东京（今开封）和临安。据王其超等《荷花》所述[5]："北宋（960-1127年）东京市中心的御道，两旁掘有御沟分隔，沟旁种行道树，沟中植莲，首创中国莲美化街景的实例。"作者对北宋开封城用荷花美化御道进行了深入的研究。

宋室南迁后，临安城的行宫御苑也很多，大都分布在西湖优美的地段，如集芳园、玉壶园、聚景园、屏山园、南园、延祥园、琼华园、梅冈园、桐木园等；也有筑于外城，如德寿宫和樱桃园。据吴自牧《梦粱录》载[6]：这些御苑"俯瞰西湖，高挹两峰，亭馆台榭，藏歌贮舞；四时之景不同，而乐亦无穷矣"。德寿宫位于临安外城东部望仙桥，由秦桧府邸扩建而成。苑中开凿大水池，池中遍植荷花，可乘画舫作水上游。而聚景园内"每盛夏秋首，芙蕖绕堤如锦，游人舣舫赏之"[7]。南宋"西湖十景"有：苏堤春晓、曲苑风荷、平湖秋月、断桥残雪、柳浪闻莺、花港观鱼、雷峰夕照、双峰插云、南屏晚钟、三潭印月。其中"曲苑风荷"之景，以夏日观荷为主题。"曲苑"原是南宋朝廷开设的酿酒作坊，位于今灵隐路洪春桥附近，湖面种植荷花；每逢夏日，和风徐来，荷香与酒香四处飘逸，令人不饮亦醉之感。故南宋王洧《湖山十景·曲院风荷》咏："避暑人归自冷泉，埠头云锦晚凉天。爱蕖香阵随人远，行过高桥方买船。"诗人对西湖曲院风荷的美景大加赞赏。

[1] [唐] 李商隐. 暮秋独游曲江[A]全唐诗[C]. 北京：中华书局.1999
[2] [唐] 武平一. 兴庆池侍宴应制[A]全唐诗[C]. 北京：中华书局.1999
[3] [唐] 李适. 帝幸兴庆池戏竞渡应制[A]全唐诗[C]. 北京：中华书局.1999
[4] [清] 徐松撰. 唐两京城坊考[M]. 上海：上海古籍出版社，1995
[5] 王其超，张行言. 荷花[M]. 上海：上海科技出版社.1998
[6] [宋] 吴自牧撰. 梦粱录[M]. 台北：台湾商务印书馆，1986
[7] 周维权. 中国古典园林史[M]. 北京：清华大学出版社，2008：293~294

经历代文人大肆渲染，西湖美景对后世影响极大。尤其是南宋杨万里《晓出净慈寺送林子方》咏[1]："毕竟西湖六月中，风光不与四时同。接天莲叶无穷碧，映日荷花别样红。"诗人以其独特的手法，把西湖景色描绘得气象宏大，绚丽生动；全诗工整对仗，凝重端庄，章法灵活，富有变化；千古绝唱，而影响后世。

四、"康乾盛世"大力推崇荷花造景

元灭金后，则迁都大都（今北京）。元王朝以琼华岛为中心修筑宫苑，并将太液池向南扩建成为北海、中海、南海，使三海水域贯通。北海遍植荷花，蒲菱伴生；每逢夏月，红荷艳美，秀色空前。而明成祖迁都北京，注重皇家园林的建设，西苑水面遍植荷花，每临炎夏暑月，荷浪起伏，清香绕岸，景色亦十分宜人。据清高士奇《金鳌退食笔记》述[2]："秋来露冷，野鸳残荷，隐约芦汀蓼岸，不减赵大年一幅江南小景也。"当时三海水面辽阔，南海芦苇满汀，鸟翔其间；海中萍荇蒲藻，交青布绿；北海碧浪翻卷，红荷吐艳；帝妃常乘御舟行游海上赏荷作乐。

清王朝定都北京，逐渐兴起了皇家园林的建设高潮，尤其是康、雍、乾三代，这是荷花在皇家园林中应用与荷文化弘扬的鼎盛时期。为了维护封建王朝的统治，康熙和乾隆爷孙二人多次南巡体察民情，同时对景色秀丽的江南园林也大加赞赏。因而，清代皇家园林按照帝王的需求，在继承其皇家园林的特点上，大量地吸取江南园林的艺术精华。如颐和园西堤仿杭州西湖"苏堤春晓"之景而建。据清乾隆御制《万寿山即事》诗吟[3]："背山面水地，明湖仿浙西；琳琅三竺宇，花柳六桥堤。"明确指出以昆明湖摹写杭州西湖的造园主旨，故西堤沿岸的柳桥、练桥、镜桥、玉带桥、豳桥和界湖桥，也是仿照西湖苏堤六桥所筑。春夏时节，桃红柳绿，莺唱燕舞，阵阵碧浪，风过荷举；漫漫长堤，浮于湖上，其景其色，秀美可人；昆明湖畔的玉澜堂，是光绪皇帝寝宫，在其堂西侧筑有藕香榭；以及颐和园长廊之檐、柱等多处绘有莲图莲景，荷文化真乃丰富多彩。而圆明园四十景之"曲院风荷"，位于福海西岸同乐园南面，仿西湖曲院风荷改建，跨池有一座九孔石桥，北有曲院。曲院近处荷花甚多，红衣印波，长虹摇影，景色与西湖相

图5 慈禧在福海赏荷情景

似。还有"濂溪乐处"，是乾隆按北宋理学家周敦颐《爱莲说》中"莲，花之君子者也"之意而筑，此苑山环水绕，菡萏遍布；小殿数楹，流水周环于其下；每逢凉暑爽秋之际，那"水轩俯澄泓，天光涵数顷；烂漫六月春，摇曳玻璃影；香风湖面来，炎夏方秋冷；时披濂溪书，乐处惟自省；君子斯我师，何须求玉井"之景，令人流连。其实，圆明园四十景中"天然图画"、"九州

[1]［宋］杨万里. 晓出净慈寺送林子方[A]孙映逵主编. 中国历代咏花诗词鉴赏辞典[C]. 南京：江苏科技出版社，1989：829.

[2]［清］高士奇撰.金鳌退食笔记[M]. 台北：台湾商务印书馆，1986

[3]王鸿雁.略论清漪园造园的艺术风格[J]. 中国园林，2004，20（6）：29～32

清晏"、"多稼如云"等，亦有红荷摇曳，莲香绕岸之意境。据［德国］玛丽安娜•鲍榭蒂《中国园林》所述[1]："有人曾无数次地尝试过用藕丝来制造纺织品。中国的传说中，神仙的衣服都是藕丝做的。只有慈禧太后有一件披肩是用藕丝做成，她在10月过生日时曾披过。做这样一件藕丝披肩需要500个工作日。"可见，慈禧对莲花喜爱的程度。光绪年间，朝廷官员也常陪同慈禧太后乘画舫在圆明园福海观莲赏景（图5）。

承德避暑山庄是清王朝最大的离宫，这里湖泊纵横，水源充沛，为植荷造景创造了有利条件。在康熙三十六景中，以荷命名就有"曲水荷香"、"香远益清"等，"曲水荷香"建于康熙四十二年至四十八年间，为康熙御题三十六景之第十五景。碧溪清浅，随石盘折流为小池，池中荷花无数，碧盖参差，故"荷气参层远益清，兰亭曲水亦虚名"。再由"香远益清"之景沿澄湖东岸北行与东线结景，前殿五楹，前后水池植荷。康熙则取《爱莲说》中"香远益清"为景名，联曰"远见波光来玉洞，近临山翠入书窗"；其后殿三楹名紫浮，紫浮西有殿五楹，名依绿斋，联曰"乔木佛窗连翠岭，澄波映槛接天光"。此外，还有"双湖夹镜"、"长虹饮练"、"芳渚临流"、"澄波叠翠"、"澄泉绕石"等景点，也均红莲遍植，碧盖浮波，暑风徐来，清香扑鼻；不是江南，却胜似江南。而"观莲所"为乾隆三十六景之第十四景，南面湖湾植有数顷莲花。夏秋之交，湖面万株芙蓉，红花翠盖；鸥翔上下，鱼戏东西，乃赏莲胜景。传说，乾隆11岁时，康熙在山庄命其背诵《爱莲说》；面对万株荷花，乾隆娴熟地颂毕全篇，深得祖父喜爱。后乾隆建亭命景，并题联："能解三庚暑，还生六月风"。乾隆一向敬仰荷花的君子节操，并认为"以屈为神，丈夫之道；淡而无华，高节乃现。"公元1792年夏，乾隆在避暑山庄青莲岛烟雨楼中消夏，见眼前荷花，摇曳生姿，不禁诗兴盎然，有《对荷》吟："花盛原因开以迟，楼阴一片绮纨披。屈为信理固宜是，淡拂华高乃在兹。鹿苑不妨姿游奕，鸳湖岂必较参差。设如座喻对君子，杏树依稀与论诗。"总而言之，避暑山庄的园林水景也借鉴了江南园林理水手法，使得山庄水景更趋自然，野趣横生。

值得一提的是，避暑山庄的"敖汉莲"。这是1741年，敖汉旗王府扎萨克罗郡王垂木丕勒向清廷皇帝进贡小河沿莲。据《热河志》载[2]："敖汉所产，较关内尤佳，山庄移植之。塞外地寒，草木多早黄落，荷独深秋尚开，木兰回跸时犹有开放者。"1943年日本侵占热河，将"长虹饮练"之景填平改为靶场，从此敖汉莲长眠湖底。直至1983年，恢复"长虹饮练"之景，然沉睡40年的敖汉莲，却奇迹般地重新绽放。

保定古莲花池，于雍正年间辟为皇帝行宫。乾隆、嘉庆、慈禧等帝及皇后出巡时，途经保定均在此驻跸。古莲池原为元代汝南王张柔所凿，环水置景，以水为胜。公元1284年因地震损毁，仅存一池红莲，俗称"莲花池"。后几经修建，达到极盛。园内琼楼玉阁，典籍文物，珠玑珍玩，以及红荷白莲，奇花异卉，仙禽灵兽，画舫楼船，尽托于山水间，交织成景。乾隆年间，知县时来敏《莲漪夏滟》诗吟："一泓潋滟绝尘埃，夹岸亭台倒影来；风动红妆香细送，波摇锦缆鉴初

［1］［德国］玛丽安娜•鲍榭蒂.中国园林[M].北京：中国建筑工业出版社.1996：66～67
［2］［清］和瑛撰.热河志略[M].上海：上海古籍出版社，1995.

开；宜晴宜雨堪临赏，轻暖轻寒足溯洄；宴罢不知游上谷，几疑城市有蓬莱。"作者客观且真实地赞美了优雅宜人的莲池。后来"莲漪夏滟"成为保定古城八景之冠。

五、皇家园林中荷文化价值对现代城市的影响和发展

悠久灿烂的荷文化，是中国皇家园林文化的重要组成部分，其文化价值对促进现代城市文明的建设与发展，具有深远的现实意义。纵观历史，历代皇家园林在荷文化的应用及传承方面，都具有深远的影响作用；特别是清代康熙和乾隆二帝多次南巡，对江南园林造景手法进行借鉴和模仿，使其园林艺术风格，既继承了皇家园林恢弘气派的特点，也汲取了江南园林造景艺术特色。如圆明园四十景之"曲院风荷"和"濂溪乐处"；避暑山庄康熙三十六景中"曲水荷香"和"香远益清"，以及乾隆三十六景之"观莲所"等，这些荷景小巧玲珑，清幽娟秀，内涵深邃，创造性地继承了灿烂悠久的荷文化。

共和国成立后，各地园林部门重视荷花的生产与应用，尤其是党的十一届三中全会以来，中国的荷花事业得到了迅速发展。自20世纪80年代，花卉育种家们培育出一代代花硕色艳的荷花新品种，且由过去的几十个发展到现在的800多个。自1987年至今，中国花卉协会荷花分会与各地的政府共举办24次全国荷花展览会，其中在皇家园林城市举办6次，北京3次，（包括1989年北海公园；2005年荷花池公园；2008年圆明园遗址公园），承德避暑山庄1次（1998年避暑山庄风景区），杭州2次（1993年和2007年杭州曲院风荷公园）。如2008年北京主办奥运会前夕，在圆明园遗址公园隆重地举行了第22届全国荷花展览会，此次展览会以绿色奥运、人文奥运、科技奥运为主题，创造数千亩广阔的荷塘，其独一无二的自然条件，向全世界展现皇家园林中荷文化内涵，彰显了弘扬海纳百川、昂扬向上的时代精神；在圆明园优美的自然环境中，泛舟赏荷，畅享灿烂的荷文化之旅，感受到和谐社会的温馨美好。

因而，皇家园林中灿烂悠久的荷文化，不仅仅在北京、杭州、承德等城市得到发展；同时，对全国数百座大中小现代城市的文明建设和发展，也具有深远的现实意义。如今，从东至西；由南到北，都以不同形式的荷花展览会或荷花艺术节，象雨后春笋般在全国各地举行。由此，这进一步的推动了中国荷花事业的蓬勃发展，也提升了荷花文化的内涵及其文化价值。

荷文化在中国皇家园林中已得到广泛的应用，尤以清代对荷花造景及荷文化的弘扬最为突出；由于康熙和乾隆对传世名篇《爱莲说》的崇敬，首次创建"濂溪乐处"之景，并将其审美意象纳入园林造景中，使荷花审美得到进一步升华。然而，历代皇家园林所传承的荷文化，历史悠久，灿烂辉煌，对当今现代城市的文明建设和发展，倡导社会和谐，提高市民的文化素养，则产生着积极且深远的影响。

论白居易的爱莲思想及白园莲景

　　白居易一生爱莲，特别是爱白莲；这在他诗文的字里行间，造园的一池一景，均可见一斑，且对后世产生着积极的影响。因而，他不仅是一位伟大的诗人，还是杰出的思想家和造园大家。白居易的爱莲思想如何形成？这还得从他的政治仕途、为官做人说起；而白居易营造4个园林，即渭上南园、庐山草堂、忠州东坡园和洛阳履道里园，其中庐山草堂和洛阳履道里园则详细地记述他造园的理念及白莲小景。故笔者对白居易的爱莲思想、《草堂记》和《池上篇》意境等，作一浅述。

一、仕途多舛　济世为民

　　白居易（公元772-846年），字乐天，号香山居士、醉吟先生。他是我国唐代继李白、杜甫之后又一伟大诗人，亦成为世界历史文化名人。据《白居易年谱》载[1]：白居易一生经历过8位皇帝，自他任校书郎始，以刑部尚书致仕止，历官20任；一生坚持正义，廉洁奉公，为人正直，光明磊落，为民请命，不惧权豪，亲民爱民，创作不息。自始至终践行"穷则独善其身，达则兼善天下"的做人原则。

　　翻阅白居易的政治经历，在元和三年，他任左拾遗期间，因对朝政不满，便上《论制科人状》，因极言不当，却被权贵谗言，而陷入牛李朋党之争的旋涡中。正值年富力强、才华横溢的白居易，为国效力的理想，却难以施展；几十年来，仕途失意，人生苦楚，累遭贬谪。其诗《江南谪居十韵》吟[2]："壮心徒许国，薄命不如人，才展凌云翅，俄成失水鳞。"道出了诗人心灵的创伤之痛。他受儒家思想的影响，一生"济世为民"。在杭州刺史任上，其政绩斐然，关心民间疾苦，修筑湖堤蓄水灌田；还浚城中六井，以供市民饮用。人们为了怀念他的功绩，所筑西湖之堤为"白公堤"。宝历元年五月，白居易赴任苏州刺史，翌年九月因病离任。在苏州期间，他勤政除弊，主持修筑苏州虎丘山塘河堤，使人"免于病涉，亦可以障流潦"。他离任后，苏州百姓啼

---

[1] 朱金城. 白居易年谱[M]. 上海：上海古籍出版社，1982
[2] 张安祖. 唐代文学散论 [M]. 北京：生活•读书•新知三联书店，2004：78

哭相送。故刘禹锡诗赞："姑苏十万户,皆作婴儿啼。"既使晚年退居洛阳履道坊故里园,他也尽力所及,倾自己资财,开凿龙门八节石滩,使险路变通途,以利舟楫。

二、爱莲思想 源自佛道

在白居易3 800多首诗中,有不少是专咏的莲诗,如《采莲曲》、《感白莲花》、《六年秋重题白莲》、《种白莲》、《莲石》、《白莲池泛舟》、《东林寺白莲》、《草堂前新开一池,养鱼种荷,日有幽趣》、《京兆府栽莲》、《看采莲》、《龙昌寺荷池》、《阶下莲》、《衰荷》等等[1];诗集中还有大量的吟莲句,如《长恨歌》"归来池苑皆依旧,太液芙蓉未央柳。芙蓉如面柳如眉,对此如何不泪垂";《池上赠韦山人》"新竹夹平流,新荷拂小舟";《池上即事》"钿砌池心绿莘合,粉开花面白莲多";《池上清晨候皇甫郎中》"池幽绿蘋合,霜洁白莲香"等[2],真是不计其数。从这些吟莲诗句中,足以见证了白居易对莲的偏爱。由此试问:白居易为何爱莲?其爱莲思想又如何形成?诚然,这与他的仕途失意,人生坎坷,以及儒释道思想的影响有着直接地关系。

如前所述,由于白居易受到牛李党争的牵连,难以施展才华和理想,他也一直在郁郁寡欢中度过;加之,在他40岁那一年,先母亲病故,后爱女金銮夭折;60岁时,独儿阿崔又夭亡。其诗《初丧崔儿报微之晦叔》云[3]:"书报微之晦叔知,欲题崔字泪先垂。世间此恨偏敦我,天下何人不哭儿。蝉老悲鸣抛蜕后,龙眠惊觉失珠时。文章十帙官三品,身后传谁庇荫谁。"这前后亲情的离别,使他万分悲痛。因仕途坎坷,亲情离别,导致白居易的思想消沉、失望和无奈。为了涤除人生的烦恼,他以妓乐诗酒放情自娱。于是,从佛禅中寻找精神寄托,企图用佛禅思想麻醉和安慰自己。

白居易在江州司马任上,正是洪州禅发展的繁荣时期,"触类是道而任心"是洪州禅的根本思想,洪州禅并提倡"平常心是道";其实,早在东晋时释慧远在东林寺同慧永、慧持一道,和刘遗民、雷次宗等人结社,精修念佛三昧,誓愿往生西方净土,又凿池植白莲,称白莲社。白居易受其思想的影响,在庐山参禅习禅。这使曾一度消沉的白居易,思想上有了精神寄托。在匡庐香炉峰附近营建草堂时,与东林寺的法师交往甚密,常与法演、智满、道深等僧人学佛,交流佛法禅理。而他最著名的《东林寺白莲》诗吟[4]:"东林北塘水,湛湛见底青。中生白芙蓉,菡萏三百茎。白日发光彩,清飚散芳馨。泄香银囊破,泻露玉盘倾。我惭尘垢眼,见此琼瑶英。乃知红莲华,虚得清净名。夏萼敷未歇,秋房结才成。夜深众僧寝,独起绕池行。欲收一颗子,寄向长安城。但恐出山去,人间种不生。"诗意是:东林寺北塘的水清澈见底,塘中的白莲花有300多株。阳光照耀下花朵光彩夺目,清风吹来时散发阵阵芳香。蓓蕾绽开时莲花清香顿泄,像是充

[1] [清]曹寅等编纂,全唐诗·卷四百五十一[M]. 影印本:430~503
[2] 顾学颉,周汝昌选注. 白居易诗选[M]. 北京:人民文学出版社,1982:14~130
[3] [清]曹寅等编纂,全唐诗·卷四百五十一[M]. 影印本:385
[4] [唐]白居易.东林寺白莲[C]孙映逵主编. 中国历代咏花诗词鉴赏辞典. 南京:江苏科技出版社,1989:784~786

溢花香的银囊裂开。清晨的露珠在莲叶上滚动，像是玉盘倾斜时珍珠一般。我这被世俗尘垢蒙蔽的眼，看到这美玉般精巧的花朵。才知道世间那红艳的莲华，是不配清虚洁净的美名的。夏日的莲花一朵朵地绽放，秋天的莲实已在静静孕育。夜深后僧人们已经休息了，只有我独自在池塘边散步。想采一些莲子寄到长安去，又怕它在那俗世无法成活。全诗以写景开始；其实，作者由景入情，且以隐喻的手法，反映出自己两个思想：其一，世间文人的隐逸生活比起佛门修行超越轮回的境界来说，是"虚得清净名"；其二，修行是超越世间法的行为，需要一个相对封闭与清净的外部环境，如果沉迷在世俗生活中，与外部染缘接触过多，恶缘起现行，容易道心退失。所以，草堂门前小池里的白莲，对白居易来说，是他一生中的最爱。在这清静悠闲的环境里种莲、赏莲、爱莲、吟莲，正是洪州禅"平常心是道"的旨意。

何谓"平常心是道"？马祖道一解释[1]："道不用修，但莫污染。何为污染？但有生死心，造作趋向，皆是污染。若欲直会其道，平常心是道。何谓平常心？无造作，无取舍，无断常，无凡无圣。经云：非凡夫行，非圣贤行，是菩萨行。只如今行住坐卧，应机接物，尽是道。"这就是白居易为何爱莲，尤其是爱白莲的缘故。由此，我们对白居易爱莲思想再作深入的分析，他之所以爱莲，还因为莲的洁身自爱，与他"廉洁奉公"，"独善其身"的做人原则很是相似。他虽仕途多舛，但其"兼善天下"的思想，则始终如一。正如《文殊师利净律经·道门品》所言[2]："人心本净，纵处秽浊，则无瑕疵，犹如日明不与冥合，亦如莲花不为泥尘之所玷污。"故莲成为佛教的一种象征。在赏读白居易的莲诗莲文中，有不少是写白莲；他爱白莲，与其姓氏有关吗？诚然不是。白氏与白莲只不过是巧合，白居易爱白莲还是源于佛理。佛经中常以白莲花的稀有，比喻佛陀出世的难值难遇。如《福盖正行所集经·卷二》所云[3]："世尊如白莲，堪能运载一切众生；……是时世尊，舒金色手，如莲花开，又说如来出世，难得值遇，如优昙钵罗花（注：优昙钵罗花为一种白莲花）。"可见，白居易爱白莲是对佛的深刻理解。

中唐社会是儒、释、道并行的时代，作为一代有影响的知识份子，白居易崇佛外，对道教也笃信不移。其诗《味道》咏[4]："扣齿晨兴秋院静，焚香宴坐晚窗深。七篇《真诰》论仙事，一卷《坛经》说佛心。"而《竹楼宿》亦云[5]："小书楼下千竿竹，深火炉前一盏灯。此处与谁相伴宿，烧丹道士坐禅僧。"晚年白居易就过着这种退隐人生念佛悟道的生活。就此，我们再进一步分析白居易爱莲与道教有何牵连？据刘向等《列仙传》记载[6]："吕尚者，冀州人也。生而内智，预见存亡。……服泽芝、地髓，具二百年而告亡。"吕尚，姜姓，字子牙，唤姜子牙；因辅佐周武王灭商有功，封于齐，有太公之称，俗呼姜太公。他晚年隐居秦岭终南山，常服用泽芝（即莲花）等，活到两百岁才谢世。又据唐孟诜、张鼎合撰《食疗本草》曰[7]：莲子"去心，曝

[1] 邢东风辑校.马祖语录[M].郑州：中州古籍出版社，2008
[2] 佛教小百科／全佛编辑部.佛教的莲花[M].北京：中国社会科学出版社，2003：35
[3] 佛教小百科／全佛编辑部.佛教的莲花[M].北京：中国社会科学出版社，2003：37
[4] [唐]白居易，谢思炜校注.白居易诗集校注[M].北京：中华书局.2006
[5] 顾学颉，周汝昌选注.白居易诗选[M].北京：人民文学出版社，1982
[6] 刘向，葛洪.列仙传[M].上海：上海古籍出版社，1990
[7] [唐]孟诜，张鼎；郑金生，张同君译注.食疗草本[M].上海：上海古籍出版社.2007

干为末，著蜡及蜜，等分为丸服，日服三十丸，令人不饥，学仙人最为胜。"古人认为，莲子是神仙食物。故后世的修炼道人，多言服莲不饥，轻身延年，白发变黑，齿落复生，为长生仙物也。道教崇莲的文化背景，也是源于老子《道德经》的宇宙生成论学说。后来，晋代郭璞《尔雅图赞》云[1]："芙蓉丽草，一曰泽芝。泛叶云布，映波报熙。伯阳是食，向比灵期。"莲是道教始祖老子伯阳的食品，也是神仙降临或修道成仙之物。综上所述，历史上道教崇莲的事例，在那社会稳定，文化繁荣，信仰自由的年代，白居易不可不知晓。因而，有充分的理由证实，白居易的爱莲思想源自佛道。

三、白园莲景 造园宗师

今人编撰历代对造园学作出重要贡献的人物时，白居易则在其中。若我们细细的品读白居易名篇《草堂记》和《池上篇》，称其为一代造园宗师，并名不虚传。他一生营造过渭上南园、庐山草堂、忠州东坡园和洛阳履道里园等四个园林，从庐山草堂和洛阳履道里园的莲景，就便知他的设计手法和造园理念。

1.《草堂记》中园林布局及白莲景致

白居易草堂位于庐山香炉峰与遗爱寺之间，草堂虽营造简朴，但其构筑格局十分协调合理。三间屋子，两根檩柱；两个卧房，四扇窗子；其面积大小，完全与心意相合，与财力相称。打开北边小门，使凉风吹进，能避盛暑；把屋脊南面盖得高些，让阳光照射进来，防备严寒。建造房屋的木材只用斧子砍削，不用油漆彩绘；墙面糊泥即可，不必用石灰粉之类粉刷。用石砌台阶，用纸糊窗，用竹制帘，麻布做帐幕，一切与草堂的简朴格局相称。屋里设有木制椅榻四张，素色屏风两座，还有漆琴一张，以及儒、释、道书籍各三两卷。可见，白居易营造草堂时，注重简朴实用，美观大方，不造作，不铺张，及浓厚的文化气氛。

草堂前有平地，面积约十丈，中间有平台，是平地面积的一半；平台之南有一方形的池子，池子比平台大一倍。环绕水池多竹、野草；池中生长白莲，白鳞穿梭莲间。草堂北，五步远处，可凭借高崖积石作假山，有天上飞落之泉水；山旁植茶，故用飞泉与绿茗烹茶，则让人终日不愿离去。草堂东，有一瀑布，清水悬挂三尺高，泻落在台阶角落，然注入石渠中。早晚，那白练好似素洁的绸子，若夜间听，如珠玉琴筝之音。草堂西，靠近北面山崖的右侧山脚，剖竹架在空中，接引北崖山之泉水，这竹管如脉管分出水流，泉水像细线悬挂空中，从屋檐灌注到莲池里。那细泉连接不断，如成串珍珠，飘散的水花一点一点地往下落，则随风远去。这是白居易为草堂设计的大环境，无论在草堂附近任何之处，你都可以欣赏到：春，有山谷野花；夏，有石门涧云；秋，有虎溪明月；冬，有炉峰白雪。阴晴显晦，昏旦含吐，千变万状。他将白莲与山谷、泉水、建筑、植物、季相、色彩、音响等要素有机地结合，互为关联，形成了一个以"清、幽、静、雅"为特征的园林艺术空间。

[1] [晋]郭璞撰.尔雅图赞[M].上海：上海书店出版社，1994

再述草堂前莲池的景致，这是白居易经常在池畔赏莲、观山、听泉、饮酒、吟诗的活动场所，当然要精心设计一番。如《草堂前新开一池，养鱼种荷，日有幽趣》云[1]："淙淙三峡水，浩浩万顷陂。未如新塘上，微风动涟漪。小萍加泛泛，初蒲正离离。红鲤二三寸，白莲八九枝。绕水欲成径，护堤方插篱。已被山中客，呼作白家池。"作者别出心裁，以重峦叠嶂，波浪滔天的长江三峡场面开头，这是一种千顷碧波，浩荡无边的壮美；然又与以轻风吹拂、涟漪微动的柔美作对比，给人感受"壮"与"柔"两种不同的风格美；其意旨在告诉人们：我这新辟小塘并不亚于久负盛名的长江三峡。那小塘究竟美在何处？紧接着，池上的"小萍"、池岸的"初蒲"、"二三寸"的"红鲤"、"八九枝"的"白莲"、"径"、"篱"等要素，使得莲池的空间层次丰富，色彩对比强烈，动静结合巧妙；微风涟漪，通幽小径，莲香飘逸，泉声悦耳，让数丈见方的小池更显和谐、宁静及幽趣。草堂的园林布局，完全表达了这位造园大师的审美意境和文化艺术修养。

2.《池上篇》与履道里园莲之意境

晚年的白居易在洛阳营造了他最后一座园林，即履道里园。与庐山草堂比较，洛阳履道里园又是怎样的园林格局？据《池上篇并序》所述[2]："地方十七亩，屋室三之一，水五之一，竹九之一，而岛树桥道间之。"此为唐亩，1唐大尺＝0.2958米，1唐亩＝0.788亩；十七亩宅园折算今13.4亩；而《池上篇》诗吟[3]："十亩之宅，五亩之园。有水一池，有竹千竿。"诗中的亩为约数。园中格局承袭了汉代"一池三山"的旧习，据刘庭风《〈池上篇〉与履道里园林》所述[4]："岛分大岛、小岛、中岛，这一点承袭汉以来园中'一池三山'的总体格局。桥有平桥和

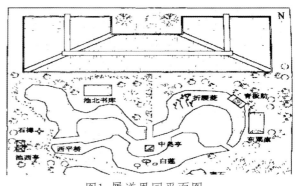

图1 履道里园平面图

中桥。平者为天竺石一板飞架东西，曰西平桥。高者凌波如虹，曰中高桥。池中遍植白莲，莲叶如盖，莲花赛仙子。菱伴莲侧，体态纤纤，弱不禁风，美其名曰折腰菱。有岛有桥，有莲有菱，更有舟楫一叶，泊于湖畔。是池也，春则风拂水面，秋则月映池心。水香莲开之旦，露清鹤唳之夕，涟漪鳞鳞，秋香缓缓。人于舫中，真恨莲蓬菱角之障目，欲借虹桥高亭之轻灵，极尽轻舟短棹之余力，直逐月影鹤鸣于水天。"作者对履道里园中莲的景致及生态效果作了基本概括（图1、图2）。实际上，履道里园并非一次性建造完工；在白居易54岁，长庆五

图2 仿履道里园写意图（黄 雯绘）

[1] [清] 曹寅等编.全唐诗·卷四百三十[M].上海：上海古籍出版社，1986

[2] [后晋] 刘昫等撰.旧唐书[M].台北：台湾商务印书馆，1986

[3] [清] 曹寅等编.全唐诗·卷四百六十一[M].上海：上海古籍出版社，1986

[4] 刘庭风.《池上篇》与履道里园林[J].古建园林技术2001.4：49～51

年（825年）春，先修葺宅院，于大和五年凿池筑榭；后池中才植莲。有《西街渠中种莲叠石，颇有幽致，偶题小楼》诗云[1]："朱槛低墙上，清流小阁前。雇人栽菡萏，买石造潺湲。"而其诗《宅西有流水，墙下构小楼，颇有幽趣。因命歌酒，聊以自娱。独醉独吟，偶题五绝》又云[2]："伊水分来不自由，无人解爱为谁流。家家抛向墙根底，唯我栽莲起小楼。"说明池中的白莲是陆陆续续种植的。

白居易在苏州任刺史期间，从吴地带白莲到洛阳种植，且多次在诗中描述履道里园池中的白莲。如《种白莲》吟[3]："吴中白藕洛中栽，莫恋江南花懒开。"而《六年秋重题白莲》亦云[4]："素房含露玉冠鲜，绀叶摇风钿扇圆。本是吴州供进藕，今为伊水寄生莲。移根到此三千里，结子经今六七年。不独池中花故旧，兼乘旧日采花船。"后来，清人宋长白《柳亭诗话十七则》云[5]："洛阳无白莲花，乐天自吴中带种归，乃始有之。"

单一的莲并非为景致，只有莲与其他景物组合在一起，才构成可观赏的不同意境。履道里园的园主人，则创造性地运用"巧于因借，虚实相生"的造园手法，将池中的莲与岸边的竹、柳、石、亭、桥、舫等景物构成风韵别致，意境幽远的画面。如《莲石》曰[6]："青石一两片，白莲三四枝"；"石倚风前树，莲栽月下池。"白居易爱石，赏石入微。而叠石成为履道里园中的主要景观，如渠中筑石，池边砌石，窗下卧石，竹间置石等；那池畔叠石与池中莲搭配，其文化蕴涵，禅境深邃，意趣盎然。又如《池边》云[7]："柳老香丝宛，荷新钿扇圆。"在中国的园林水景中，唐代的荷柳配植，已成为一种传统程式。在其《长恨歌》所咏："归来池苑皆依旧，太液芙蓉未央柳。芙蓉如面柳如眉，对此如何不泪垂。"诗人把荷柳组合的景致描绘得洒脱多姿，浪漫可人。再如《池上赠韦山人》吟[8]："新竹夹平流，新荷拂小

图3　现洛阳白居易故居

舟。"园主人别出心裁，将新竹、新莲、小舟、流水框于一景，使得莲景的空间层次更显丰富；而《忆洛中所居》云[9]："厌绿栽黄竹，嫌红种白莲。"如果翠竹与红莲组合不令园主人满意，可用黄竹和白莲替换，作一些色彩上的调整。还有《白莲池泛舟》亦咏[10]："白藕新花照水开，红窗小舫信风回。"按莲开花莳节推算，正是农历六月初。池上白莲含蕾欲放，来回游动的朱窗小船；这一白一红，一静一动，让履道里园早夏的莲景，生动、清新、更富有活力（图3）。

[1] [清]曹寅等编.全唐诗·卷四百五十四[M].上海：上海古籍出版社，1986
[2] [清]曹寅等编.全唐诗·卷四百五十[M].上海：上海古籍出版社，1986
[3] [清]曹寅等编.全唐诗·卷四百四十八[M].上海：上海古籍出版社，1986
[4] [清]曹寅等编.全唐诗·卷四百四十九[M].上海：上海古籍出版社，1986
[5] [清]宋长白撰.柳亭诗话[M].上海：上海书店出版社，1994
[6] [清]曹寅等编.全唐诗·卷四百四十七[M].上海：上海古籍出版社，1986
[7] [清]曹寅等编.全唐诗·卷四百五十四[M].上海：上海古籍出版社，1986
[8] [清]曹寅等编.全唐诗·卷四百五十一[M].上海：上海古籍出版社，1986
[9] [清]曹寅等编.全唐诗·卷四百四十八[M].上海：上海古籍出版社，1986
[10] [清]曹寅等编.全唐诗·卷四百五十[M].上海：上海古籍出版社，1986：4773

3. 曲江池上秋莲感怀

由于白居易的政治仕途，曲折坎坷，累遭贬谪，他的大部分时光都在江州、忠州、杭州、苏州、洛阳等地任职，而在长安留守的时间短暂，故对京都莲景也就吟诗甚少；既使吟有的莲诗，也是对曲江池上莲吟唱的一种伤感。如《早秋曲江感怀》吟[1]："离离暑云散，袅袅凉风起。池上秋又来，荷花半成子。"北方的处暑时节，正是农历七月，暑气消尽，天上的云彩也显疏散；阵阵秋风袭来，令人凉爽。这时，娇艳的荷花也变成了一个个莲蓬。自元和二年（807年）始，白居易连续3年游曲江池，每年都吟有《曲江感秋》诗，且3篇《曲江感秋》诗中都提到了莲，如《曲江感秋·其二》云[2]："莎平绿茸合，莲落青房露。今日临望时，往年感秋处。"其中莲句"莲落青房露"，意指曲江池上风平浪静，茂盛的萍草复盖无缝；片片莲瓣落下，露出青鲜饱满的莲蓬。今日临江远望的时间及地点，和我去年一样。诗人在序中言及："元和二年、三年、四年，

图4 现西安曲江池遗址公园白居易《曲江亭晚望》诗境雕塑

---

[1] ［清］曹寅等编. 全唐诗·卷四百三十二[M]. 上海：上海古籍出版社，1986
[2] ［清］曹寅等编. 全唐诗·卷四百三十四[M]. 上海：上海古籍出版社，1986：4808～4809

予每岁有《曲江感秋》诗，凡三篇，编在第七集卷。是时予为左拾遗、翰林学士。无何，贬江州司马、忠州刺史。前年，迁主客郎中、知制诰。未周岁，授中书舍人。今游曲江，又值秋日，风物不改，人事屡变。况予中否后遇，昔壮今衰，慨然感怀，复有此作。噫！人生多故，不知明年秋又何许也？"而《曲江感秋》亦云[1]："沙草新雨地，岸柳凉风枝。三年感秋意，并在曲江池。早蝉已嘹唳，晚荷复离披。前秋去秋思，一一生此时。"在这些诗中，作者均借莲和曲江池上的景物变化，发出内心的感慨，往日的理想和憧憬，已成为记忆；今再游旧地，却时光流失，岁月不再（图4）。

　　在查阅白居易2 800多诗文的目次中，其莲诗莲句占有很大的篇幅。再赏读这些吟莲诗句，发现他爱莲的思想与其仕途失意，人生坎坷，亲情离别，佛道思想的影响有着直接地关联。他为官一任，造福一方；坚持正义，廉洁奉公；光明磊落，济世为民。诚然，白居易"廉洁奉公"的思想与莲"出泥不染"的情操则联系在一起，而莲"出泥不染"又源于佛教，道教也亦然；因而，白居易爱莲思想的形成与多方面的因素有关联。白居易一生营造过渭上南园、庐山草堂、忠州东坡园和洛阳履道里园四个园林，其中《草堂记》、《池上篇》详细地记述了庐山草堂和洛阳履道里园的造园理念及白莲景致。他游曲江池，吟唱莲以及其他景物变化，是对往日在长安为官时，一种追忆，一种怀念，一种感慨。如今，西安市政府拨款恢复重建曲江池遗址公园，以群雕、壁画、园景等不同的艺术方式，将300多年的大唐历史文化呈现在世人面前，展示曾经有过的辉煌。

---

[1]　[清]曹寅等编.全唐诗·卷四百三十二[M].上海：上海古籍出版社，1986

荷花插花历史与发展

溯源中国古代插花的历史,荷花是研究插花艺术的重要素材之一。所谓插花,就是把植物体上的花或叶采摘下来,插在瓶、盘、盆等容器里;而古代称之"瓶花"或"瓶供"。有关荷花插花古籍记载甚少,故笔者企图从历代史料及古代咏荷诗文中,对荷花插花的起源及发展历史作一浅述。

一、荷花插花之原始雏形

据王莲英等《中国传统插花艺术》述[1]:"远在新石器时代,我们的先民已经把许多美丽的花卉纹样,绘制在各种陶制用品上,花卉引起了他们的关注,受到他们的喜爱。"陶器工艺发展是新石器时代的重要特征之一,而荷花形状又是陶器工艺造型中的主要题材,这在河姆渡文化、良渚文化和大汶口文化等遗址中发掘的有关文物已证实。据浙江省文物考古研究所报导[2],河姆渡文物遗址中出土的陶器盖,其形状仿荷叶所制。古人按自己的设想模仿自然界中动植物的形貌去造型,这就为原始艺术的创作提供了得以抒发的载体,培育了原始的审美情趣。正是这种原始审美情趣,为后世拓展了审美空间。

荷花插花究竟始于何时?古书尚无明确的记载;但我们可逻辑推理,从历代史籍中寻找荷花插花的原始雏形。据战国屈原《楚辞·离骚》曰[3]:"制芰荷以为衣兮,集芙蓉以为裳。"采摘荷叶和荷花裁织成衣裳,说明诗人生活在湘楚大地,当地先民有摘荷采莲的习俗。接着《楚辞·湘君》又曰[4]:"采薜荔兮水中,搴芙蓉兮木末。"其意思是迎湘君好像水中采薜荔,又好比在树梢上攀摘荷花。俩人的心不同,媒人也徒劳,表明了彼此间感情不易轻抛。还有《楚辞·少司命》亦吟[5]:"荷衣兮蕙带,倏而来兮忽而逝。"用荷叶做衣,蕙做带,匆匆而来飘天外。神仙穿着用荷叶制作的服饰,飘往于云天外,真是悠然自在。这是当时楚国的巫歌,古人视荷花为仙物,表达了诗人内心痛苦的超脱。

[1] 王莲英等.中国传统插花艺术[M].北京:中国林业出版社,2000:2~4
[2] 浙江省文物考古研究所.河姆渡:新石器时代遗址考古发掘报告(上、下)[M].北京:文物出版社,2003:216~220
[3] [战国]屈原 著,陶夕佳 注译.楚辞·离骚[M].西安:三秦出版社,2009:8~24
[4] [战国]屈原 著,陶夕佳 注译.楚辞·湘君[M].西安:三秦出版社,2009:28~29
[5] [战国]屈原 著,陶夕佳 注译.楚辞·少司命[M].西安:三秦出版社,2009:35~36

采摘荷叶、荷花裁制衣裳，或制作服饰，古人的这种雅举，主要是用来寄托相思，表达情感。后来，由裁制衣裳或制作服饰发展为簪花，即将荷花摘下簪在头上或佩戴身上。据南朝·梁袁昂《古今书评》云："卫恒书如插花美女，舞笑镜台"；何小颜认为[1]："这里的'插'皆指簪戴"（图1）。屈原虽没有直接言及插花（瓶花），但事实上告诉我们，采摘荷叶荷花的行为，正是古代荷花插花的原始雏形或"滥觞"。

图1 头簪荷花的侍女塑像

1.荷花插花究竟始于何时

中国的插花起源于何时？目前，学术界却存在三种不同的观点。第一种起源于东汉说：其理由是河北望都浮阳侯孙程（公元？-132年）墓道壁画[2]：壁画中有一陶质圆盆，盆内有6枚小红花，好似折枝花插于陶盆里（图2）；第二种起源于汉魏说：见南北朝陆凯（公元？-504年）《赠范晔》诗曰[3]："折梅逢驿使，寄与陇头人。江南无所有，聊赠一枝春"。诗人曾在江南折梅枝，托驿使寄赠远在北方长安的好友范晔；第三种起源于六朝说：如唐李延寿《南史·晋安王·子懋传》载[4]："晋安王子懋，字云昌，武帝第七子也。诸子中最为清恬，有意思，廉让好学。年七岁时，母阮淑媛尝病危笃，请僧行道。有献莲华供佛者，众僧以铜罂盛水，渍其茎，俗华不萎。子懋流涕礼佛曰：'若使阿姨因此和胜，愿诸佛令华竟斋不萎。'七日斋毕，华更鲜红，视罂中稍有根须，当世称其孝感。"根据考古壁画和历代诗文，存在以上三种观点。在这里，姑且不言子懋年仅7岁，就以莲奉佛，祈求其母病愈之良德；但我们要探讨的是"以铜罂盛水，渍其茎，俗华不萎"，及"七日斋毕，华更鲜红"以莲插花之事。在南齐武帝萧赜即位时期，其幼儿子懋摘莲以铜罂盛水供佛，用水浸泡莲梗，使花不萎蔫，且7日供斋完后，花更加鲜红。但时隔1 500多年的今天，我们在夏日将莲

图2 壁画中陶质圆盆内6枚红花

插入瓶中，无论采用怎样先进的保湿保鲜方法，插入瓶中的花和叶，也只能维持不足一日就萎蔫了。而南齐时期"七日斋毕，华更鲜红"的现象，则值得质疑。

有关中国插花起源，针对上述三种起源的观点，笔者不敢苟同。第一种因河北望都墓道壁画，源于东汉之说，尚需进一步的探究；其理由是墓道壁画中陶质圆盆内的6枚小花，也有人认

[1] 何小颜.花之语 [M]. 北京：中国书店，2008：178～179
[2] 王莲英等. 中国传统插花艺术 [M]. 北京：中国林业出版社，2000：2～4
[3] [南北朝] 陆凯.赠范晔[A]、王莲英等.中国传统插花艺术[C]. 北京：中国林业出版社，2000：4
[4] [唐]李延寿撰.南史[M]. 台北：台湾商务印书馆，1986

为是盆栽。第二种观点，陆凯于公元501年写《赠范晔》一诗。第三种观点，年仅7岁的晋安王子懋见母病危，而流涕礼佛曰"若使阿姨因此和胜，愿诸佛令华竟斋不萎"。子懋出生公元472年，卒于494年；7岁时是公元479年，这与第二种起源观点的时间，还早20余年。其实，第二种和第三种差不多是同一时期。至于晋安王子懋献莲华供佛，据有关史料分析，六朝时期，南齐之都建康早已寺庙林立。引唐杜牧《江南春》诗为证[1]："千里莺啼绿映红，水村山郭酒旗风。南朝四百八十寺，多少楼台烟雨中。"由于有了朝廷的支持和呵护，建康城的寺庙如雨后春笋，迅速发展，也客观地反映了当时建康城百姓信佛的社会风气。因佛与莲的关系甚密，庙堂里摘莲插瓶供佛，则成为常见的佛事活动。

再说印度佛教传入中国的时间，目前社会上存在六种说法，即先秦说，秦朝说，汉武帝时期说，西汉末说，西汉末东汉初说和东汉初说。我们择以最晚的东汉初之说，这离南齐时期也相隔400多年。众所周知，在天竺古国，莲是佛的象征。由于佛陀释迦牟尼的诞生与莲有着种种因缘，故后来的佛典中则出现与莲有关的各类法器，以及手持莲花的各类菩萨，如大势至菩萨左手持开敷莲花，右手扬掌屈指安坐于莲花上（图3）；而毗俱胝菩萨左一手持莲花，有时莲花上梵箧，左二手持瓶，右一手结施无畏印，右二手持念珠，安坐于青莲花上（图4）。据温玉成《孔望山摩崖造像研究总论》报导[2]："在江苏省连云港市孔望山东汉佛教造像中，已出现莲花供佛的图像，在佛像之旁，一名高鼻深目的胡人右手执一枝三瓣莲花，用以供佛。"这一研究也早于汉魏和六朝时期。因而，第二种和第三种源于汉魏及六朝说，亦值得商榷。

图3 大势至菩萨手持开敷莲花　　　　图4 毗俱胝菩萨手持莲花

关于中国的插花，尤其是荷花插花，仅凭史料记载来确定其始于的年代，则缺乏科学性；而"献莲供佛"来判断其源于佛教供花，亦不合乎情理。何谓插花？就是把从植物体上采摘下来的花，或叶，或枝插在瓶、盘、盆等容器里。可见，没有插花的容器，则谈不上插花。那么我们要探讨容器起源的年代，笔者曾发表拙文《新石器时代荷花应用之探讨》中[3]，谈及"陶器工艺发展是新石器时代的重要特征之一，而荷花形状常是陶器工艺造型中的主要素材，这在河姆渡文

[1] 薛晴等. 四季古诗选译[M]. 广州：广东教育出版社，1986：44
[2] 温玉成. 孔望山摩崖造像研究总论[A]，敦煌研究[C]. 2003（5）：16～17
[3] 李尚志. 新石器时代荷花应用之探讨[A]，广东农业科学[C]. 2010.No：2

化、良渚文化和大汶口文化等遗址中发掘的有关文物已证实"。近年笔者也发表《中国采莲文化的形成、演变及发展》一文[1]，述及"我国古代江南的采莲活动年代久远，源远流长，至少可上溯至距今5 000多年前的良渚文化晚期（夏商时期）"。既然，容器和摘荷采莲活动都源于距今5 000多年前的夏商时期，为何中国的插花的历史如此短暂？这需要我们从多方面的因素去探究。首先，我国南方远古先民主要以稻谷为食粮，而莲、菱及芡是作为食物的一种补充。为了保证食物的充足和多样化，先民们长年累月地把采莲作为一项重要的农事活动，且代代相传了下来。其二，再谈新石器时代先民制造各类陶器，而这些陶器也是人们生活中最经常使用的日用器物。因而，无论采莲还是制造陶器，都是满足当时先民最基本的生活需求。而插花是一种休闲娱乐性的文明审美活动，那个时代，为求得生存与大自然作斗争的先民，采摘荷花插在额头或佩戴身上（后来称之簪花或插花），这很常见；若采摘花叶插入容器中观赏，这并不现实。随着岁月的流逝，在相当长的时间里，社会文明程度和审美水平不断提高，以及大量制造容器，并广泛得到应用的前提下，先民才采莲摘叶插入瓶（或容器）中进行观赏。直至佛教传入中土后，"献莲供佛"的佛事活动才推动了中国插花的发展。应该说，中国插花（包括荷花插花）始于东汉或更早的年代。

二、荷花插花的发展史略

自汉代以来，荷花插花在佛前供花的影响下，才得以迅速地发展。起初，插花为单插荷花，则配以柳枝，不讲求插花的艺术造型。随着时间的推移，佛教插花对艺术造型逐渐有了讲求。同时，佛经中有不少与莲相关的典故及用语，如"舌灿莲花"、"花开莲现"、"九品莲花"、"莲华藏世界"等。这使得宫廷和民间插花受到佛教插花的影响很大，也带有浓重的宗教色彩。据南朝·梁萧子显《南齐书·卷四十》所述[2]："子良启进沙门于殿户前诵经，世祖为感梦见优昙钵华。子良按佛经宣旨使御府以铜为华，插御床四角。"子良为竟陵文宣王，世祖（武帝，萧赜）的第二子；优昙钵花为梵文中莲花的一种。世祖梦见莲花，子良则按佛经所旨，吩咐

图5 佛前供花构图简洁对称

御府制作铜莲花，插在武帝御床的四角。可见，南齐时期佛教对宫廷插花，具有一定的影响力。然而，魏晋南北朝时期，宫廷和民间的插花形式，在相当长的一段时间里主要模仿于佛教插花。

隋唐时期，荷花插花的艺术风格及特点则发生了变化。王莲英教授等人在《中国传统插花艺术》一书中，对隋唐时期插花艺术发展史谈到[3]："这期间插花有了很大发展，从佛前供花扩展到宫廷和民间。佛前供花有瓶供和盘花两种形式，仍以荷花和牡丹为主，构图简洁，色彩素雅，注重庄重和对称的错落造型"（图5）。

[1] 李尚志. 中国采莲文化的形成、演变及发展[A]. 科学研究月刊[C]. 2003（5）：22～30

[2] [南朝·梁] 萧子显撰. 南齐书·卷四十·列传第二十一[M]. 北京：中华书局. 1972

[3] 王莲英等. 中国传统插花艺术[M]. 北京：中国林业出版社，2000：4

图6 《送子天王图》中侍女手捧瓶荷花

唐代画家吴道玄（公元686-760年前后）擅长佛道、神鬼、人物、山水、鸟兽、草木等壁画创作，他的《送子天王图》（局部）中有一侍女手捧瓶荷（图6）。再如唐高僧玄奘的《玄奘讲学图》中，亦绘有两瓶莲花，其花叶相称，放置于讲经堂前；瓶中花型对成，构图严谨，以正中一高枝为主，两边各配对成的花枝。无疑，佛教传入中土，献莲供佛的宗教仪式对古代插花艺术的发展起到推动作用；到唐僖宗年间，罗虬的《花九锡》问世，对当时宫廷和民间插花发展也产生较大的影响。其书曰[1]："花九锡亦须兰、蕙、梅、莲辈，乃可披襟。若芙蓉、躑躅、望仙，山木野草，直惟阿耳，尚锡之云乎！"所谓"花九锡"，似为赐花以九件礼物，即"重顶帷"，用作瓶花障风；"金剪刀"，用作修剪花枝；"甘泉"，用以养花；"玉缸"，用以贮水插花；"雕文台座"，用来放置花瓶、花缸；"画图"，对花状貌绘影；"翻曲"，对花制曲奏乐；"美醑"，对花喂酒品尝；"新诗"，对花吟诵诗文。最早记载了插花、赏花的习俗。

五代十国时，寺庙佛前供花仍承袭隋唐瓶供和盘花为主的形式，如佛书中，载有八臂十一面观音手托插有荷花花蕾的花瓶等。盛唐宫廷插花发展到五代时，其规模及势头更是胜过前朝，尤其是南唐后主李煜，工书善画，能诗擅词，通音晓律，自然对插花赏花也不例外。据宋代陶谷《清异录•卷二》记[2]："李后主每春盛时，梁栋、窗壁、柱拱、阶砌并作隔筒，密插杂花。榜曰'锦洞天'。"这简直就是一场插花展览会。仲春时节，百花争艳的江南，莲池里的荷花早已含苞欲放；诚然，李后主的宫中插花也就少不了荷花的踪影。

到了两宋时期，插花风气更甚。特别是宋室南迁后，插花的规模及形式空前发展，每逢春末夏初，宫室内外，环绕殿阁，千枝万朵，百花齐放，蔚为大观；其形式多样，既有瓶插、盘插和缸插，亦有壁挂、吊挂、竹筒插放、柱式装饰、结花为屏及扎花为门洞等。当然，这毕竟是皇家帝居，自是气势不凡。其实，当时临安城的民间插花也不逊色，据何小颜引《西湖老人繁胜录》述[3]："'……虽小家无花瓶者，用小坛也插一束花供养，盖乡土风俗如此。寻常无花供养，却不相笑；推重午不可无花供养。端午日仍前供养。'当时的临安（今杭州）于仲夏之初、端午前后，已到都城内外无户不插花的地步了。"可见，当时西湖的荷花也未幸免一摘。而这一时期的插花经验和技艺也不断的总结，如南宋林洪《山家清事》提及[4]：

[1] [唐] 罗虬.花九锡[M]．影印本
[2] [宋] 陶谷撰．清异录[M].台北:台湾商务印书馆.1986
[3] 何小颜.花之语 [M]．北京：中国书店，2008：180～181
[4] [南宋]林洪.山家清事 [A] 四库全书•子部•杂家类•杂纂之属•卷七十四•上 [C].上海：上海商务印书馆（影印本）

"插梅每旦当刺以汤。插芙蓉当以沸汤，闭以叶小项。插莲当先花而后水。插栀子当削枝而锤破。插壮丹，芍药及蜀葵、萱草之类，皆为烧枝，则尽开。能依此法，则造化之不及者全矣。"与宫廷插花、民间插花较之，宋时的文人插花更注重其天然意趣，讲究神韵，常借以抒发情怀，或标榜风雅，或感悟人生。如南宋诗人杨万里《瓶中红白二莲五首》（选其中前两首）吟[1]："红白莲花共玉瓶，红莲韵绝白莲清。空斋不是无秋暑，暑被花销断不生。拣得新开便折将，忽然到晚敛花房。只愁花敛香还减，来早重开别是香。"这是诗人专门吟唱荷花插花的诗句（图7）。

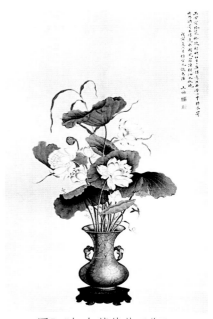

图7 "红白莲花共玉瓶"

下降元、明二朝，中国的插花艺术得到了进一步发展。元时的插花艺术基本继承了宋代的传统风格及理学思想；由于元代实行的种族歧视制度，使汉族文人饱受统治者的歧视，而落魄不得意，也多追求弃官闲适的生活。因而，当时文人的"插花多为借花消愁、孤芳自赏或借以表达个人心中的某种追求，常以莲、梅、竹、菊、兰等表现其清雅、闲适、伤逝等情感"，由此出现了"心象花"或"自由花"。

而明代，社会稳定，商品经济繁荣，促使插花艺术走向复兴、昌盛和成熟，在插花技艺和理论上都形成了较完备系统的体系。王莲英等人将明代插花分为三个时期[2]，即明代初期，受宋代的影响，以中立式厅堂插花为主，庄严富丽，造型丰满，构图严谨，寓意深邃，对日本花道的形成具有极大的影响；明代中期，文化艺术得到较好的恢复和发展，插花追求简洁清新，色调淡雅，疏枝散点，朴实生动；花器多用铜或瓷瓶，花材选用注重花性。构图上汲取书法和绘画抑扬顿挫，曲折多变的运笔手法，造型讲求线条美。色彩明快，赏花注重静赏，仔细品味，心领神会，故称插花为"醒者的艺术"；明代晚期，插花艺术达到空前的成熟阶段，追求参差不伦，意态天然。讲求俯仰高下，疏密斜正，各具意态，得画家写生折枝之妙，方有天趣。构图严谨，注意花材与瓶器的恰当比例关系。此间，许多插花专著相继问世，插花理论日臻成熟。著名文学家袁宏道（1568-1610年）的《瓶史》对插花的构图、采花、保养、品第、花器、配置、环境、修养、欣赏、花性等诸多方面，均作了全面且系统的论述，对后世插花的影响极大，其评价也最高。《瓶史》对荷花插花也有专论[3]：花材

图8 《瓶史》影印本

的选取，因四季气候不同，所用花材亦有变化，"秋为木樨，为莲，为菊"；而论及花材的搭配，"莲花以石矶、玉簪为婢"；对荷花插花的品种，则认为"莲花，碧台锦边为上"（图8）；同时，

[1] 牛济普编.花鸟诗选.郑州：河南美术出版社.1985：130
[2] 王莲英等.中国传统插花艺术[M].北京：中国林业出版社，2000：12～15
[3] [明]袁宏道.瓶史[M].上海：上海古籍出版社，1995（影印本）

对插花的器具也述及"然花形自有大小，如牡丹、芍药、莲花，形质既大在此限"等。此外，还有张谦（1577-1643年）的《瓶花谱》；高濂（1573-1620年）的《遵生八笺•燕闲清赏》；文震亨的《长物志•清斋位置》；何伟然（生卒年不详）的《花案》；屠隆（1542-1605年）的《山斋清供笺》和《盆玩笺》，以及屠本畯（生卒年不详）的《瓶史月表》等著作，对插花（包括荷花插花）的花材选择、保鲜方法、构图技巧、插花风格、花性认识、色彩互补、体量协调、品赏情趣等，见解独到，各有建树，其深度和广度均达到很高的理论水平。

在清王朝的267年期间，中国的插花艺术得到了进一步的发展，尤其是康乾时期，政局稳定，经济繁荣，有力地推动了当时的花卉业；同时，文化艺术（包括插花艺术）也得到了空前的昌盛。由于清统治者崇尚儒家文化；因而，插花艺术风格追求自然美的同时，讲究清新淡雅的意境。据王莲英等《中国传统插花艺术》所述[1]："清代流行写景式插花和谐音式插花。写景式插花起源于唐代，到清代受盆景艺术的影响，利用花材表现自然景色，采用写实的手法，将自然风光浓缩于盆中。以描写自然、赞美自然为目的，'能备风晴雨露，精妙入神'的境界，方为妙品。容器多为盘器。……谐音式插花是以花卉和果实名称的谐音为主题，作为取材和造型的基础。……用柏枝、荷花、万年青、百合组合一起，寓意'百年和合'，祝愿新婚夫妇和和美美，百年偕老。"清时的插花注重器、花材的选取，其色彩的协调和搭配，讲求花性、花情的品赏。如清文学家张潮《幽梦影》中讲述了花材的花性[2]："梅令人高，兰令人幽，菊令人野，莲令人淡，春海棠令人艳，牡丹令人豪，蕉与竹令人韵，秋海棠令人媚，松令人逸，桐令人清，柳令人感。"莲，之所以令人淡；你看，她生于炎夏暑日，挺于淤泥浊水，仍给人一份清凉淡雅，其品其格，真难能可贵。清王朝的帝君贵族中，与莲结缘深厚的要算是慈禧太后了。慈禧食莲、饰莲、赏莲，她一年四季都离不开莲。据清宫《御茶膳房》档案记载，慈禧太后长年食用莲子汤、莲子羹；盛夏，以生食鲜莲蓬、吃莲花瓣来驻容养颜。用莲装饰是慈禧特有的专利，德国著名作家玛丽安娜•

图9 清宫室以荷花插花装饰

鲍榭蒂女士说过[3]：清末，慈禧太后的披肩就是用藕丝做成。用藕丝做披肩，这在中国历史上也是独一无二的。还有观荷赏莲更是慈禧常有的事，如光绪年间，太监李莲英常陪同慈禧太后乘画舫在圆明园福海观荷赏景；就连慈禧处理朝政之处，也要用荷插花进行摆设，可见慈禧对荷花喜爱的程度（图9）。

在中华民国短暂的37年中，政局不稳，军阀割据，战事频繁，民不聊生。园林事业停滞不前，那更谈不上荷花插花了。共和国成立后，百废待兴。直至1953年，新中国才有了第一个五年计

[1] 王莲英等.中国传统插花艺术[M].北京：中国林业出版社，2000：15～16
[2] [清]张潮著，孙宝瑞注译．幽梦影[M]．郑州：中州古籍出版社，2008
[3] [德国]玛丽安娜•鲍榭蒂.中国园林[M]．北京：中国建筑工业出版社.1996：66～67

图10 荷花插花之一   图11 荷花插花之二   图12 荷花插花之三

划；同时，园林事业也获得新生，尤其是党的十一届三中全会以来，荷花插花得到了继承和发展。自1978年中央政府召开了新中国建立后的第一次全国科学大会，邓小平提出了"科学技术是生产力"等论断。荷花事业的发展如添翅插翼，蒸蒸日上。30多年来，由中国花卉协会荷花分会与地方政府共同举办的"全国荷花展览会"，以及各地自行举办的"荷花节"或"荷花艺术节"，给荷花插花增添了展示的平台，如杭州荷花节、深圳荷花展览会、东莞荷花艺术节等，在荷花品种展览的同时，都展示了荷花的插花艺术（图10、图11、图12）；同时，北京、上海、广州等城市举办各种类型的插花展览会，插花培训班，以及出版了数十部插花著作，如王莲英等《中国传统插花艺术》、程世抚《瓶花艺术》、蔡仲娟《中国插花艺术》、黎佩霞《插花艺术基础》、黄永川《中国古代插花艺术》等，其中也少不了荷花插花的作品；大大地丰富了灿烂的荷文化。

四、荷花插花类别及特色

中国的传统插花（包括荷花插花），由于其社会地位和生活环境有别，所反映出各阶层的思想意识、人生态度及审美情趣，也不尽相同，这必然会形成不同的艺术风格与特点。于是，荷花插花的类别也多样化，如寺庙插花，宫廷插花，民间插花和文人插花等。

1.寺庙荷花插花

起初，佛教插花为单插莲，并配以柳枝，不讲求插花的艺术造型。随着时间的推移，佛教插花对艺术造型逐渐有了讲求。佛前供花主要有三种形式：即散花、皿花及瓶花。所谓散花，就是莲花瓣，纸剪花瓣以及用银线穿各色珠子等，在佛像出巡或佛经讲堂时散下，以助其盛；皿花是在盆碗状的器皿内盛水，放置莲花、牡丹花、菊花等，主要供于佛像前；而瓶花，是以宝瓶（多用玻璃制品）插上莲花，供于佛前，则象征光明、清净。据王娜《中国古代插花技艺研究》（引自陈佳瀛《中国插花艺术哲理刍议》一文）报导[1]："在北魏时代的龙门石窟浮雕中，有一幅宾阳中洞的石浮雕画——《帝后礼佛图》，极为著名，此图表现北魏皇室成员拜佛之情景。其中一名贵族妇女手执花束，以一枝盛开的莲花为主，两边各衬一枝比主花低的莲蕾、莲蓬，比例恰当，十分美观，妇人的前边有一仆人，面向她，手棒一瓶状物。这妇女所执之花欲插瓶中，这表现了当时插花供佛的情形。"

如上文所述，在《玄奘讲学图》中则绘有两瓶莲花，其花叶相称，放置于讲经堂前；瓶中花形对称，构图严谨，而两边各配有对称的莲枝。五代十国期间，寺庙佛前供花仍承袭隋唐瓶供和盘花为主的形式，佛书中有八臂十一面观音手托插有荷花花蕾的花瓶等。此后，寺院以瓶或盘插莲供佛的形式，一直延续至宋、元、明、清各代，其艺术风格及特点，表现出超尘脱俗，清净无为的宗教色彩（图13）。

图13　清代供佛用的铜制荷花插花

2. 宫廷荷花插花

宫廷插花主要满足于帝王、嫔妃及达官贵人玩赏的需求，其插花风格显有皇家权势、富丽和威严的特点。据唐李延寿《北史·第廿四》载[2]："一为二荷同处一盘，相去盈尺，中有莲下垂器上，以水注荷，则出于莲而盈乎器，为凫鹥蟾蜍以饰之，谓之水芝欹器。"文中所述西魏时期，约大统四年，清徽殿落成；文帝元宝炬别出心裁，造欹器盛莲，置于清徽殿前。据古书记载，欹器是一种奇特的盛酒器具，它空时往一边斜，盛大半罐酒时则稳稳当当地直立起来，而盛满了酒则一个跟头翻过去。后来，古人将这种欹器给人以不能自满，自满就要翻跟头之警示。故孔子曰："吾闻宥坐之器，虚则欹，中则正，满则覆。"笔者认为，西魏文帝造欹器盛莲的意图有两个，一是告诫自己：谦虚谨慎，永不满足；二是欹器中盛莲，则起装饰宫廷的效果。文中"为凫鹥蟾蜍以饰之，谓之水芝欹器"；所谓"凫鹥蟾蜍"是饰莲之配件，"水芝"亦为莲之旧称，其中所表达的意思，古人用欹器盛莲，也可算得上宫廷插花的一种形式（图14）。

图14　仿古代欹器盛莲

[1] 陈佳瀛. 中国插花艺术哲理刍议[A]，花木盆景[C]．1996（1）
[2] [唐] 李延寿. 北史·列传第廿四[M]．北京：中华书局，1970

后来，历代插花著作陆续问世，如唐《花九锡》、明《瓶史》、清《瓶花谱》等，对荷花插花的理论和实践不断丰富充实；因而，在选用容器（上乘昂贵的官窑或名窑之瓷器）、配件，以及作品的造型和摆设等方面，均符合皇室的等级制度和观念，且满足其审美情趣。每年暑月，清室常以荷花插花来摆设，花材则选用福海盛开或含苞待放的荷花及水生植物，其作品造型丰满，精美豪华，使得宫室环境清凉气爽，舒畅自然（图15）。

图15 清代宫室摆设的荷花插花

3. 民间荷花插花

中国民间插花，探其历史，可追索到东周战国时期。其依据以"制芰荷以为衣兮，集芙蓉以为裳"，"荷衣兮蕙带，倏而来兮忽而逝"等为例。实际上，屈原的这些诗句，反映了当时楚国百姓爱荷摘荷的习俗。当然，摘荷不算是荷花插花的类型，但民间插花是由摘荷的习俗演变发展而来。起初，民间荷花插花只是体现出一种古拙粗放，简练朴实的风格；后受佛教插花和宫廷插花的影响，民间插花直到唐宋及明清时期才有了发展。"贵贱无常价，酬值看花数。灼灼百朵红，戋戋五束素"，只有社会稳定，经济发展，花卉市场活跃，人们才有条件买花插瓶供赏。但在数千年封建社会的统治下，买花插瓶供赏的风气，也只是活跃于民间少数有钱人家（图16）。如今，世道轮回，民间插花则名副其实地定格在普通民众层面上；生活在这盛世国度里的百姓，家中摆设一瓶或数瓶荷花插花，已是家常便饭了。

图16 古时民间荷花插花

4. 文人荷花插花

文人插花在我国传统园林文化中，占有重要的一席之地。纵观历史文化长河，文人爱花种花，写花画花的事例或作品，真是数不胜数，文人插花亦

图17 古时文人荷花插花

不例外。以花为友，借花明志，求以精神上的寄托，这就是古时文人插花的特点。而这一特点正反映了古代文人所处的社会状态及当时的审美心理。据吴功正《六朝园林》述[1]："六朝园林审美心理的进化，还在于天人合一化生出园人合一，彼之境域化为此之心域，身心和外物相协交感。"可想，时处六朝时期的文人墨客，对政局动荡，战事频繁，民不聊生的况境，渴求的是生活安定，家人团聚；于是，他们隐居于山野，或虔诚于宗教，得以安慰。一些文人墨客擅长绘画，描绘各种插花作品，作为自我消遣。从历代文人绘制的插花（包括荷花插花）作品里，作者们均从插花的一花一叶中，体悟出无限广深的世间万象，以及汪洋飘渺之心灵意趣；则借以抒发情怀，陶冶性灵，或标榜风雅；反过来，这些描绘的插花作品，又提高了人们的插花艺术水平（图17、图18）。

图18 文人荷花插花

还有文人插花是具有知识的文化群体，他们在插花的过程中，不断积累经验，用文字总结插花技艺，以助人提高。南宋林洪《山家清事·插花法》曰[2]："插莲，当先花而后水……，皆为烧枝，则尽开。能依此法，则造化之不及者全矣。"到了明代，插花理论才有了全面的总结，成为一门专项的艺术，这应归功于袁宏道所撰《瓶史》，正是这部著作的问世，标志了我国插花这门高雅艺术的正式诞生。

归纳起来，荷花插花艺术是古代插花历史的重要组成部分，也是研究中国插花史的主要题材之一。因佛与莲之渊源，在某种程度上说，佛教插花就是荷花插花。针对佛教传入中土的六种说法，择以最晚的"东汉初之说"，我们有充分的理由论证：荷花插花与中国插花史的起源是同一时期，或者更早。纵观几千年的历史长河，我国插花艺术（包括荷花插花）的发展，与当时的社会局势，经济状况，百姓的生活水平有很大的关系。只要政局稳定，经济活跃，百姓的生活富裕，插花艺术水平就获得较好的发展和提高。就荷花插花的类别而言，文人插花是促进中国插花历史发展的主力军，他们不断积累插花经验，总结插花理论，传承插花技艺，使其成为一门专项的艺术。

[1] 吴功正.六朝园林[M]. 南京：南京出版社，1992：51
[2] ［南宋］林洪.山家清事 [A] 四库全书·子部·杂家类·杂纂之属·卷七十四·上 [C].上海：上海商务印书馆（影印本）

荷文化在"康乾盛世"得到
应用、发展和创新

纵观荷文化在历代园林中应用和发展的过程,"康乾时代"可值得一提。荷文化在这一时期不仅得到传承和应用,而且还得到了进一步的发展与创新。笔者在《荷文化在历代皇家园林中应用、传承与发展》一文,曾述及到"'康乾盛世'大力推崇荷花造景"。因而,笔者就此再作一专论。

一、"康乾盛世"成因

自顺治元年(1644年)进关,清朝历经18年的统一战争,削平大顺、大西及南明诸政权,除台湾,全国归于一统。以摄政王多尔衮、世祖为首的统治集团所作一切努力,为清朝全面实施大治,奠定了坚实的基础。玄烨即位(圣祖)后,又经20年的治乱;以康熙二十年(1671年)平定吴三桂8年之乱为契机,乘胜收回台湾。康熙皇帝首次南巡,亲临治黄工地,阅视河工,标志着国家全面转入经济建设,从而拉开盛世的序幕。康熙朝开创了全新的盛世局面;雍正朝承其后,继往开来,进一步把盛世推向前进;而乾隆朝集前三代人之大成,始成"全盛"之局,达到了鼎盛。康雍乾盛世持续百余年,成为中国历史上时间最长的一个盛世。

何以证明"康乾盛世"的实力?据《清圣祖实录》统计[1]:从康熙元年到四十六年(1707年),累计免去全国各地钱粮达一亿两白银。又自康熙五十年始,三年内轮免一周,"总蠲免天下地亩人丁新征、旧欠,共银三千二百零六万四千六百九十七两有奇"。同时,宣布自是年后所生人丁"永不加赋"。而乾隆时,先后4次蠲免全国钱粮,总额达1.2亿两,堪称中国历代蠲免之最,突出地显示了盛世的经济繁荣。

康乾期间,政局稳定,社会进步,经济繁荣。在思想文化领域方面,康雍乾三朝确立以儒家思想为其统治思想,兴学校,办教育;同时,国家充足的财力,良好的文化氛围,使之兴起了一个皇家园林的建设高潮。而"这个高潮奠基于康熙,完成于乾隆,乾、嘉年间,终于达到了全盛局面"[2]。

---

[1] 台湾银行经济研究室编印.清圣祖实录[M].台北:台湾文献丛刊

[2] 周维权.中国古典园林史•第三版[M].北京:清华大学出版社,2008:374

二、兴起皇家园林的建设高潮

康、雍、乾三代（共约134年），朝廷具备充实的人力、财力和物力，在明代的基础上，大势增建或扩建皇家园林，如避暑山庄、圆明园、清漪园等。这些规模庞大，气势宏伟的大型皇家园林，给后世则留下无尽的宝贵财富。

1. 元、明两代皇家园林的历史背景

元灭金之后，主要在金代大宁宫的基础上拓展了大内御苑；而以琼华岛为中心修筑宫苑，并将太液池向南扩建为北海、中海、南海，使三海水域贯通。北海遍植荷花，蒲菱伴生；每逢夏月，红荷艳美，秀色空前。而明成祖迁都北京，则注重皇家园林的建设，明代定都北京的两百多年间，共建六处皇家园林，即御花园、慈宁宫花园、万岁山、西苑、兔园和东苑。在这六处皇家园林中，以西苑（即元代太液池旧址）的水面最大，见孙承泽《天府广记》记述[1]：太液池上，"烟霏苍莽，蒲荻丛茂，水禽飞鸣，游戏于其间。隔岸林树阴森，苍翠可爱"。池面遍植荷花，每临炎夏暑月，荷浪起伏，清香绕岸，景色亦十分宜人。据清高士奇《金鳌退食笔记》述[2]："秋来露冷，野鹜残荷，隐约芦汀蓼岸，不减赵大年一幅江南小景也。"当时的三海水面辽阔，南海芦苇满汀，鸟翔其间；中海萍荇蒲藻，交青布绿；北海碧浪翻卷，红荷吐艳；帝妃常乘御舟行游海上赏荷作乐。

还有慈宁宫花园，位于紫禁城寝区西路；花园南北长约130m，东西宽50m，占地总面积6 800 m²。临溪亭是慈宁宫花园内主要建筑之一，筑于花园中部偏南。慈宁宫花园的环境幽雅，风景秀丽。春来，丁香玉兰，花影扶疏，香气扑鼻；临夏，满池碧荷，亭亭玉立，清香盈溢；入秋，海棠银杏，果实累累，美不胜收；寒冬，松柏古木，银装素裹，景致别韵。因而，这里是皇太后、太妃嫔们游园休憩、赏花观景的绝佳场所。明时，紫禁城内金水河流经飞龙桥，而入菖蒲河，牌楼、石桥、亭台、馆阁，其景甚佳。故明代陈悰《天启宫词》云[3]："河流细绕禁城边，疏凿流清不记年，好似南风吹薄暮，藕花飘香白鸥眠。"赞赏了这一带的美丽风景。当时的"紫禁城内河壅淤不通，魏忠贤复令疏浚之。春夏之交，景物尤胜，禽鱼菱藕，俨若江南。"明末宦官魏忠贤负责疏浚紫禁城内河壅淤不通，其功不可没。

2. 康熙年间是兴建皇家园林的高潮

明代的皇家园林主要位于紫禁城中轴线两侧。清王朝在此基础上，保留大内御苑的园林旧观，并对西苑进行了较大的扩建及改建。据周维权《中国古典园林史》所述[4]：北京的西北郊"这个广大地域按其地貌景观的特色又可分为三大区：西区以香山为主体，包括附近的山系及东麓的平

[1] 孙承泽. 天府广记[M]. 北京：北京古籍出版社，1983
[2] [清] 高士奇撰. 金鳌退食笔记[M]. 台北：台湾商务印书馆，1986
[3] [明] 陈悰撰. 天启宫词百咏[M]. 济南：齐鲁书社，1997. 影印本
[4] 周维权. 中国古典园林史[M]. 北京：清华大学出版社. 2008：376～378

地；中区以玉泉山、瓮山和西湖为中心的河湖平原；东区即海淀镇以北、明代私家园林荟萃的大片多泉水的沼泽地。"因而，康熙利用这块风水宝地将明神宗的外祖父李伟修建的"清华园"，在其旧址上仿江南山水修筑了畅春园，作为皇帝在郊外避暑听政的离宫。畅春园内供水则源于万泉庄的水系，把南面万泉庄的泉水顺天然坡势导引而北流入园内，再从园的西北角流出，经肖家河再汇入清河。

康熙二十年（1703年），康熙皇帝在距离北京230公里的承德兴建了避暑山庄，这是中国历史上最大的离宫，山庄由皇帝宫室、皇家园林和宏伟壮观的寺庙群所组成。其建筑布局大体可分为宫殿区和苑景区两大部分，而苑景区又可分成湖区、平原区和山区三部分；由康熙钦定的36景中，与莲景相关的就有"曲水荷香"、"香远溢清"、"澄波叠翠"等。而康熙《芝径云堤》诗吟[1]："万机少暇出丹阙，乐山乐水好难歇。避暑漠北土脉肥，访问村老寻石碣。众云蒙古牧马场，并乏人家无枯骨。草木茂，绝蚊蝎，泉水佳，人少疾。因而乘骑阅河隈，弯弯曲曲满林樾。测量荒野阅水平，庄田勿动树勿发。自然天成地就势，不待人力假虚设。君不见，磬锤峰，独峙山麓立其东。又不见，万壑松，偃盖重林造化同。煦妪光临承露照，青葱色转频岁丰。游豫常思伤民力，又恐偏劳土木工。命匠先开芝径堤，随山依水揉福奇。司农莫动帑金费，宁拙舍巧洽群黎。"诗中叙述作者亲自骑马北巡承德，实地踏查选址，了解地形地貌及社会习俗，明确建园的设计思想。

据有关史料载：康熙期间在北京附近还建有6座行宫，如汤山行宫（原昌平县东南15公里的小汤山）、怀柔行宫（原怀柔县城南门外）、刘家营行宫（原密云县城东门外）、罗家桥行宫（原密云县城东北）、要亭行宫（原密云县要亭庄）、烟郊行宫（三河县西）。

3. 雍正时期续建皇家园林

康熙过世，雍正帝继位后，为了巩固皇位，其主要精力用于处理国家各项事务，对皇家园林建设关注甚少。圆明园是康熙帝赐与雍正的花园，1707年此园已初具规模。后来雍正将赐园改为离宫御苑，不断增建；其扩充面积至200多公顷，在原赐园的北、东、西三面向外拓展，且利用沼泽湿地改造河渠串缀着许多小型水体，植荷造景。据周维权引《日下旧闻考》记载[2]：在乾隆时期圆明园四十景中，则有二十八景是雍正帝所题署，与荷文化有关的景点，有"濂溪乐处"等；还如"天然图画"、"多稼如云"、"夹镜鸣琴"等景点，均利用水面种莲。酷暑当夏，清风徐来，红荷摇曳，紫菱连汀，蒲苇绕岸，生态自然，环境幽雅，秀色可人。

4. 乾隆时代为皇家园林建设的全盛期

康雍期间兴建或扩建的避暑山庄和圆明园，到乾隆时，历经三朝，耗时89年建成。避暑山庄的营建大体分为两个阶段。第一阶段：从康熙四十二年(1703年)至康熙五十二年(1713年)，开拓湖区、筑洲岛、修堤岸，随之营建宫殿、亭树和宫墙，使避暑山庄初具规模；第二阶段：从乾隆六年(1741年)至乾隆十九年(1754年)，乾隆帝对山庄进行了大规模扩建，增建宫殿和多处精

[1] 王志民，王则远校注.康熙诗词集注[M].呼和浩特：内蒙古人民出版社.1994

[2] 周维权. 中国古典园林史[M].北京：清华大学出版社.2008：390

巧的大型园林建筑，拥有殿、堂、楼、馆、亭、榭、阁、轩、斋、寺等建筑一百余处。而乾隆仿其祖父以三字为名又题了"三十六景"，合称为避暑山庄七十二景。其中乾隆以莲命名的景点有"观莲所"，以及布置莲菱等植物的景点有"水心榭"、"如意湖"、"冷香亭"、"采菱渡"、"萍香泮"等。

圆明园在乾隆年间，几乎岁岁营构，日日修华；浚水移石，费银千万。除局部增建及改建外，还紧靠东邻新建长春园，在东南邻并入绮春园，直至乾隆三十五年（1770年），圆明三园的格局才基本形成。其面积5 200多亩，园林风景百余处。

清漪园是乾隆帝为孝敬其母孝圣皇后，动用448万两白银所建。始建于1750年，直到1764年竣工，历时15年。占地面积290公顷，其中水面约占3/4。该园为清时著名的"三山五园"（即香山、玉泉山、万寿山；静宜园、静明园、清漪园、圆明园、畅春园）中最后建成的一座皇家园林。咸丰十年（1860年），在第二次鸦片战争中，英、法联军火烧圆明园时，清漪园也同遭严重破坏。后于光绪十二年（1886年）重建，光绪十四年（1888年）慈禧挪用海军军费（以海军军费的名义筹集经费）修复此园，改名为"颐和园"。

三、借鉴江南荷花造景

为了维护封建王朝的统治，康熙和乾隆爷孙多次南巡体察民情，康熙二十三年到四十六年（1684-1707年）间康熙帝曾经6次南巡，而他赴江南巡查的目的，就是了解治河、导淮、济运等民情；同时，对景色秀丽的江南园林也大加赞赏。因而，清代皇家园林按照帝王的需求，在继承其皇家园林的特点上，大量地吸取江南园林的艺术精华。比如，在园林景名方面，则采用"借名题景"，"借景借名"和"借景题名"等手法。

避暑山庄位于承德市中心区以北，武烈河西岸一带狭长的谷地上，占地564万平方米，环绕山庄婉蜒起伏的宫墙长达万米；其建筑布局大体可分宫殿区和苑景区两大部分，而苑景区又分为湖区、平原区和山区三部分。山庄内有康乾二帝钦定的七十二景，并拥有殿、堂、楼、馆、亭、榭、阁、轩、斋、寺等建筑一百余处。运用中国传统造园手法，以山环水、以水绕岛，多组建筑巧妙地营构在洲岛、堤岸和水面之中，展示出一片水乡景色。就湖区而言，其面积49.6万平方米。有大小湖泊8处，即西湖、澄湖、如意湖、上湖、下湖、银湖、镜湖及半月湖，统称塞湖。湖区的风景构图，全以杭州西湖为蓝本，且有所创新；用洲、岛、堤、桥将湖面分割为大小不等、形状各异的数个湖沼，而在洲、岛上布置亭阁等建筑。因而，利用湖区的水面多，水岸线长等优势，遍植荷花、香蒲、芦苇等水生植物，丰富山庄湖沼的景观效果。在山庄七十二景中，以荷及荷文化命名就有"曲水荷香"、"香远益清"、"冷香亭"、"观莲所"等，其中"曲水荷香"建于康熙四十二年至四十八年间，为康熙御题三十六景之第十五景。碧溪清浅，随石盘折流为小池，池中荷花无数，碧盖参差，故"荷气参层远益清，兰亭曲水亦虚名"。康熙特写有一联赞曰："自有山川开北极，天然风景胜西湖"，其意为山庄的湖景虽仿西湖，但又有创新之妙。山庄的园林建筑大多是仿江南名胜所建，如"烟雨楼"仿浙江嘉兴南湖烟雨楼而造；金山岛的布局仿江苏镇江金山而筑；文园狮子林仿苏州狮子林；文津阁仿浙江范氏天一阁；碧霞元君庙仿泰山之碧霞元君祠；舍利塔仿杭州之六和塔和南京之报恩寺塔等，都是取其意仿其制而创造的园林建筑。

圆明园四十景之"曲院风荷"，位于福海西岸同乐园南面，仿西湖曲院风荷改建，跨池有一座九孔石桥，北有曲院。曲院近处荷花甚多，红衣印波，长虹摇影，景色与西湖相似。这是对杭州西湖十景景名的直接引用。还有乾隆时期的西湖24景之一"小有天园"，是乾隆帝南巡杭州时所赐名，此景位于南屏山麓半山间，登高远眺，西湖风光一览无余。后来，乾隆对"小有天园"之景仍念念不忘；乾隆二十二年，他再次南巡到此，更是欣赏备至，"为之流连，为之倚吟"。在其《御制诗》中咏有[1]："再游小有天园不入最深处，安知小有天。船从圣湖泊，迳自秘林穿。万卉轩春节，千峰低齐烟。明不发旋翠毕，偷暇重留连。"回京后翌年，采取直接摹拟之手法，将此景仍以"小有天花板园"之名，仿建于圆明园长春园内"思永齐"之东别院。

而清漪园（圆明园）仿杭州西湖而建。乾隆首次南巡的前一年（1750年），曾命画家董邦达绘

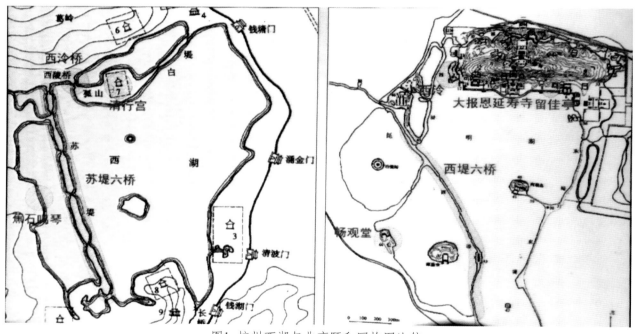

图1 杭州西湖与北京颐和园构图比较

制杭州《西湖图》长卷，并题诗以志其事，示以摹仿西湖景观之意图。据乾隆御制诗《万寿山即事》吟[2]："背山面水地，明湖仿浙西；琳琅三竺宇，花柳六桥堤。"明确指出以昆明湖摹写杭州西湖的造园主旨，故西堤沿岸的柳桥、练桥、镜桥、玉带桥、豳桥和界湖桥，也是仿照西湖苏堤六桥所筑（图1）。西湖苏堤六桥无亭，而昆明湖西堤六桥（除玉带桥外）均筑造风格不一的重檐桥亭，其中景明楼摹仿湖南岳阳楼；而南湖岛上的望蟾阁摹写湖北黄鹤楼所建；值得一提的是，万寿山东麓的惠山园（今谐趣园）摹仿无锡寄畅园之妙境而造，万寿

[1]［清］弘历.御制诗三集·卷二十二[M].长春：吉林出版集团.2005
[2]王鸿雁.略论清漪园造园的艺术风格[J].中国园林，2004，20（6）：29~32

山的佛香阁则摹杭州，六和塔之意韵仿筑；还有昆明湖上的凤凰墩也模拟于无锡黄埠墩，其面积百余平米，青石泊岸石造雕栏，碧水绕岸，景观自然静谧。春夏时节，游昆明湖，西堤内外，桃红柳绿，莺唱燕舞，蒲苇滴翠，荷风送爽；漫漫长堤，浮于湖上，其景其色，秀美可人。

四、荷文化在皇家园林中的发展与创新

康乾时期，皇家园林在模仿江南园林的同时，也在不断的创意革新，这使得皇家园林的风格既具有富丽堂皇、宏伟庄严的气派，也兼备江南园林小中见大，玲珑剔透之特色。当品览避暑山庄、颐和园等园景时，不难发现灿烂悠久的荷文化在其中发挥得尽善尽美，且颇具新意，文化底蕴甚深。从赏荷景点中，如避暑山庄的"曲水荷香"、"香远益清"、"冷香亭"、"观莲所"；圆明园的"曲院风荷"、"濂溪乐处"等，便可推知这些荷景的景名与康熙、乾隆爷孙二人的文化修养、兴趣爱好、审视角度是分不开的。

康乾二帝对山庄的荷花甚爱，且留下不少吟荷的景题及诗作。在康熙《承德避暑山庄·香远益清莲》诗吟："出水涟漪，香清益远，不染偏奇。沙漠龙堆，青湖芳草，疑是谁知？ 移根各地参差，归何处？那分公私。 楼起千层，荷占数顷，炎景相宜。"赞荷那出污泥而不染的品质。乾隆在题"冷香亭"诗中道："四柱池亭绕绿荷，冷香雨后袭人多；七襄可识天孙锦，弥望盈盈接绛河。"诗意是：临湖方亭环绕绿荷，雨后寒秋，阵阵荷香仍浸袭来往的游人；那荷花满湖，仿

图2 清时圆明园中"濂溪乐处"之景

佛织女织成的锦缎，远远与天河相接。另题有《九月初三日热河见荷花》诗云："霞衣犹耐九秋寒，翠盖敲风绿未残，应是香红久寂寞，故留冷艳待人看。"谈到山庄的荷花，直至深秋，还能看到朵朵红云，摇曳多姿。为此乾隆亦诗曰："荷花仲秋见，惟因此热泉。"道明了是山庄的热泉，是延迟荷花开花的缘故。其《对荷》诗也论及此事："花盛原因开以迟，楼阴一片绮纨披。屈为信理固宜是，淡拂华高乃在兹。鹿苑不妨姿游奕，鸳湖岂必较参差。设如座喻对君子，杏树依稀与论诗。"此外，乾隆帝还在避暑山庄"月色江声"岛上为荷花建庙，名为"花神庙"。庙里供着12位花神，佛像是用杉木雕刻的，外涂金漆，十分精巧，并尊周敦颐为荷花之神。

康熙和乾隆都十分崇拜宋代理学家周敦颐，且对其《爱莲说》视为座右铭，爱不释手。相传，乾隆11岁时，康熙在山庄命其背诵《爱莲说》；面对湖上万株荷花，乾隆娴熟地颂毕全篇，深得祖父的喜爱。因而，山庄的"香远益清"之景，由康熙取《爱莲说》中"香远益清"之句为景名，并联曰："远见波光来玉涧，近临山翠入书窗"。后来，乾隆即位时，又在"月色江声"岛上建"冷香亭"，并题联："能解三庚暑，还生六月风"。乾隆一向敬仰荷花的君子节操，并认为"以屈为神，丈夫之道；淡而无华，高节乃现"。

还有圆明园中"濂溪乐处"之景，乾隆直接取周敦颐之号濂溪而题名。此景点则山环水绕，菡萏遍布；小殿数楹，流水周环于其下；每逢凉暑爽秋之际，那"水轩俯澄泓，天光涵数顷；烂漫六月春，摇曳玻璃影；香风湖面来，炎夏方秋冷；时披濂溪书，乐处惟自省；君子斯我师，何须求玉井"之意境，景名创意新颖，文化涵义丰厚，则令人流连也（图2）。

游览避暑山庄、圆明园等荷景题名和赏读相关的景联，其创意新颖，可推知，康乾爷孙俩对宋理学家周敦颐及其传世名篇《爱莲说》的偏爱和深刻的理解。这些景点的题名，极富有新意和深邃的文化底蕴。在这一时期，康乾二人将灿烂悠久的荷文化在皇家园林中进一步弘扬，且得到了创造性的发展。

莲与佛的渊源及荷文化在寺庙园林中的应用

莲与佛，其历史渊源甚深；而悠久的莲文化与佛教文化，其学问更是经天纬地，博大精深。佛教何时传入中土？史书有多种说法，但佛教自东汉传入，这是不辩的事实。佛教传入后，经缓慢流传，逐渐深入，到东晋十六国则趋于繁荣。佛教在南北朝出现众多学派；隋唐期间形成天台宗、三论宗、华严宗、法相宗、律宗、密宗、净土宗、禅宗八大宗派，于是佛教便进入了发展的鼎盛阶段。由于汉传佛教宗派多源自印度，唯天台宗、华严宗与禅宗则由中国发展而成，其中又以禅宗最具特色，"不立文字，教外别传；直指人心，见性成佛"为其核心思想。查阅佛籍，莲在佛教中这种崇高的地位，与佛祖释迦牟尼的特殊身世密不可分。后经历代佛教传人的渲染和营造，佛国即是莲国，莲界即是佛界，几乎莲成了佛的代名词。故莲与佛这种互相渗透，互相包容而形成的文化，尤其是禅文化的出现，在我国历代园林中不断传承与应用，则形成独具一格的佛教园林或寺庙园林。

一、莲与佛的历史渊源

论述莲文化在佛教园林（或寺庙园林）中的应用，必须要弄清楚莲与佛这种特殊的历史渊源关系。据佛书记载[1]：佛教植物有很多种类，如菩提树(*Ficus religiosa*) 、无忧树（*Saraca sp.*）、莲花(*Nelumbo nucifera*)、睡莲(*Nymphaea lotus*)、栀枝花(*Gardenia sootepense*) 、巴戟天(*Morinda officinalis*) 、文殊兰(*Crinum asiaticum*) 、黄姜花(*Hedychium chrysoleucum*) 、香樟(*Cinnamomum spp.*)、蒲桃(*Syzygium spp.*) 、鸡蛋花(*Plumeria rubra*)等30多种。而佛教植物中，尤以莲最为特殊，其渊源也最深，这就与佛佗的身世有着千丝万缕的联系。

1. 佛陀的身世

古印度的宗教派别林立，但各教派对莲都顶礼膜拜。最早的印度教和婆罗门教则视莲为圣物，认为莲花是大自然生生不息、变化万端的生命之象征。天竺古国盛产莲花，最早的著名史诗《摩诃婆罗多》和《罗摩衍那》里均描述了莲花秀美的诗句；而三大神仙梵天、湿婆和毗湿奴中，梵天和毗湿奴就与莲有着千丝万缕的联系。传说，毗湿奴的气息能让莲花发出清香，他也坐

[1] 佛教小百科/全佛编辑部.佛教的植物 [M].北京：中国社会科学出版社，2003：2～104

在众仙献给他的9朵莲花之上。后来，佛祖释迦牟尼的出世，也有与莲相关的种种离奇传说（图1）。据《释迦牟尼佛传》所述[1]：

"太子降生时，有很多吉祥瑞相。当时天地大放光明，百花竞艳，众鸟齐鸣，一派安乐祥和欢快的气氛。无忧树下忽然生出七宝莲花，大如车轮，太子从母亲右胁降落下来之后就掉在这七宝莲花台上。刚刚出生的太子不需要任何人扶持，突然站起来，右手指天，左手指地，周行七步，开口作狮子吼：'天上天下，唯我独尊；三界皆苦，吾当安之'。话毕，就有四大天王用天上的彩缯围裹太子的身体，天帝落下许多各色名贵的香草香花，释提桓因手拿宝盖，大梵天王手持白色的拂尘侍立左右，难陀龙王、优波难陀龙王在虚空中喷出清净香水，一温一凉，灌洗太子。浴佛节就这样传了下来。"

图1 佛祖释迦牟尼出生地遗址（引自《玄奘之路》）

由于佛陀出世充满种种离奇，而这些离奇的传说又与莲相关；于是，佛典出现与莲有关的各类法器，何谓法器？据《佛教的莲花》记述[2]："法器又称为佛器、佛具、法具或道具。广义来说，凡是在佛教寺院内，所有庄严佛坛，以及用于祈请、修法、供养、法会等各种佛事的器具，或是佛教徒所携带的念珠，乃至锡杖等修行用的图佛资具，都可称之为法器。"如香炉、阏伽器、念珠、羯磨杵、金刚杵、金刚铃、舍利容器、法轮、八吉祥、镜子、金錍、金刚橛及佛坛等。

香炉，用作烧香的器具，常与花瓶、烛台一起供奉在佛前。据《佛教的莲花》引《法苑珠林》所云[3]："天上黄琼说迦叶佛香炉，前有十六狮子、白象，于两兽头上别起莲华台以为炉，后有狮子蹲踞，顶上有九龙绕承金华，华内有金台宝子盛香。"许多寺庙的香炉均以莲花图纹而庄严，或以莲花造型。博山炉是香炉的一种，则以莲花造型。

阏伽器，为寺院六器（火舍、涂香器、华鬘器、灯明器、饭食器及阏伽器）之一。按《佛教的莲花》引《苏悉地羯罗经•奉请品》述[4]："盛阏伽之器，当用金银，或熟铜，或以石作成，或以土木，或以螺作成，或以束底，或用荷叶缀成器物，或用乳树之叶作成。"阏伽器多以金银制作，常饰以莲纹荷图。

念珠，莲子也常是念珠材质之一。据佛书载及，以不同的念珠持念，则有不同的念诵功德。

[1] 伍恒山.释迦牟尼佛传 [M].武汉：长江文艺出版社，2005
[2] 佛教小百科/全佛编辑部.佛教的莲花 [M].北京：中国社会科学出版社，2003：131
[3] 佛教小百科/全佛编辑部.佛教的莲花 [M].北京：中国社会科学出版社，2003：135
[4] 佛教小百科/全佛编辑部.佛教的莲花 [M].北京：中国社会科学出版社，2003：136

文殊师利菩萨诉之大众：以不同的念珠持诵有不同功德，如果是有莲子为数珠，诵掐一遍，得福万倍。

羯磨杵，由三股杵交叉，组合成"十"字形，亦称之羯磨金刚、十字金刚、十字羯磨等。修密法时，常在坛城四隅各放设一羯磨金刚，象征摧破十二因缘。按照《佛教的莲花》引《一字佛顶轮王经》述及[1]："其四角隔，各画二金刚杵，十字交叉，如是印等莲花台上如法画之。"故以莲花形羯磨台陈设大坛四隅。

金刚杵，原是古代印度的武器，后成为密教的法器。因其质坚硬，能击破各种物体，故称金刚杵。它象征能摧灭一切烦恼的菩提心，为金刚部诸尊手持的修法道具。金刚杵的杵身常饰有莲瓣。

金刚铃，是密教的法器。修法时为了惊觉、劝请诸尊菩萨，常振摇金刚铃。在金刚铃的握把处饰以莲纹。

舍利容器，是盛放舍利的器皿。其容器常以莲花造型，如唐招提寺金铜宝塔则在金龟背上设立莲花，上有宝塔，其中安放舍利。

法轮，为佛法的象征标志。其基本形态像车轮形状，车轮的车轴装入毂、辐、辋、锋等四部。法轮的辐经常制成独股形，以莲瓣饰以基部，毂多为八叶莲花，但也有十六瓣莲花或菊花等。

八吉祥，以宝瓶、宝盖、双鱼、莲花、白螺、吉祥结、尊胜幢、法轮，依序代表佛陀身上的佛颈、佛顶、佛眼、佛舌、佛三道、佛心、佛陀之无上正等觉及佛手八个部位。据《佛教的莲花》曰[2]："莲花代表佛陀之舌，象征着佛以广长舌说一切法，使众生都能悟入开示佛之知见，献上莲花，祈愿具足辩才无碍，利益众生。"

镜子，在法器中则用于增添佛堂及光背之庄严，亦称之悬镜或坛镜。其镜边或镜框或镜背面，饰以莲纹莲图。

金錍，原本为古印度人治疗眼疾的工具，后用于佛像的开眼供养。金錍的錍身也多以莲花装饰。

金刚橛，是立于修法坛四隅之小柱，又名四方橛。其橛身饰以莲纹或莲图为多。

佛坛，指安置佛像的坛座，亦称莲花座，或莲台。据《佛教的莲花》引《金刚顶瑜伽千手千眼观自在菩萨修行仪轨经》述[3]："于妙高山顶上，想有八叶大莲华，于莲华上有八大金刚柱，成宝楼阁。于莲华胎中想纥哩字，从字流出大光明，遍照一切佛世界，所有受苦众生遇光照触皆得解脱。"所以佛坛周边均饰以莲瓣，在中国、日本等国家流行之盛。

于是，寺庙的墙壁、藻井、栏杆、神账、桌围、香袋、拜垫之上，也都雕刻、绘制或缝绣各种各色的莲花图案。

可见，佛与莲的这种渊源，主要因佛佗的身世而起。佛教将许多美好圣洁的事物，以莲作比喻，以莲为代表。佛陀结跏趺坐的姿势，即两腿交叉、双脚放在相对的大腿上，足心向上的姿势，称为"莲花坐势"；佛教宣传的西方极乐世界，比作清净不染的莲花境界，故称"莲邦"；

[1] 佛教小百科／全佛编辑部.佛教的莲花［M］.北京：中国社会科学出版社，2003：138
[2] 佛教小百科／全佛编辑部.佛教的莲花［M］.北京：中国社会科学出版社，2003：148~151
[3] 佛教小百科／全佛编辑部.佛教的莲花［M］.北京：中国社会科学出版社，2003：156

佛国称为"莲国";佛教庙宇称"莲刹";念佛之人称"莲胎",比喻住在莲花之内,如在母胎之中;佛眼称"莲眼";胸中之八叶心莲花称"莲宫",即心中的莲花般的境界;佛陀的手称为"莲花手";僧尼受戒称"莲花戒";僧尼之袈裟称"莲衣";五智中的妙观察智称"莲花智";而善于说法者为"舌上生莲";谓苦行而得乐为"归宅生莲";我国最早的佛教结社称为"莲社";佛教净土宗主张以修行来达到西方的莲花净土,故又称"莲宗"。总之,莲与佛结了不解之缘,几乎莲即是佛,佛即是莲。

受佛陀的影响,佛典还出现许多手持或足踩莲花的各派菩萨。如观音菩萨足踩莲花座;大势至菩萨左手持莲花,右手扬掌屈指安坐于莲花上;毗俱胝菩萨左一手持莲花,有时莲花上梵箧,左二手持瓶,右一手结施无畏印,右二手持念珠,安坐于青莲花上等等。

佛家认为:人有了莲的心境,便就有了佛性。据《阿弥陀经》载[1]:"极乐国土,有七宝池,八功德水,充满其中,池底纯以金沙布地,……池中莲华,大如车轮,青色青光,黄色黄光,赤色赤光,白色白光,微妙香洁。"而《大智度论•释初品中户罗波罗蜜下》亦云[2]:"……比如莲花,出自污泥,色虽鲜好,出处不净。"因此,梵文佛经《妙法莲华经》之莲花,则代表接引众生的法门。佛陀讲经,要人行菩萨道,渡自己,也要渡众生,让人人成佛。莲花开花并不只是为了开花,而是开花才能得到莲子。意寓一片片的莲花瓣,正如佛陀以很多方便法门接引众生,通过不同法门,人们得显出藏在其中的佛性,进而成佛。

2.佛教意义上的莲

天竺古国盛产莲花。直至今日,印度共和国仍以莲花为国花。按《起世经》载[3]:"尼民陀罗,毗那耶迦,二山之间,阔一千二百由旬,周匝无量,四种杂华,乃至渚妙香物,遍覆渚水。……复有池,优钵罗华、钵头摩华、拘牟陀华、奔荼利华迦等,弥覆池上。"意指在伕提罗山和伊沙陀罗山之间,宽阔有一千二百由旬,周围长有无量的优钵罗花(青莲花)、钵头摩花(白莲花)、拘牟陀花(黄莲花)、奔荼利迦花(红莲花)等,散发着诸妙香气,遍覆于水上。但王其超、张行言教授对印度莲花作了客观地分析,且在《中国荷花品种图志•荷花种源及其分布》中指出[4]:"实际上,印度荷花甚少,主要是睡莲。佛教中往往睡莲、荷花不分,所谓'七宝莲花',其中5种属睡莲,2种才是荷花。人们常见佛菩萨所盘坐的'莲座',更接近睡莲。"由此可见,印度佛教的莲花则包括荷花(Nelumbo nucifera)和睡莲(Nymphaea tetragona),两者虽是多年生水生植物,但它们却为不同的科属。这就告诉我们,数千年来,印度佛教对莲的这种泛用现象,并不等于中国也如此。佛教东渐中土后,我国对佛教中的莲,严格地指荷花(Nelumbo nucifera),与印度佛教泛指的莲花则有明显区别。

[1] 释圆瑛.佛说阿弥陀经讲义[M].上海:上海佛学书局,1932(铅印本)
[2] [印度]龙树著.大智度论•释初品中户罗波罗蜜下[OL]. http://ts.zgfj.cn
[3] 无名氏.起世经[M].复制装订本,1915
[4] 王其超,张行言.中国荷花品种图志[M].北京:中国建筑工业出版社,1989:1~3

二、荷文化与寺庙园林

佛教传入我国后，出现了许多寺庙，相传，洛阳白马寺为中国最早的寺庙。寺原在秦汉时期仅指官署，后逐渐演变成佛教建筑的称呼。到魏晋南北朝，是佛教发展的兴盛时期，寺院庙宇的数量也陡增，且寺庙的建筑规模及其环境都有新的面貌。晚唐杜牧《江南春》咏："千里莺啼绿映红，水村山郭酒旗风。南朝四百八十寺，多少楼台烟雨中。"诗中就反映了当时寺庙的状况。

值得注意的是，在六朝这一时期，佛寺出现了园林。诚然，与佛渊源甚深的莲，也就是寺庙园林中常用来布景的园林植物了。据北魏杨炫之《洛阳伽蓝记》记：位于洛阳西阳门外御道北的宝光寺"园中有一海，号'咸池'，葭菼被岸，菱荷覆水，青松翠竹，罗生其旁。……或置酒林泉，题诗花圃，折藕浮瓜，以为兴适"。又如景明寺"寺有三池，萑蒲菱藕，水物生焉。"还有河间寺"入其后园，见沟渎蹇产，石磴礁嶤，朱荷出水，绿萍浮水"。这些均记述了当时莲生长的状况及其景色。可见，生长在佛寺中的莲花及莲景，为当时好佛习佛的人们，给与几多的佛理和禅韵（图2）。

受其影响，唐时的寺院多植有园林植物，则显现一种园林美而受世人的喜爱，长安的慈恩寺就是其中之一。唐韦应物《慈恩寺南池秋荷咏》[1]："对殿含凉气，裁规覆清沼。衰红受露多，馀馥依人少。萧萧远尘迹，飒飒凌秋晓。节谢客来稀，回塘方独绕。"反映出秋月寺院荷池的萧瑟凄美景色；而其《慈恩伽蓝清会》亦咏："氤氲芳台馥，萧散竹池广。平荷随波泛，回飙激林响。"也显现了一种寺院荷竹搭配的景致。唐李远《慈恩寺避暑》吟："香荷疑散麝，风铎似调琴。不觉清凉晚，归人满柳阴。"这所表达慈恩寺的荷柳景观。素有"佛门四绝"之称的荆州玉泉寺，该寺大雄宝殿为南宋时所建；而殿前辟筑有两个荷花池，池面碧盖摇曳，莲苞欲放，清香四溢；这种景致仍保留至今。还有润州（今江苏镇江）鹤林寺，原名竹林寺，始建于东晋年间，唐天宝年间，元素禅师曾任该

图3 扬州寺院盆栽荷景

[1]. [清] 曹寅.全唐诗•卷193 - 59 [M]. 北京：中华书局，1999

图12-2 海南岛博鳌禅寺荷景一角

寺主持，寺内凿有爱莲池、白莲池等，且设莲亭、竹院；宋时，苏东坡、米芾、周敦颐等许多高贤雅士在此听禅习禅。明时刘汝弼《鹤林寺访履中上人》吟："菡萏红御雨，松篁翠攫云。嗒然机已息，相伴鹤成群。"则描述了鹤林寺荷、松、竹等植物配植成景的寺庙园林秀色。

后来，寺庙园林逐渐向自然风景转移，如东林寺就建筑于自然风景优美的庐山。唐白居易《东林寺白莲》吟[1]："东林北塘水，湛湛见底清。中生白芙蓉，菡萏三百茎。白日发光彩，清飔散芳馨。泄香银囊破，泻露玉盘倾。"诗中反映了位于东林寺北面池塘种植白莲的景致；池水清澈见底，那朵朵白莲，好像一只只银色即破的囊袋，在熠熠闪烁的阳光下，含苞欲放。这莲景则以匡庐风景为衬托，使之东林寺园林有如一幅优美的天然画卷。湖北黄梅五祖寺，也是一处赏荷的寺庙园林胜地。寺院位于东山之上，据《黄梅县志》载[2]："修造石路，自一天门直达白莲峰顶，历数里许及讲经台、三佛桥，沿路五塔，引路百松，悉出其手，至今赖之。"白莲池筑于白莲峰顶，相传为五祖弘忍大师手植白莲处。任晓红《禅与中国园林》所述[3]："如《五灯会元》卷一六中记灵泉宗一云：'美玉藏顽石，莲花出于花。须知，烦恼处悟得即菩提。'故禅的即凡成真之理，就蕴含在这自然风景中。而'东山白莲'被县志列为'黄梅十景'之一。"而南宋杨万里《晓出净慈寺送林子方》咏[4]："毕竟西湖六月中，风光不与四时同。接天莲叶无穷碧，映日荷花别样红。"净慈寺位于杭州西湖南岸，与北岸的灵隐寺曾为东南两大名刹。走出寺门，放眼远眺，能欣赏西湖那接天映日的万顷荷景。降至明代，佛门修学之风甚盛；到景泰二年，寺僧南宗广衍特在雷峰塔旁，临湖筑建藕花居，作为归老退居别业。林亭幽雅，夏荷飘香，荷文化在寺院园林中应用，则可见一斑。

南宋的寺院缸栽盆植荷花较为普遍。如诗僧居简《盆荷》吟[5]："萍粘古瓦水泓天，数叶田田贴小钱。才大古来无用去，不须十丈藕如船。"居简为宋嘉熙年间净慈寺的住持。作者由欣赏小盆小荷而生油然满足之意，进而悟出"才大无用"之理，故对"不须十丈藕如船。"可从社会学和哲学两个角度来理解。前者"才大无用"是牢骚语，委婉地表达了对庸奴当道的社会现实的不满。而后者则与传统的"小大之辨"颇有关联。盆中小荷自成美景，无欠无赘，具足圆成，安祥而宁静，如同入禅境之清静心。同时也反映了荷花在寺庙园林中应用，不仅是池塘湖沼自然壮观的荷景，而庙堂还可用盆荷（或缸荷）点缀成园林小景（图3）。

三、有关禅诗和公案

1.莲诗禅韵

1955年3月8日，毛泽东和达赖喇嘛谈话中指出[6]："我们要把眼光放大，要把中国、把世界搞好，佛教教义就有这个思想，佛教创始人释迦牟尼主张普渡众生，是代表当时在印度受痛苦受

[1] [唐]白居易.东林寺白莲 [M] //孙映逵主编.中国历代咏花诗词鉴赏辞典.南京：江苏科学技术出版社，1989：784～785
[2] 中国地方志集成·湖北府县志辑·黄梅县志·卷三十九[M].南京：江苏古籍出版社，2001：429
[3] 任晓红.禅与中国园林[M].北京：商务印书馆，1994：90～91
[4] [宋]杨万里.晓出净慈寺送林子方 [M] //孙映逵主编.中国历代咏花诗词鉴赏辞典.南京：江苏科学技术出版社，1989
[5] [宋]居简.盆荷[M] //王充闾.向古诗学哲理.中国青年出版社，2012
[6] 木衲.毛泽东对禅宗六祖的评价 [OL]. http://www.360doc.com/content/11/0225/15/380229-96039085.shtml

压迫的大众讲话。为了免除众生的痛苦，他不当王子，出家创立佛教，因此信佛教的人和我们共产党人合作，在为众生即人民群众解除压迫的痛苦这一点是共同的。"唐宋是禅宗发展的鼎盛时期。因而，这一阶段的文人士大夫纷纷参禅习禅。他们认为，大自然与朝廷或市井相比较，要纯净得多。当遇到政治昏昧、世风日下之况境时，则渴望投入大自然的怀抱，以净化自己的灵魂。而佛家又视莲为佛，所以说，诗人们对自然界中的荷花常抒发情感，顿悟禅机。

历代咏荷禅诗中，如王维、杜甫、白居易、苏轼、黄庭坚及诗僧等人，借莲悟禅，咏物言志，将物景融入人生哲理之中；或诗僧的莲诗，描绘自然界那"空净、寂寞、闲适、安逸"之禅境。故这些咏荷禅诗，禅意丰盈、莲禅相通，令人读来，禅境超然，哲理深奥，启人心智。如唐王维《山居秋暝》吟[1]："竹喧归浣女，莲动下渔舟。随意春芳歇，王孙自可留。"王维受禅宗的影响最深，他以禅入莲诗，禅莲相融，则开了禅风之先河。如诗中"竹喧"和"莲动"；"浣女"和"渔舟"，描写了生活在竹林莲池畔那无忧无虑、勤劳善良的人们，也反映了诗人对安静、纯朴生活的憧憬；同时也从反面衬托出他对污浊官场的厌恶。可知，诗中那种静谧与幽寂，恰恰给人们提供了反思生存价值的氛围。北宋黄庭坚《又答斌老病愈遣闷》吟[2]："苦竹绕莲塘，自悦鱼鸟性。红妆倚翠盖，不点禅心静。风生高竹凉，雨送新荷气。鱼游悟世网，鸟语入禅味。"诗人运用对比与象征的手法表达了自己从疾病、烦恼、苦闷中挣扎出来，且自悦自傲的心情。"苦竹绕莲塘"是一个丑恶的环境，但开悟之后的诗人却能撇开这些丑恶，而欣悦于活泼自由的鱼鸟之性。《世说新语·言语篇》云[3]："简文入华林园，顾左右曰：会心处不必在远，翳然山水，便有濠濮间想也。觉鸟兽禽鱼，自来亲人。"诗中正是这种意度玄远、禅机活泼的心灵。"红妆倚翠盖"，指荷花象征"色"的世界，但诗人却断然认为，开悟了的他能够不受色相的污染，保持禅心的清静。还有诗僧冲邈《翠微山居》咏[4]："一池荷叶衣无尽，数树松花食有馀。欲被世人知去处，更移茅屋作深居。"以荷叶为衣，这典出《离骚》"制芰荷以为衣兮，集芙蓉以为裳"之句。后常以"荷衣"为隐士之服，也代表佛子之衣。以松花为食，从松屑为饭变化而来。松树岁寒不凋，是坚贞、高洁的象征，道人佛徒服食其花，自矜为超俗，无蔬笋气。故一池红荷，碧叶覆水，花香溢盈，亭亭玉立；茅屋侧后几树古松，松红叶青，苍翠挺拔，点缀着淡黄的松花。如此幽清高雅，怎不令人企羡！作者以虚领实，实中有虚，把优美的环境、脱俗的生活情趣与高洁的品格，非常巧妙地融合在一起。

2. 禅宗公案

何谓公案？据陈继生《禅宗公案》述[5]："原指官府用以判断是非之案牍；而'案牍'即指文书而言，官府之文书成例及讼狱论定者谓之'案'或'公案'。由此转而为佛教禅宗用语，即指佛教禅宗祖师、大德在接引参禅学徒时所作的禅宗式的问答，或某些具有特殊启迪作用的动作。此类接引禅徒的过程，往往可资后人作为判定迷悟之准绳，犹如古代官府之文书成例，故亦谓之

[1] [唐] 王维. 山居秋暝 [M] // 历代四季风景诗选注组. 历代四季风景诗三百首. 北京：北京师范大学出版社，1983：203~204
[2] [北宋] 黄庭坚. 又答斌老病愈遣闷 [M] // 梁申威. 禅诗奇趣. 太原：山西人民出版社，2002
[3] [南朝·宋] 刘义庆. 世说新语 [OL] http://www.tianyabook.com/gudian/xinyu1.htm
[4] [北宋] 冲邈. 翠微山居 [M] // [清] 佚名辑. 全宋诗，抄本
[5] 陈继生. 禅宗公案[M]. 天津：天津古籍出版社，2008

为公案。"

翻阅禅宗公案，也有许多与莲相关的案例。其中"泥中莲花"，读来让人肃然起敬。据《禅的故事》述[1]：在日本，耕田被视为贱民，连出家当和尚的资格都没有。无三禅师虽出身于贱民，但他一心皈依佛门，后被众人拥戴为住持。举行就任仪式时，突然有人发难，指着无三嘲道："出身贱民的和尚也能当住持？"众僧不知所措，都为无三禅师捏一把汗。面对突如其来的发难，无三禅师从容地笑答："泥中莲花。"在场人都喝彩叫好，那个刁难的人也无言以对，不得不佩服无三和尚的深湛佛法。可见，人无贫富贵贱之分，每人最终的人生都与自身的信念和追求相关，一句"泥中莲花"正是禅理的真实写照。

又据宋时释重显撰《碧岩录·第卷三》载[2]：僧问智门："莲花未出水时如何？"智门云："莲花。"僧云："出水后如何？"智云："荷叶。"对这一千古公案，不同的人理解，就有不同的结论。莲花未出水时，如果从静止一面来看，它不是莲花；要从动态一面来看，则它将是莲花，亦可说已是莲花了。有如人的思想境界提高不提高，都叫做人；但提高之后叫做高人。或是说，庐山只有一个，从不同角度画庐山，可以画得千差万别；但每幅画，谁也不能说它上面画的不是庐山。

3.莲之偈颂

在印度文库中，有一则《莲花本生》偈颂[3]：古代，当梵授王在波罗奈治理国家时，有位菩萨转生到迦尸国某婆罗门家族；成人后，在呾叉始罗学技艺。不久，出家当隐士，便住一莲池畔。有一天，他走近莲池，闻盛开的莲花。这时有一女神站在树林缝隙处训斥他。先念第一首偈颂："莲花不属你，你却嗅花香；纵然窃香气，与贼无两样。"菩萨听后，回第二首偈颂："不摘也不掐，远远嗅花香；称我窃香气贼，说话欠思量。"

恰在这时，有人在池里摘莲掘藕。菩萨见之，便道："我站在远处嗅花香，你说我是贼，你怎不说那人？"接着念第三首偈颂："你看那个人，掘藕摘莲花；行为多野蛮，怎么不说他？"于是，女神解释为何不说那人，又念第四首和第五首偈颂："他是野蛮人，犹如脏抹布；我能开导你，那人还不配。"随即，接着念："品德高尚者，永远守清白；过失似发丝，显眼似云堆。"

听了女神的训诫，菩萨心情激动，则念第六首偈颂："仙女理解我，真心怜悯我；若我犯过失，请再训斥我。"女神最后念了第七首偈颂："我非你侍从，无法守侯你；认清天国路，要靠你自己。"

女神教诲菩萨后，随即离去。而菩萨认真反省自己，专心修习禅定，最后升入梵界。

从佛家看来，莲是何等的高洁且无比崇敬；这些禅诗、公案和偈颂进一步丰富了荷文化的内涵，而在寺庙园林中所反映出的佛理禅韵，其意境优美，更引人入胜。

[1].尚怀云.禅的故事全集[M].北京：地震出版社，2006：326

[2].［宋］释重显撰.佛果圜悟禅师碧岩录[M].明代刻本

[3].郭良均，黄宝生译.佛本生故事选[M].北京：人民文学出版社，1985：236～237

中 篇
荷文化在现代园林中应用

小记： 自共和国成立后，国家处于百废待兴。当时荷花的研究工作尚未提到政府科研工作的议事日程。20世纪60年代初，我国荷花界的领军人物、著名荷花专家王其超和张行言教授开始承担国家科委下达的荷花系统研究项目。由于文化大革命的干扰，荷花的研究工作则停滞不前。直至20世纪80年代，迎来了科学的春天，荷花的研究才步入正轨。荷花的品种资源收集与整理到品种分类系统的建立，从品种改良到近千个新品种的选育；自全国荷花展览到地方各种形式的荷花节，这些都有力地推动了中国荷花事业的迅速发展，其前景辽阔壮观。

自20世纪80年代以来，全国陆续开展市花的评选活动。以荷花为市花的城市就有山东省济南市、济宁市；湖北省洪湖市、孝感市；河南省许昌市；广东省肇庆市；广西壮族自治区贵港市；江西省九江市、广昌县；河北省衡水市；陕西省华阴市；台湾省花莲市及澳门特别行政区等，而以荷花为市花的这些城市中，都反映出各地的历史、文化、习俗、景色等差异。荷文化在园林中的应用，其中园林景题是重要的形式之一。园林水景中的荷花景题主要有匾额、楹联、屏风、中堂、石刻等。其素材广泛，装饰典雅，手法上以写实和写意为主，兼顾所长，其本身就是一种园林景观，具有极高的审美价值。随着我国城镇化建设的进程加快，房地产市场的需求仍处于增长势态。由于居民的消费观念发生变化，对所居住的环境质量要求逐步提升；同时，开发商注重企业品牌的意识也在不断增强。于是，推出新楼盘的园林地产广告，则成为媒体争夺追逐的焦点。在各地展示的园林地产广告中，除了建筑风格及户型设计外，庭园的绿色生态则是突出的重点，尤以荷花生态最为醒目。它反映了人们对荷花的喜爱，也是荷文化在现代园林中应用的一个缩影。

广东是中国改革开放的前沿阵地。30多年来，广东不仅成为全国的经济强省，而且在文化建设方面也处于领先水平。当全国的花卉事业迈向科学发展的春天时，荷花也沐浴着科学春天的阳光雨露在广东地区含苞欲放，而风景名城肇庆市则推选荷花为市花；到20世纪90年代，深圳市洪湖公园以荷花为主题，大力种植荷花、睡莲等水生植物，修复生态，改善环境，景色宜人，成绩卓著，且于1995年成功地举办了第9届全国荷花展览会，其意义重大，影响深远；自本世纪初，荷花及荷文化的发展在广东像雨后春笋般地蓬勃发展，一年一度的荷花文化艺术节在广州番禺莲花山风景区、佛山三水荷花世界、东莞桥头莲湖、中山得能湖公园等地正如火如荼地开展活动，这有力地推动广东地区荷花事业发展的同时，也促进了本地区荷文化的传承与创新。

园林建筑是为人们提供休憩、游乐、赏景之处所，其空间环境轻松活泼且富于情趣的艺术气氛。我国的园林建筑既丰富又多样，如厅、堂、轩、楼、阁、榭、舫、亭、廊等。通常筑于园之中心位置；或建于小丘之巅；或濒水而筑；或依势而曲；或掩映于藤萝之间，意境深邃，情趣横生；而园林建筑的造型或图案装饰也丰富多彩，有人物、山水、花卉、鱼鸟、兽虫等，其中许多饰有荷花图案，或荷花造型，成为园林景观中不可缺少的一部分。园林雕塑常以神话、传说、名人或动植物为题材，装饰和点缀园林水景，或者配合有主题的景点，深化主题。由此，雕塑（荷饰）因园林水景而生色，园林水景又因雕塑（荷饰）而升华。

我国荷花研究现状及发展前景

自共和国成立后，国家处于百废待兴。因而，当时荷花的研究工作尚未提到政府科研工作的议事日程。直至20世纪80年代，荷花的研究才步入正轨，由荷花的品种资源收集与整理到品种分类系统的建立；从品种改良到近千个新品种的选育；自全国荷花展览到地方各种型式的荷花节，这些都有力地推动了中国荷花事业的迅速发展，其前景辽阔壮观。

一、学术领军 事业奠基

谈到现代荷花的研究状况，这必然要与我国荷花界的领军人物、著名荷花专家王其超和张行言教授联系在一起。20世纪60年代初，王、张教授开始承担国家科委下达的荷花系统研究项目；1966年，他俩发表了《荷花品种的形态特征及生物学特性的初步观察》首篇论文[1]。由此，我国的荷花研究工作有了开端。后因十年浩劫，使刚起步的研究工作却停滞不前。直至1978年科学的春天来临，给荷花的研究又带来了新的希望。这时的王、张教授正沐浴在科学春天的阳光下，把全部精力和心血倾入到荷花品种资源的收集与整理、品种及种源演变考证、品种分类系统研究、品种改良和新品种选育等工作中，随之出版《荷花》（中国建筑工业出版社，1982）和《中国荷花品种图志》（中国建筑工业出版社，1989）。这两部荷花专著的出版，为当时的荷花栽培，尤其是荷花种植私营者提供了详细的技术指导；因而为中国荷花事业发展奠基了良好的基础。同时，还有倪学明等《中国莲》（科学出版社，1987）和邹秀文等《中国荷花》（金盾出版社，1989）出版。

二、诱变育种 异军突起

自20世纪80年代，荷花育种工作主要以人工杂交培育新品种，王其超和张行言教授等人选育了"东湖春晓"、"碧血丹心"、"天山碧台"、"红领巾"、"案头春"、"醉仙"、"满江

---

[1] 王其超，张行言. 怀念恩师陈俊愉院士[J]. 中国园林. 2012（8）: 6~7

红"等品种；也有诱变育种，如江西广昌白莲研究所采用1.5万伦琴γ射线选育的"赣辐大红"和湖南省农业科学研究所采用钴60辐照培育的"多子福心"等品种。到20世纪90年代，空间诱变育种异军突起，这是集航天技术、生物技术和育种技术于一体的农业育种新途径。1994年由江西广昌白莲研究所选送442粒白莲种子，首次搭载我国"940703"号返回式科学试验卫星。由此培育出"太空1号"、"太空2号"、"太空3号"、"太空36号"等品种；又于2002年和2004年进行了第二次和第三次搭载，也获得了良好的选育效果。随后，重庆大足雅美佳水生花卉园等单位通过空间诱变培育出"太空红旗"、"宝珠观音"、"笛女"等品种，其性状特征更优于母本。

步入21世纪，又兴起一种由离子注射的诱变育种[1]，这新而快的育种方法，则加快了荷花育种的步伐。由谢克强教授等人选育的"清波玉环"、"碧水芙蓉"、"翠荷红颜"；杨雄选育的"离久"、"离红"；李鹏飞选育的"小星红"、"太阳红"等品种，这些离子注射的荷花新品，与母本比较，色泽更艳丽，姿容更秀美。

随着高新技术的迅速发展，利用转基因技术培育抗逆性新品种，已趋规模化。据国内外报导，对新疆天山高寒地区生长的雪莲抗冰冻蛋白基因导入棉花、小麦、水稻、玉米等作物获得抗寒（或抗虫）等新品种获得成功。目前也有人拟将东北长白山生长的岩高兰、对开蕨等常绿高寒植物为克隆抗寒基因，建立一种通用高效快速的荷花转基因技术体系，企图获得荷花抗寒转基因新种质，可见冬日赏荷的愿景，便指日可待。

三、全国荷展 独树一帜

据张行言、王其超《荷花》所述[2]："花卉展览集中地给人以自然美和人工美的高级文化艺术

图1 第二十三届全国荷花展览会暨拙政园建园五百年庆典场景

---

[1] 谢克强等.离子注入对白莲的诱变效应及优良单株选育[A].王其超主编.舒红集[C].2006.P.45~49
[2] 张行言，王其超.荷花 [M].上海：上海科学技术出版社，1998.

享受。从1987年始中国花卉协会荷花分会在济南市组办首届全国荷展成功后，至1996年连续组办全国性的大规模的各具特色的荷花展览，10年不断。这在中国名花花展中绝无仅有，为中国花卉发展史谱写了一页五彩斑斓的篇章。"这是作者十多年前描写的。如今全国荷展连续举办了27届，且届届精彩纷呈。为何全国荷展在众多名花展览中独占鳌头？其特点在于，首先，荷花在少花季节的盛夏开放，可填补花展之闲时；再则，筹展时间短，见效快；还有投资成本少，社会效益好。因而，自1987年以来，中国花协荷花分会与地方政府联合办展，如济南、武汉、北京、合肥、上海、成都、杭州、深圳、苏州、昆明、南戴河、青岛、澳门、衡阳、三水、扬州、东莞、大连、重庆、莲花（江西）等20座大中城市，其中济南、武汉、北京、合肥、上海、杭州、苏州、青岛、澳门、东莞等城市举办过多次，其发展势头如日中天，方兴未艾。它有力地推动了中国荷花事业的迅速发展（图1）。

四、湿地旅游 荷花热点

湿地旅游是当今农业生态旅游的热门话题，而荷花湿地旅游又是其中的热点。继全国荷展之后，大江南北许多地方政府利用当地的荷花资源优势，年年举办别开生面的荷花节（或莲花节或莲藕节），其实就是荷花湿地旅游。这种以荷花节的形式促进荷花湿地旅游，其内容丰富，形式多样；有政府行为，也有企业行为，但目的只有一个，即促进当地的经济发展，使之获得良好的社会效益、环境效益和经济效益。如位于河北安新县境内的白洋淀，其水域面积366平方公里，为华北平原最大的淡水湖。以千亩连片的荷花淀和大面积的芦苇荡而闻名，水产资源丰富，鱼鸟百种有余，素有华北明珠之称及重要的荷花湿地。而位于山东南部的微山湖，南北长120公里，东西最宽处达25公里，水域面积达1 266平方公里。南湖属滕州市所管，北湖则由济宁市所辖，称为中

图2 山东济宁北湖荷花景观（杨同梅提供）

国之荷都。近十年来，山东"滕州湿地红荷节"叫响了大半个中国，成为全国著名的荷花旅游湿地。此外，还有湖北的洪湖，湖南的洞庭湖等都是有影响力的荷花旅游湿地，这些地方的荷花湿地，虽历史文化背景不同，湿地风光也各具千秋，但使游人走进湿地，热爱自然，享受野趣的心情则一致（图2）。

利用荷花湿地，开发旅游资源，促进当地的经济发展，各地地方政府想方设法，施展各自的绝招。如子莲之乡江西广昌、福建建宁、湖南湘潭等地，以生产子莲为特色，年年举办莲花节；莲藕之乡江苏金湖和宝应、武汉蔡甸等地，借莲藕资源举办莲花节，均产生了良好的社会效益、环境效益和经济效益。

五、学术会议　频繁交流

中国花卉协会荷花分会与各地地方政府联合举办全国荷会（荷花展览会）的同时，都要主办一次年会，组织会员对荷花栽培育种、生产管理及病虫害防治等方面进行学术交流，不断总结经验，磋商技艺，沟通信息。随着改革开放逐渐深入，国际交流日益频繁，这种年会交流形式已远不能满足荷花事业迅速发展的需求，于是荷花分会自2004年在江苏扬州举办第十八届全国荷会时，即主办首届国际荷花学术研讨会。至今，这样国际性的荷花学术研讨会已办了9届，邀请俄罗斯、泰国、日本、韩国、澳大利亚、美国、塞浦路斯等国的荷界友好人士出席。在研讨会上作学术报告的这些外国爱莲朋友中，有许多人或在国际上、或在本国都是颇有声望的学术权威及专家学者，因而他（她）们的学术交流，深得与会者的赞赏（图3）。

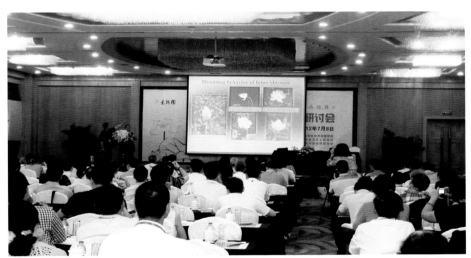

图3　2012年在上海主办第九届国际荷花学术研讨会

总结近几年国际荷花学术研讨会所交流的学术内容，主要从荷花科研、荷花文化、荷花产业等方面进行交流。研讨会还注重荷花基础理论和国外荷花种质资源研究，如刘青、刘青林《基于数量分类学的荷花品种建立及其分类》、陈芸芸、黄上志《荷花品种的ISSR分析及"三水冬荷"的耐寒性研究》、塔·阿·卢波措娃《卡马罗夫莲（*Nelumbo komarovii* Grossh.）在俄罗斯阿穆尔河流域的保护及动态》等数十篇论文，丰富了中国荷花的深入研究及促进了中国荷花事业的迅速发展。

六、 荷花产业 民营领跑

从某种程度上讲，荷花民营企业成为中国荷花事业发展的源动力及主力军作用。20世纪80年代初，是我国改革开放时期，这给敢为人先的有志之士带来机遇。1986年南京市江浦县青年农民丁跃生从100粒莲子起家，通过二十多年的艰苦奋斗，创建南京艺莲苑，现在发展成为在全国具一定规模且有影响力的荷花民营企业；而丁跃生也凭着自己的实力当上中国花协荷花分会副会长。丁跃生的成功范例，中国花协荷花分会原秘书长王广业在《荷花企业科学发展之路》一文中，将其归纳10大特点[1]："一是发掘荷文化内涵的创新路；二是率先步入并坚持产学研一体化的创新路；三是挑战网络信息的创新路；四是冲启境外市场走特色创汇农业的创新路；五是填补空白，建立水生花卉企业标准的创新路；六是建立客户档案，坚持回访配套服务的创新路；七是改革耕作制度，发明水生旱作的创新路；八是关注可持续发展，建立民营水生花卉种质资源圃的创新路；九是发挥资源优势与社区和谐发展的创新路；十是自力更生，自筹资金稳步发展的创新路。"在全国范围内，象丁跃生同样的企业，还有陶德均的重庆大足雅美佳有限公司，张秋君的浙江宁波莲苑有限公司，崔建平的河北廊坊莲韵苑有限公司，陈煜初的杭州天景水生植物园，李静的江苏盐城爱莲水生花卉苑；柳兆中的安徽临泉映日荷花科技开发有限公司等数十家。可以说，这些荷花民营企业为中国荷花事业的发展，其功不可没。

七、 荷花事业 前景广阔

由于荷花全身是宝，利用价值高，经济效益亦大，按其应用途径，可分为花莲、子莲和藕莲。如今，荷花这三种类型已形成了中国生态农业的三大支柱产业链，正越来越发挥良好的社会效益、环境效益和经济效益，具有十分广阔的应用前景。

在我国十大传统名花中，荷花所产生的效益为其他传统名花之冠。目前为止，花莲的品种已达800多个，广泛应用于园林水景中，尤其是各地荷花湿地旅游资源的开发利用，为花莲品种开辟了新的用途。花莲除提供种源能直接换取货币，主要是通过园林应用，如门票收入、第三产业等间接地获取经济效益。如重庆大足雅美佳水生花卉有限公司看准大足石刻的旅游商机，充分利用这一得天独厚的区位优势，以荷花为媒介，利用荷塘的优美自然的景色为载体，带动茗茶、饮食、度假、休闲山庄的发展。荷花成了举足轻重的产业中枢，从1995年建园开始，投资800多万元，占地480亩，种植珍贵荷花、睡莲350多个品种，公司以景色迷人的荷花为标志，举世闻名的大足石刻为依托，创建国内首家星级农家乐园—荷花山庄；并建立科技含量高，全国最大的田园式荷花品种基地复隆荷花园。由此形成了生态野趣，民情民风为特色，大型立体观光农业园为中心，荷文化为内涵，现代旅游为主导的旅游度假胜地。随着农村文化生活水平不断提高，碗莲广泛走进农家小院，越来越

---

[1] 高立鹏.荷花,距离产业化有多远 [J].中国花卉园艺.2003 (16)：28~31

受到百姓的重视。据杨玉凤《盆栽荷花为何能走红市场》报告[1]："今年的第七届全国园林花木信息交流会上，一种花色艳丽、花型丰富的盆栽荷花引起广大苗木花卉爱好者的极大兴趣。这种盆栽荷花在自然条件下，经3个月生长，即可抽蕾开花。因这种盆栽荷花结束了千百年来人们只能在野外观荷的历史，而成为花中的新贵。碗莲种藕繁殖能力强，在水田中每株可分藕20株以上，在盆中可分藕4～6株；从5月下旬到9月下旬均为观花期。碗莲珍品种藕每株价在10～20元，碗莲盆花每盆在50元至上百元不等。睡莲每株苗售价最低6元以上。观花，售花或繁殖苗木同时进行，春季投资数百元，当年获利非常可观。"

子莲在江西广昌、福建建宁、湖南湘潭等地形成了当地生态农业的支柱产业。据黄念曾《广昌放飞通芯白莲的梦想》所述[2]：江西广昌"以20世纪80年代前拥有的'广昌白莲'、'广昌百叶莲'两个传统品种为基础，从全国各地引进子莲新品种开展杂交育种选出赣莲系列3个主要新品种为20世纪80年代后期90年代中期的当家品种，90年代中期在国内首次利用航天诱变育种技术选育的'太空莲'系列品种不仅在全县上下引起巨大反响，湖北，浙江，江苏，安徽的子莲地区都争相来此引种，在全国扩繁推广200多万亩。20世纪初又开始离子注入新品种选育，京广系列白莲新品种又铺满全县，广昌白莲品牌除了稳定8万亩的总量生产外，又订立了在白莲生产重点村还要建立白莲良种繁育基地1 000亩，繁育优质莲种200万株。"目前，广昌有白莲系列开发企业20余家，产品有通芯白莲、荷叶茶、莲藕粉、莲子汁、莲芯茶、莲蓉、月饼等，年产值仅在2亿元左右，尤其是广昌莲香食品有限公司的莲藕粉生产线生产的袋装枸杞藕粉已出口远销日本等海外地区，藕粉产量约占全国藕粉产量的60%，是我国最大的莲藕粉生产基地。荷叶茶借鉴茶叶的生产工艺、叶形、叶色、口感都称得上是当今荷叶茶的亮点。

藕莲在荷花企业中属最大的支柱产业，全国种藕面积达67万亩，居世界第一。如湖北孝感、蔡甸、洪湖；江苏宝应、金湖；安徽焦岗；湖南岳阳等地都是著名的莲藕之乡。从20世纪90年代起，我国开始进一步扩大莲藕种植面积，加大莲藕育种选种、种植、保鲜及深加工等方面科技投入。随着种植加工技术的不断提高，除了原有的原藕、袋装藕、藕粉等传统型加工食品，现又衍生出以罐装藕汤、鲜藕汁、藕点心、荷叶茶、荷花蜂蜜、荷花粉、鲜藕面条为代表的一百多种莲藕新型加工食品，深受国内外顾客朋友欢迎，海外销售额更是连年大幅上涨，产品远销美国、德国、法国、加拿大、澳大利亚、韩国、日本等十余个国家，不断创下莲藕产品出口的外汇新高。据邱艳《蔡甸莲藕产业化发展与对策研究》述及[3]："蔡甸区莲藕拥有十几个高产品种，早、中、迟熟莲藕品种兼备，一年的12个月中，11个月都有莲藕上市，极大地填补了国内其他莲藕产区的上市空白；蔡甸在全国首创了'大棚早熟莲藕栽培技术'、'莲藕双巷栽培技术'等一系列莲藕种植的高新技术；同时还探索出了莲藕＋水稻、莲藕＋水芹、莲藕＋鱼、莲藕＋食用薯尖、莲藕＋荸荠等高产套种模式，形成了具有地区特点的先进栽培体系；并且建立了标准化的莲藕种苗繁育示范基地，引进筛选出

[1] 杨玉凤. 盆栽荷花为何能走红市场[J]. 吉林农业，2003, (06)

[2] 黄念曾. 广昌放飞通芯白莲的梦想[J/OL]. 中华园林，http://www.yuanlin365.com

[3] 邱艳. 蔡甸莲藕产业化发展与对策研究 [D].武汉: 华中师范大学, 2010

了77种莲藕、籽莲、观赏莲品种,建立了100亩的品种比较园,400亩莲藕科技示范园,5000亩的种苗繁育基地,年可提供优质莲藕种苗750万公斤,为国内其他省市的莲藕种植提供了最先进的种植技术和优质高产的种苗。"2010年江苏金湖莲藕带动相关产业,发展农民年增收可达15个亿[1]。目前,金湖荷花莲藕种植面积近10万亩。近年按照"合作社+基地+农户"的模式,同时吸引外资大企业入驻荷藕产业,使荷藕翻倍增值,出售鲜莲蓬300多万只,出售成熟莲子60,000多斤,销售收入达600多万元。每年生产荷藕15万吨,其旅游的拉动,诸如荷花茶、荷叶茶、藕粉等衍生产品,为全县GDP贡献将近6个亿。

[1].孙晓燕等. 荷韵流芳的江淮明珠 [N]. 淮安日报,2009-7-8

近现代以荷花为市花的城市
文化历史背景

评选国花和市花，这是表达中国人民的一种情感，寄托中华民族的一种理想，也代表着国家的一种荣誉。世界各国各城市都选有国花和市花。那么，我国的国花是什么花？相传唐代以牡丹为国花，故有"唯有牡丹真国色，花开时节动京城"之绝句。据史料记载，民国初期，曾在评选国花和市花的活动时，推举梅花，却未果；而评选市花中，荷花为宁波市的市花，同时又是上海市市花的候选花之一。共和国成立后，自20世纪80年代以来，全国才开展国花、市花的评选活动。同样，推举梅花、牡丹为国花候选，至今也尚没定论。而各地市花的评选却一直很活跃，推选荷花为市花的城市也有不少，在选荷花为市花的这些城市中，其历史文化、风俗习惯、景观特色均不尽相同。正如王其超教授所言[1]："这些城市和特区的历史渊源、民风习俗、情操陶冶无不与荷花息息相关。尽管这些城市遥隔数千里，发展的道路各异，然而人们对荷花的喜悦心情却一脉相承，只是情韵别样。"

一、近代评选国花和市花综述

据刘作忠《中国近代的国花与市花小史》述及[2]："1928年，国民革命军统一全国后，国际交往频繁，各国皆有国花，唯中国独无，选择国花逐渐被提上议事日程。一些文人雅士闻讯，纷纷撰文于报刊，积极参与其中：有建议兰花、有建议牡丹、有建议稻花、有建议莲花、有建议梅花，等等。"民国初期，也有人推举荷花为国花的候选，可见荷花在百姓心中的喜爱程度。1929 年1月28日，中国国民党第二届中央常务委员会第193次会议，讨论选定国花案时，审查结果则"以梅花、菊花及牡丹三种中，似可择一为国花之选"。同年3月21日下午，中国国民党第三次全国代表大会第七次会议，出席会议的代表有223人，中央执监委员12人，列席代表27人。可是，出席会议的代表针对三种名花仍争论不休。后因"湘案"之故，使得"国花案"未获通过。

在评选国花的同时，各地也在评选市花，推选荷花为市花候选的城市，就有上海市、苏州市和

[1] 王其超等.中国荷花品种图志·续志 [M].北京：中国建筑工业出版社，1999：65

[2] 刘作忠.中国近代的国花与市花小史 [J].文史春秋，2001（4）：77~78

宁波市。据刘作忠引自《申报》所述[1]：上海市社会局第19次局务会议议决："以莲花、月季、天竹三者之一为本市市花，不日呈请市长择一鉴定。"后采取向市民公开征求意见、市民投票评选的办法。其结果：棉花5 496 张，莲花3 306 张，天竹3 316 张，月季3 176 张，牡丹1 546 张，桂花50 张。最后确定棉花为上海市的市花。苏州市评选市花时，由著名文学团体一星社同仁雅集，"以苏州即设市府，改进市政，则市花问题亟待商榷，各抒所见"。在苏州的文人雅士中，蒋吟秋"主菊"，程瞻庐"主莲"，双方争执不下[2]。"主莲"的理由：因苏州城葑门外十里莲塘，久负盛名。但邓尉梅林，也闻名于世，则有人"主梅"。可惜，后来却均无下文。1929年春，宁波市政府宣布，以莲花为宁波市的市花。时人评论："宁波人冲风犯浪，远达重洋，全国各通商口岸，莫不有甬人之踪迹……，宁波人可称为亚洲之挪威人，因其有冒险之精神也。以莲为市花，足以显示宁波人习于海洋之生活，若以碧海不可须臾离者，有如莲之亭亭净植于水中焉。"[3]。最后，只有宁波市评选荷花为市花。

二、 现代以荷花为市花的城市

20世纪80年代，全国陆续开展市花的评选活动。以荷花为市花的城市就有山东省济南市、济宁市、滕州市；湖北省洪湖市、孝感市；河南省许昌市；广东省肇庆市；江西省九江市、广昌县；河北省衡水市；广西壮族自治区贵港市；陕西省华阴市及澳门特别行政区等，而选荷花为市花的这些城市中，其历史、文化、习俗、景色等都有所差异。而王其超教授在《中国荷花品种图志·续志》中"荷花与市花、区花"一节，作过较详细地述说[4]。为此，笔者对这13座城市（包含行政特区、县）再作一简述。

济南市：1986年，济南市人大常委会第9届第20次会议，通过荷花为济南的市花。为何把荷花定为济南市的市花？"四面荷花三面柳，一城山色半城湖"，这正是济南大明湖荷景的真实写照。济南人自古就喜爱荷花。唐宋时期，济南市郊的湖畔沼泽、田间池塘广植荷花，故大明湖就有"莲子湖"之称。古时，济南曾每年两度举办荷花节：一次为农历六月二十四日迎荷花神节；另一次为七月三十日送荷花神节(即盂兰盆会)。民间还有许多荷花食饮，如炸荷花、荷叶粥、荷叶肉等；尤其是碧筒饮，据唐段成式《酉阳杂俎》云[5]："历城北有使君林(今济南大明湖北园一带)，魏正始(公历240年至249年)中，郑公悫'三伏之际，每率宾僚逃暑于此，取大莲叶置砚格上，盛酒三升，以簪刺叶，令与柄通，屈茎上轮菌如象鼻，传系之，名为'碧筒杯''。而碧筒饮的发明者也是济南人。清代山东著名文学家蒲松龄在《聊斋志异》中[6]，有一篇《寒月芙蓉》描写隆冬时节，大明湖上"荷叶满塘"，且"万枝千朵，一齐都开，朔风吹来，荷香沁脑"。 蒲

[1] 刘作忠. 中国近代国花与市花评选活动 [J]. 钟山风雨，2006（2）：14～15
[2] 蒋吟秋. 苏州市花谈 [N]. 申报，1929-3-7
[3] 刘作忠. 民国时期的国花与市花 [J]. 文史精华，2000（11）
[4] 王其超等. 中国荷花品种图志·续志 [M]. 北京：中国建筑工业出版社，1999：65～67
[5] 段成式撰，许逸民注评. 酉阳杂俎 [M]. 北京：学苑出版社，2001
[6] 牛远飞. 济南明年起将启用新市标 气韵生动有特色 [N]. 大众日报，2008-12-31

图1 济南市大明湖荷花景观

松龄对大明湖违背荷花生长时令的构想，为现代人探索培育冬日荷花开花新品种，提供了科学依据。此外，荷花作为济南市的市花，并推出了市花"和和"的形象标识，借谐音寓意着"和谐社会"，表达人们的美好祝福（图1）。

济宁市：1990年，济宁市人大常委会第11届第17次会议，通过荷花为济宁的市花。济宁选荷花为市花，有其悠久的历史和文化背景。济宁，是孔孟之乡，又是儒家文化的发源地。追根溯源，相传由孔子编纂的《诗经》记有[1]："山有扶苏，隰有荷华"和"彼泽之陂，有蒲与荷"之句。而《论语》中[2]："礼之用，和为贵"。儒家的这句古训由现代人与荷组合加以延伸，则为"荷和为贵"及"和荷天下"，正迎合了当前倡导"和谐社会"的美好愿望。微山湖小北湖由济宁市所辖，为了合理开发微山湖荷花湿地旅游资源，近年市政府斥资修复小北湖的荷花湿地生态，且取得显著效果。为济宁人爱荷赏荷提供了优雅休闲的场所（图2）。

[1] 程俊英. 诗经译注[M]. 上海：上海古籍出版社，1985：152～248

[2] [春秋] 孔子著，论语[M]. 沈阳：万卷出版公司，2008：8～9

图2 济宁市微山湖荷花景观（杨同梅提供）

滕州市：2010年由滕州市文明委员会办公室负责，在全市范围内开展市花的评选活动。通过广大市民参与评选，荷花得票率为90.5%，且当选滕州市市花。这进一步激发滕州人热爱家乡、建设家乡的热情；对于深入挖掘滕州历史文化内涵，培育城市人文精神，促进人与自然和谐发展，提升滕州城市的形象、品位和知名度，而不断加快生态滕州、文明滕州和幸福滕州建设步伐，将发挥积极的作用。滕州红荷湿地达到10万余亩，是华东地区面积最大、原始生态保存良好及最佳的红荷湿地景观。滕州又是墨子、毛遂、鲁班等古代名人的故乡，其历史悠久，名贤倍出，文化旅游资源丰富；选举"花中君子"荷花为市花，使得这一方热土更具有感染力（图3）。

图3 滕州市红荷湿地景观

　　孝感市：20世纪80年代，孝感市人大常委会通过荷花为孝感市的市花，有其悠久的历史文化背景。孝感因东汉孝子董永卖身葬父，行孝感动天地而得名；孝感的地方特色以盛产莲藕闻名海内外。相传，公元960年，赵匡胤登上大宋朝的开国皇帝后，还经常回味当年吃孝感莲藕之往事，并赞誉[1]："豆油藕卷肴，兼备美酒好。落肚体通泰，今朝愁顿消。"往事越千年，时过境迁。在"宋太祖沽酒处"石碑上题曰："高馆临湖旧业荒，青帘市岸指垂扬，金舆玉辇无消息，犹想当年酒瓮香。"而"西湖酒馆"也是旧时孝感八景之一。宋太祖吃孝感莲藕的故事，为这一方百姓带来了种植莲藕的福音。如今，孝感地区各县、乡、村几乎家家户户都种植莲藕，享有名符其实的"莲藕之都"（图4）。

图4　孝感市荷花与七仙女之景

　　许昌市：许昌素有"荷花城"之美称。史籍载，宋时已大规模种植荷花，城内城外绿水泱泱，芙蓉连片。苏东坡曾把许昌的西湖与杭州的西湖媲美。而明代洪武年间(1386-1398年)，知州陈霖在城内遍植荷花，夏秋之际，护城河和小西湖沿岸，杨柳绿枝随风摇曳，与满池荷花红绿交映，风景如画；后来，知州邵宝任职期间，又环壕植荷。降至清乾隆十年，《许州志》才始见"许昌十景"。而知州甄汝舟对"许昌十景"更是吟诗赞美，其中"西湖莲舫"云[2]："一片波光散晓烟，红衣馥馥翠田田；州城宛在芙蓉在，何用兰桡拨画船？"20世纪80～90年代，许昌人为了缅怀先辈们筑建的"荷花城"，对现有护城河进行全面的综合治理，然遍植荷花；如今，河岸上矗立的荷仙女与河上碧盖红蕾相映，又再现了"十里荷花，江湖极目"的壮丽美景。于是，20世纪80年代市人大推选荷花为许昌市的市花（图5）。

　　[1] 无名氏.孝感县志 [M].线装本：清康熙
　　[2] 许昌县地方志编委会.许昌县志 [M].郑州：中州古籍出版社，

图5 许昌市护城河荷花景观

洪湖市：1991年，洪湖市人大常委会第二届第四次会议，通过荷花为洪湖市的市花。洪湖是贺龙元帅等老一辈无产阶级革命家曾战斗过的地方，一曲"洪湖水，浪打浪，洪湖岸边是家乡。……四处野鸭和菱藕，秋收满帆稻谷香，人人都说天堂美，怎比我洪湖鱼米乡。"反映了当年湘鄂西革命根据地的游击队员和革命群众，以菱藕为食粮在洪湖荷荡苇丛中打游击的情景。如今，湘鄂西苏维埃省政府旧址瞿家湾，利用荷花湿地资源，开展红色旅游，为方圆百里的群众开辟一方爱国主义教育基地和赏荷胜景（图6）。

图6 洪湖市荷花原生态景观

肇庆市：1986年，市人大常委会通过荷花为肇庆市的市花。肇庆人评选荷花为市花，有其悠久的历史文化背景。自宋代以来，"宝月荷香"是"端城十景"和"肇庆八景"之一，素有"宝月台榭万荷香"之盛誉。当时沥湖（今星湖）蒲苇丛深，红荷遍布，景色迷人。故明代举人梁敏《沥湖采莲曲》吟[1]："放莲船，采莲花，星岩东去是侬家，罗裙绮袖披明霞。"生动地描绘了采莲女在沥湖采莲时的欢乐情景。后来，清代袁枚游肇庆星湖也留下"绿荷万顷，遥风送香"之诗句。 如今，宝月台塘占地面积32亩，一望无际，且充满诗情画意。夏日清风习习，荷香袭人，古树参天，那环湖的古榕与菩提树均为百年寿星；而宝月公园的浓荫与宝月湖的荷风，隔绝了闹市的喧嚣，城区中心能有这样一处净土，真十分难得。肇庆人对荷花特别钟情，无论酒楼饭馆，还是百姓的家庭餐桌，将荷花烹调成各式各样的菜肴或点心，如"荷叶蒸白鳝"、"椒盐炒藕片"、"荷花蛇羹"、"香煎藕饼"等数十种之多。因而，肇庆人民爱荷、种荷、食荷、赏荷的传统习俗，为这座美丽的风景旅游城市，进一步提升了文化品位（图7）。

图7 肇庆市荷花景观

九江市：2007年6月，九江市经半年多的征集和评选市花，在候选花卉的选票中，共获24 660张，其中荷花获得选票18 990张，占总票数的77%。并经市人大常委会通过，确定荷花为九江市的市花。九江市评选荷花为市花，其渊源颇深，如山有莲花峰，洞有莲花洞，绝作有《爱莲说》，庙有莲花驿寺，池有莲花池。自从宋代理学鼻祖周敦颐的《爱莲说》问世后，荷花那"出泥不染"的高尚品格，则成为世间道德规范之化身；还有唐代造园大师白居易曾在庐山香炉峰附近营建草堂，且筑池植荷，留下《东林寺白莲》之名诗；而著名的"白莲教"也诞生于匡庐。所以，

[1] 陈奕康.肇庆荷花与莲传统美食 [J].花木盆景，2000（7）：41

图8　九江市荷花景观

九江市的荷文化底蕴非常丰厚；她反映了九江市"融汇九川、敢为人先、勇创实干、追求卓越"的城市精神风貌（图8、图9）。

图9　位于九江星子县城区的
"爱莲池"之景

　　广昌县： 位于武夷山西麓的广昌，峰峦叠翠，盱源流长；荷花映日，莲叶接天，且盛产白莲。在1612平方公里的大地上，拼接成一幅"美丽中国——白莲之乡"的优美画卷。广昌栽培白莲的历史悠久，据清同治《广昌县志》载[1]："白莲池在县西南五十里，唐仪凤年间，居人曾延种红莲，

[1] 符镇国主编.广昌莲文化 [M].上海：上海人民美术出版社，2006：11

图10 广昌县"中国白莲之乡"景观

其中数载变为白,于白莲中得金观音像,后一年,白莲又变为碧。"为了发展白莲产业,广昌县的科技人员率先培育出太空莲,影响海内外。广昌人推选莲花为县花,并举办国际莲花节,让白莲产业与农业生态旅游活动结合起来,以莲为媒,以节会友,促进经济交往,推动文化交流,加快广昌县"建区域强县,创国际莲乡"的步伐,充分展示广昌历史文化名城的精神风貌(图10)。

衡水市:2009年3月,衡水市开展市花评选活动,以电话、网络、信函、电子邮件、短信等形式

图11 衡水市荷花景观

推选，共获得40余万张选票，最终以荷花和桃花当选衡水市市花，并经市人大常委会通过确认。著名的衡水湖湿地属国家级自然保护区，总面积220平方公里。悠久的历史孕育着灿烂的历史文化。相传，大禹治水时，在衡水湖处掘了一铲土，从而留下了这片美丽的湖泊。据调查研究报导，衡水湖有荷花、芦苇、香蒲、水葱等数十种水生植物；且发现丹顶鹤、白鹤、黑鹳、大天鹅、小天鹅、鸳鸯等296种鸟类资源。可见，衡水人选荷花为市花，进一步开发衡水湖的旅游资源，造福一方百姓，其意义深远重大（图11）。

贵港市：据《贵县志》（民国23年）载：贵县东侧的"东湖一名东井塘，又名路云塘，俗称大塘，在县东一里与莲塘隔桥相望，湖广约四里，水木明瑟，风景幽静，夏时游者云集，不独为邑名胜，在西江上游亦推此湖为最巨。"现为东湖公园，总面积744.5亩，其中湖水面积就占688亩。每逢夏秋之际，芙蓉出水，碧叶连天，荷花映日，香飘满城；且秋冬之后，莲藕丰收，香甜藕粉，远销海外。"莲塘夜雨"为原贵县八景之一，贵县历称荷城，故荷花也理所当然地尊为贵港市的市花（图12）。

图12 贵港市东湖荷花景观

华阴市：2006年，经华阴市第十五届人大四次会议通过，确定荷花为华阴市市花。据史籍记载，华阴市的历史文化悠久且灿烂。著名的西岳华山状若莲花，故称莲花山；而华山西峰亦称莲花峰。故唐代韩愈《古意》诗云："太华峰头玉井莲，开花十丈藕如船"，一直被后世传唱不衰。如今的华阴人借题发挥，推选荷花为市花，其目的：一是弘扬荷文化，以荷花那"出淤泥而不染，濯清涟而不妖"的情操自勉；二是全力打造中国西部旅游休闲之都。当前，各乡镇的干部群众在市区水域，广植荷花，筑置荷花雕塑，举办荷花节；并做到人人有责，人人参与，有力宣传推广市花，使市花真正成为华阴人的"形象大使"（图13）。

图13 华阴市荷花景观及荷花节表演仪式

澳门特别行政区：澳门特别行政区的区旗是绘有五星、莲花、大桥、海水图案的绿色旗帜。含苞待放的莲花是澳门居民喜爱的花卉，既与澳门旧称"莲花地"、"莲花茎"、"莲峰山"相关，又寓意澳门将来的兴旺发展；3个花瓣表示澳门由澳门半岛和氹仔、路环两附属岛屿组成；莲花、大桥和海水，则象征着澳门的自然地理特点和自然景观。王其超教授引清《澳门纪略》述[1]："出南门不数里为莲花茎，即所谓一径可达者。前山、澳山对峙于海南北。茎以一沙堤亘其间，径十里，广五、六丈。茎尽处有山拔起，附萼连蜷，曰莲花山。茎从山而名也。"澳门人以赏荷为乐，回归祖国后，年年举办荷花节，以荷花迎送八方游客（图14、图15）。

图14 澳门特别行政区之荷景

图15 澳门卢园荷景

[1]王其超等.中国荷花品种图志·续志[M].北京：中国建筑工业出版社，1999：66~67

园林中荷花景题的文化内涵及审美特征

有关园林景题之论述，各类期刊发表甚多。有的描述园林景题的起源和发展；有的论及景题的形式及演变；但也有的阐释景题的文化内涵与意境，且对中国园林景题均作了系统的梳理和研究。为此，笔者就园林中荷花景观题名的重要性、文化涵义及审美特征等，则浅述一二。

一、园林景观题名的重要意义

在园林景观中，景题作为一种普遍使用的点景手法，是中国园林所特有的构成要素。古人认为，没有题名的景观是没有生命力的，也是不完整的，如《红楼梦》中贾政所述[1]："偌大景致，若干亭榭，无字题标，也觉寥落无趣，仁是化山柳水，也断不能生色。"故以匾额、楹联、碑刻等形式来点染景物，则成为渲染园林中的文化气氛、营造意境的重要手段。

著名园林专家陈从周教授在《说园》中也指出[2]："过去有些园名，如寒碧山庄、梅园、网师园，都可顾名思义。园内的特色是白皮松、梅、水，尽人皆知；西湖十景，更是佳例。亭榭之额真是赏景的说明书。"正是这些"赏景的说明书"则起到了给游人指路、导向的功能。因此，借鉴我国古典园林景题之艺术手法，加强园林中荷花景观的题名，方便游人；同时，也会起到突出园林意境的作用，提升其文化品味，具有重要的现实意义。

二、在园林中荷花景题表现的形式及手法

我国古典园林景题的形式，主要有匾额、楹联、屏风、中堂、石刻等。其素材广泛，装饰典雅，手法上以写实和写意为主，兼顾所长；而匾额、楹联、石刻等，其本身就是一种园林景观，具有极高的审美价值。由于我国现代荷花事业的迅速发展，荷文化在园林水景中的应用也十分普遍，故全国各地的赏荷风景区中有关荷花景题，也就比比皆是，其形式和手法亦有所异同。

[1] 曹雪芹，高鹗. 红楼梦[M]. 长沙：岳麓书社. 1987
[2] 陈从周. 说园[M]. 上海：同济大学出版社. 1984

荷花匾额：荷花匾额审美有其独特的意义，有人认为[1]："在谈论景题的寓意和意境的同时，我们不应忘记景题本身就是园林中的重要装饰元素，景题正如人之须眉，是不可或缺的点缀品。"说明园林景名在造园中具有重要的组成部分。若匾联制作得精，题名处选得妙，自然也增添了荷花景题的审美效果。

苏州拙政园是江南赏荷名胜，园中有多处荷花匾额，如"芙蓉榭"、"荷风四面亭"、"远香堂"、"留听阁"及怡园的"藕香榭"等。如芙蓉榭匾额由明代"吴中四才子"之一的文徵明所题，因池中广植荷花，岸边垂柳婀娜飘逸，为夏日赏荷最佳处；荷风四面亭：炎炎夏月，亭四周皆植荷，柄柄碧盖挺立，艳荷绚丽多彩，景致幽雅，美不胜收（图1/a、b、c）。

还有苏州怡园的藕香榭，筑于怡园西侧，北面主厅悬"藕香榭"匾额，亦名荷花厅。池中植莲，红白相间，夏风吹过，藕香四溢（图2）。无锡愚公谷的荷轩，轩名由当代著名画家吴作人所书。池中绿盖如云，朵朵芙蕖，随风摇曳，清香飘逸。夏日凭栏赏荷，别有"红荷绿叶满清池，山影岚光绝妙姿"之感。济南大明湖的"听荷"，在大明湖北岸有一"雨荷亭"，亭的外院挂有"听荷"匾额（图3）。"听荷"有何文化含义？传说与乾隆皇帝有关。成都桂湖公园以夏荷秋桂为特色，夏末秋初，正是朱荷绚丽，清香远溢；丹桂吐蕊，斗艳争香之际，积荷香桂香于一园，故存"荷桂留香"景题（图4）。深圳洪湖公园的"清涟"匾额，也出自《爱莲说》中"濯清涟而不妖"之句。亭下朵朵红荷含苞欲放，阵阵碧波泛起涟漪，景题与荷景互为映衬，其意境深邃，文化内涵丰富，别饶情趣（图5）。

图1/a 苏州拙政园"远香堂"匾额

图1/b 苏州拙政园"荷风四面"匾额

图1/c 苏州拙政园"留听阁"匾额

图2 北京大观园"藕香榭"匾额

[1] 王晓明等. 深圳公园景名的文化涵义及审美特征[J]. 风景园林·增刊. 2008: 115~118

图3 济南大明湖"听荷"匾额　　　　　　　　图4 成都桂湖公园"荷桂留香"匾额

图5 深圳洪湖公园"清涟"匾额

荷花楹联：楹联是由两个工整对偶语句构成。其基本特征是字数相等，字调相对；词性相近，句法相合；语句相似；语义相关，语势相当。楹联是我国特有的文学形式之一，它与书法的美妙结合，又成中华民族绚烂多彩的艺术独创。

在我国南北各地赏荷景点中，荷花楹联甚多。如济南大明湖历下亭名士轩楹联[1]："杨柳春风万方极乐，芙蕖秋月一片大明"，由当代大诗人、书法家郭沫若所题（图6）。描绘了大明湖绿柳柔美，春风坦荡，红荷艳丽，秋月明媚的秀美景色。小沧浪之景因效法苏州沧浪亭风韵而筑，位于铁公祠内，在铁公祠西门两侧楹联[2]："四面荷花三面柳，一城山色半城湖"。此联由清代大书法家铁保所书（图7），准确地概括了济南柳绿荷香，湖山掩映的独特风貌。《如梦令·常记溪亭日暮》是李清照的著名词作[3]："兴尽晚回舟，误入藕花深

[1] 济南市园林局. 济南风景名胜楹联集[M]. 未公开发行物, 2005: 3
[2] 济南市园林局. 济南风景名胜楹联集[M]. 未公开发行物, 2005: 15
[3] [宋] 李清照. 如梦令·常记溪亭日暮 [C] 孙映逵编. 中国历代咏花诗词鉴赏辞典. 南京: 江苏科技出版社, 1989: 841~842

处。争渡，争渡，惊起一滩鸥鹭"，等等。再如成都桂湖公园升庵祠楹柱[1]："人来蕊桂香飘里，祠在荷花水影中"，桂湖始建于隋朝，有上千年栽种荷花的历史，现已成为全国著名的八大赏荷胜地之一。秋日桂湖，莲子采罢，桂蕊飘香，置身其中；红荷丹桂，尽收眼底（图8）。还有南京愚园"荷花香世界，明月水楼台"；广州番禺余荫山房"风送荷香归院北，月移花影过桥西"；杭州西湖迎翠轩"笑隔荷花共人语，坐看孤月到天心"；福州西湖桂斋"人行柳色花光里，身在荷香水影中"；北京颐

图6 济南大明湖"芙蕖秋月一片大明"楹联

和园引镜轩"菱花晓映雕栏日，莲叶香涵玉海波"等。

荷花楹联的形式和手法多种多样，需要我们在实际中灵活巧妙地掌握和运用。楹联追求意境，讲求含蓄，力求音、形、义俱佳，且把造园艺术与文学艺术有机地融为一体，让游人在观景揽胜之余，也增长知识，开阔眼界，陶冶性情。

荷花石刻（碑刻）：石刻是造型艺术中的一个重要门类，在中国有着悠久的历史。石刻属于雕塑艺术，是运用雕刻的技法在石头上，创造出具有实在体积的各类艺术品。以荷花为题材的石刻或石碑，其艺术手法多种多样，如朱文白印，甲骨铭文；其意图便于游人在赏荷过程的理解；同时，也是体会造园者所表达深层意境的过程。通常来说，"文字语言比图式语言更具有优势，因文字容易被记忆和解读，能够引发人的思索与联想"[2]，这有助于游人对荷花审美的进一步升华。

如深圳洪湖公园"清"和"廉"之石景，由《爱莲说》中"清香远溢"和"出淤泥而不染"扩展而来。"清"和"廉"字则运用了隐蕴的手法，"所谓隐蕴，先题出一个景名，但这景名仅仅给游人一条线索，可让人顺藤摸瓜，从而感悟到景观的真正内涵，景名和景观之间的关系间接且

图7 "四面荷花三面柳"楹联

[1] 张渝新等. 桂湖园林鉴赏[M]. 成都: 巴蜀书社, 2006
[2] 张靖. 中国园林的景题艺术[J]. 武汉大学学报·工学版, 2005, 38(4): 143~146

图8　重庆大足荷花山庄"海上月明莲梦酣"楹联

隐秘，隐含和蕴涵在景观之中等待人们去发现[1]。因此，"清"和"廉"只是成为一种暗示。游人看见"清"和"廉"字石刻，马上就意识到湖中"出泥不染"的荷花，这种言外之意、弦外之音的意境会给人许多联想。还有"莲香绕岸"，"清香远溢"等石景，给人以清馨淡雅，流连忘返之感。还有深圳洪湖公园筑建的荷花碑廊，廊中墙壁嵌有赵朴初等现代著名书法家近百幅咏荷的碑刻作品。有关荷花的屏风和中堂在园林中应用也十分广泛。

三、荷花景题的文化内涵

陈从周先生这样说过[2]："我国名胜也好，园林也好，为什么能这样吸引无数中外游人，百看不厌呢？风景淘美，固然是个重要原因，但还有一个重要原因，即其中有文化，有历史。"可见，文物古迹可以丰富园林文化的内容，园林景题同样如此。游人观览园林风景，不只是看眼前的景色，正因为有了园林景名，还能有所思考，有所启迪。

园林景题是一种高雅的文化向导，藻绘点染，传递既定的意境信息；引导游人进入无垠的文化艺术空间，使有限的形态获得无限的表现力。游览江南园林中的荷花风景区，那一幅

[1] 徐萱春.中国古典园林景名探析[J].浙江林学院学报，2008，25(2)：245~249
[2] 陈丛周.梓翁说园[M].北京：北京出版社，2004

幅映入眼帘，浑然古朴，工整清秀，挥洒自如的园林景名，是我国积淀几千年历史文化与园林艺术巧妙的结合。赏其色：如"明湖邀碧月，秋水醉红莲"（四川新都桂湖公园）；"千朵红莲三尺水，一湾新月半亭风"（苏州沧浪亭）等。闻其香：如"远香堂"（苏州拙政园）；"风送荷香归院北，月移花影过桥西"（广州番禺余荫山房）等。观其影："万荷倒影月痕绿，一雨洗秋山骨青"（北京陶然亭）；"是也非耶，水中仙子荷花影；归去来兮，宋代词宗才女魂"（济南大明湖藕神祠）等。听天籁："留听阁"（苏州拙政园）；"听荷"（济南大明湖雨荷亭）；"山郭近田家，正麦熟风凉，荷喧雨到。作亭依画本，恰水将绿浇，山送青来"（广西宜山百花亭）等。

"编新不如述古"。游人赏荷时，可探究其景名所包含的典故和喻意。因而，荷花景名是园林文化的重要组成部分，具有很深层的文化涵义。

四、荷花景题的审美特征

通过各种艺术手法赋予荷花景观以文雅隽永的题名，其意图便于游人在赏荷过程中的理解；同时，也是体会造园者所表达深层意境的过程，这有助于游人对荷景的审美。

审美的核心在于含蓄蕴藉。唐诗人刘禹锡提出"境生象外"，强调其意境不在形象本身，而在其之外。所以说，意境产生于含蓄，没有含蓄就没有意境。含蓄美在于"弦外音"、"言外意"。漫步于深圳洪湖公园莲香湖畔，荷仙岛上"清"和"廉"字石景与湖中那"出淤泥而不染"的荷花，则遥相呼应，暗示着人们应守以洁身自爱的情操而自勉（图9、图10）。远香堂：源于周敦颐《爱莲说》中"香远益清"之意。堂前数亩荷花，碧叶如盖，芙蕖彤红，酷月暑日，清风徐徐，阵阵莲香，扑鼻而来，使之满园生香，让人神清气爽（由图1/a所示）；留听阁：出自唐代诗人李商隐的"秋阴不散霜飞

图9 深圳洪湖公园荷仙岛上"清"字石景

晚，留得残荷听雨声"之诗意。此阁与一般赏荷景点有区别，是专为听雨打残荷而构设。萧瑟秋日，细雨如丝，碧荷初败，倚栏静听，顿生一种清冷宁静之感（由图1/c所示）；而贵州安龙招提一览亭楹联："垂两行杨柳色，凭十里芰荷香"，则引自北宋诗人黄庭坚《鄂州南楼书事》中"四顾山光接水光，凭栏十里芰荷香"等。

图10 深圳洪湖公园莲香湖畔的"廉"字石景

一般来说，由荷花景题点染的园林水景，蕴含着各具特色的意境，与叠石理水、花木配置、亭台楼阁等能相互映衬，形成清新秀丽、诗情画意的环境。若离开景题，其景观顿显乏味无趣，因而景题具有一定的审美特征；但其又备有实用功能，如对园林水景具有说明和提示作用，同时可引导游客思考，加深人们对园林空间和园林意境的理解。

荷文化与现代园林地产广告

随着我国城镇化建设的进程加快，房地产市场的需求仍处于增长势态。由于居民的消费观念发生变化，对所居住的环境质量要求逐步提升；同时，开发商注重企业品牌的意识也在不断增强。于是，推出新楼盘的园林地产广告，则成为媒体争夺追逐的焦点。在各地展示的园林地产广告中，除了建筑风格及户型设计外，庭园的绿色生态则是突出的重点，尤以荷花生态最为醒目。它反映了人们对荷花的喜爱，也是荷文化在现代园林中应用的一个缩影。

据不完全统计，各地以荷花为素材的园林地产广告，占据半壁江山。按《中华人民共和国广告法》的定义：广告是为了某种特定的需要，通过一定形式的媒体，公开且广泛地向公众传递信息的宣传手段。而广告又有效应（非经济）广告和商业（经济）广告之分。效应广告，不以盈利为目的；商业广告，指商品经营者或者服务提供者承担费用，通过一定媒介和形式直接（或者间接）地介绍自己所推销的商品。园林地产广告就属于后者（图1、图2、图3、图4、图5）。

图1 荷花地产广告之一

图2 荷花地产广告之二

图3 荷花地产广告之三

图5 荷花地产广告之五

图4 荷花地产广告之四

图6 荷花地产广告之六

　　为了获取最好的经济效益，房地产开发商对楼盘的营销，主要利用街道、广场、机场、车站、码头等建筑物（或空间设置路牌、霓虹灯、电子显示牌、橱窗、灯箱、车体）等广告形式为宣传手段。因而，在广告策划、设计理念及文案上大做文章，运用夸张的手法，使其本质更加突出，特征更加鲜明，以达到激发消费者的情感欲望和购置的目的；而园林地产广告也是如此。

图7　荷花地产广告之七

图8　荷花地产广告之八

图9　荷花地产广告之九

　　当今，以荷花营造园林水景的楼盘，受到众多消费者的青睐，这表明了居住环境质量对人们生活的重要性。水源于自然，人生来就亲水，故水在居住环境中表现尤为重要。由荷花、鱼类、鸟类等组合而设计的住宅园林水景，特别为广大消费者所钟情；于是，一件件荷花地产广告则应运而生。还有"荷"与"和"谐音，荷花水景也烘托着社区的和谐氛围（图6、图7、图8、图9）。

2006年7月，笔者在广东中山市火炬开发区获摄一帧园林地产广告（图10），就广告画面意境，于是吟写《浣溪沙·梦莲乡》一首[1]：

"潋滟碧波莲影长，
　倚栏靓女绿衣裳，
　暑风送爽梦荷香。

　幽墅雅居何处似？
　满池翠盖戏鸳鸯，
　湖光美景水云乡。"

图10 荷花地产广告之十

[1] 李尚志. 说荷[M]. 香港：中国科教出版社，2009：40–41

贵港荷城　西江明珠

——兼记贵港市荷花科技博览园

　　自古贵港盛产莲藕，又因八景中的"莲塘夜雨"，"东井渔歌"，"东湖荷燕"，"仙池橘井"均与荷有关。贵港几乎是"荷塘包围着城市"，故有"荷城"之誉。今日贵港以荷花为市花，深受贵港人的喜爱。由贵港市华隆超市有限公司创办的"荷花科技博览园"，凭借地区环境优势，大力发展荷花种植业及生态旅游，并成功地举办了荷花文化节。这不仅为荷城百姓提供了优雅的文化休闲去处。同时，为"美丽中国"又奏起一曲绿色的交响乐。

一．贵港荷史　汉墓佐证

　　地处广西东南部，西江黄金水道的贵港，是一座具有2200多年历史的古郡。据清王仁钟《贵县志》载，秦始皇统一中国后，在"岭南设桂林、南海、象郡三郡"，而桂林郡首府就设在布山（今贵港城区南江村）。这座历史名城又因城市被荷塘所包围，故有"荷城"之誉。述及荷城的种荷史，可上溯至东汉时期。据陈健民等《让文化为发展聚力，促文化向产业延伸》所述[1]："贵港的罗泊湾汉墓出土文物中就有了莲子的存在，以至于早有'荷城'之美誉。"但在《广西贵县罗泊湾汉墓》（文物出版社，1988）一书中，并未陈述有莲子；只是罗泊湾汉墓中出土的铜镜，笔者则认为，其镜

图1　1954年汉墓出土的铜镜上有两圈莲瓣纹

背面的图案，酷似（睡）莲花瓣纹（图1）；还有铜鐎壶之壶口类似荷叶状。由此佐证，贵港种荷史可追溯到汉代。又据甘宁《贵港港北区政府旧址发现古建筑遗址》报导："各种类型的莲花纹

[1] [清] 王仁钟修订. 贵县志 [M]. 刻本：1894

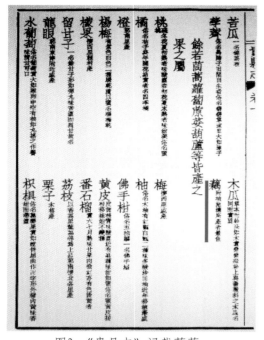

图2 《贵县志》记载莲藕

瓦当也是广西有史以来发现最为丰富、年代最早的。"贵港的荷文化应用，进一步地证实其种荷历史。有文字记载，贵港植藕至今已有300多年的历史。据民国廿三年《广西省贵县志·卷十》记载[1]："藕附城池塘所产者最佳"（图2）。当时主要盛产莲藕，其莲藕俗称"贵县大辘藕"，其意为大如车轴。贵县民间曾流传"陆川猪，北流鱼，贵县莲藕，高州番薯"的民谣。据调查，贵港城区（原贵县县城）地处浔郁冲积平原，地势低洼，湖泊、池塘、湿沼、河流等水域星罗棋布，其面积约3 000多亩。贵港地貌以低矮的小丘陵为主，因池塘多，许多乡镇村屯都有种莲藕习惯。位于龙头山脚下的覃塘区藕农每年种植莲藕近万亩，且生产莲藕数量近百万斤；其藕质地松软清甜，口爽味长。与杭州西湖藕粉齐名的贵港红莲藕粉，就是由本土名品东湖红莲制作加工而成；还有莲藕糖也是贵港特产。

二．古今荷名 贵港特色

翻阅史籍，贵港何谓荷城？除多水植荷外，古今以荷（莲、藕）命名的山、岭、村等地名则更多。如《贵县志·卷一·地理》记述[2]："莲花山在郭北里县北十五里即北之支山"（图3）。还有震华乡、东三乡、定光乡都有"莲塘村"。崇德乡有"莲

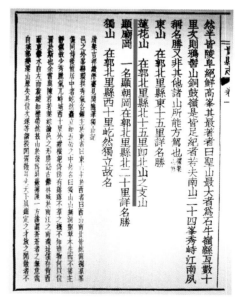

图3 《贵县志》记载莲花山地名

桐"。新兴乡有"藕塘村"等。清光绪二十年编《贵县志》亦记：郭南三里有"莲塘岭"，郭东一里有"藕塘村"，思笼一里和怀南三里均有"莲塘村"。 旧时，莲藕为这一方百姓造福，这反映了贵港的先人对荷花的喜爱。如今的贵港人对荷花更是独有钟情。城区许多道路、学校、酒店、公司等均以"荷"、"莲"来命名。如"荷城路"、"荷城新苑"、"荷城中学"、"荷城人大酒店"、"荷香楼酒店"、"莲花泉纯净水公司"、"荷花厨具设备有限公司"、"荷花床垫厂"等，比比皆是。

随着城市建设的迅速发展，荷城的湿地也在逐渐减少；为了把贵港荷城建设成以社会系统、生态系统、文化系统

[1] 黄成助. 贵县志 [M]. 台北：成文出版社，影印本
[2] 同上

与城市基础设施并举，实现人、城市与自然和谐共生共存；则大力发扬"诚为本，和为贵，干为先"的贵港精神，即"和"与"荷"、"合"、"河"同音，"贵"即"贵港"，为贵港的荷花产业、荷文化生态文明的创新发展提供战略方向。

三．荷城荷景　意境深邃

贵港水域广阔，湿沼众多，适合植荷造景。在贵港新旧八景中的"莲塘夜雨"、"东井渔歌"、"东湖荷燕"、"仙池橘井"等均与荷有关，并有着极丰富的文化底蕴。位于贵港市城区东侧的东湖，据《贵县志》所述[1]："东湖一名东井塘，又名路云塘，俗称大塘，在县东一里与莲塘隔桥相望，湖广约四里，水木明瑟，风景幽静，夏时游者云集，不独为邑名胜，在西江上游亦推此湖为最巨"；及"旧多佳树与莲花相掩映，最足游观"（图4、图5）。相传在明代前，东湖是由大小20多个莲藕塘连成一片，中间嶙峋怪石上有一口井，故名"东井"。后因宋代著名诗人苏东坡游贵港时，在东井口上题留石刻"东湖"二字而得名。据清《古今图书集成·方舆汇编职典·第1437卷·浔州府部》载[2]：

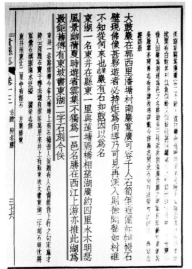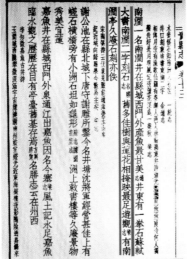

图4、图5　《贵县志》详细记有东湖莲花及石刻之事

"怪石涌出，水流石底。"故有诗云："深随石窦千寻去，远自云峰万里来。"东湖东邻濛塘，西邻汕塘，汕塘又与井塘南涧井相连，从东、西、北三面环绕城区，形成水乡泽国，好一派江南景象。每逢夏秋之际，芙蓉出水，碧叶连天，荷花映日，香溢荷城（图6至图12）；且秋冬之后，莲藕丰收，香甜藕粉，远销海外。这就是贵港人视城市为荷城；尊荷花为市花的缘由。

说起贵港八景，都有一个神奇且耐人寻味的故事。如"银塘夜雨"：传说城东莲塘里有千千万万只燕子，在夏秋之夜飞回到荷叶上栖息，此后荷叶上的露珠凝成水珠流入莲塘。人们不知其缘故，还以为是天上下雨，而且独下莲塘，不下塘外。现将"银塘夜雨"改为"东湖荷燕"。而"东井渔歌"：古时东湖有井，其井水清澈见底，内有鲤鱼成精；夜半月明，鲤鱼出水而歌，其声悠扬飘乎四方。谓之"东井渔歌唱月明"。这些故事都寄托着一个美好的愿望，则令人神往。故有诗将八景概括性吟："紫水滔滔下县城，思湾夜渡送还迎。南山米洞僧余饭，北岭仙棋子满坪。铁巷朽榕生木叶，银塘夜雨长荷英。西山方竹绕天籁，东井渔歌唱月明。"

[1] 黄成助. 贵县志 [M]. 台北：成文出版社，影印本
[2] 陈梦雷. 古今图书集成 [M]. 清代：影印本

图6　每逢夏日，东湖公园荷花娇艳欲滴，清香远溢（段伟雄 摄）

图7　贵港城区汕塘荷景（刘端 摄）

图8　贵港百亩莲藕景观（梁苏华 摄）

图9　贵港荷花湿地景观（段伟雄　摄）

图10　广场前藕童群雕景观（吴春勇　摄）

图11　荷城荷花湿地（林幸儿　摄）

图12 现代荷女雕塑（吴春勇 摄）

图13 贵港园内的莲香榭

图14 参展桂林园博园的泼墨写意莲花墙

　　为了展示贵港荷城形象，2012年贵港市政府组团参展自治区主办的广西（桂林）园博会。"贵港园"则运用了岭南园林的传统手法，全园以莲花、竹子为基调植物，将白墙黛瓦的传统建筑，以及山石、水池、园林植物等诸多素材串联在一起，意境为"竹苑莲香"，取竹子刚直、莲花出尘不染之意，展示了中国传统山水园林的特有风貌，表达"清廉"的造园立意（图13、图14）。

四、民营华隆 创办荷园

为践行中央提出"推进绿色发展、循环发展、低碳发展"和"建设美丽中国"的文明生态理念，大力发展贵港的荷花事业，民营贵港市华隆超市有限公司投资创办了贵港荷城荷花科技博览园。创办该园的宗旨是以美化城市乡村，努力保护生态环境，推行生态文明为己任；以荷养荷，发展荷产业，弘扬荷文化，争取获得社会效益、环境效益和经济效益。多年来，一直坚持以荷花培育为主题，集碗莲生产、荷花优良品种扩繁、湿地园林设计工程、荷文化展示、农业生态观光旅游、摄影写生基地和科普教育为一体的产业发展博览园。目前，该博览园拥有国内外名、优、新、特、奇、珍、稀、贵荷花（或睡莲），以及中国一级重点保护植物——金花茶，且在种植培育新品种上初见成效。现在已有530多种（个）荷花、睡莲；近3万盆（池）水生植物及约2万株金花茶苗。

图15 贵港首届荷花文化节（梁苏华 摄）

于是，2012年夏，在贵港市区凤凰城举办了贵港首届荷花文化节。荷花文化节期间，展示3 000多盆荷花；260多帧荷花摄影图片，30多幅荷花书画，吸引游客30多万人（次），其游览人数比上年同期增长60%以上（图15）。按照"两年初见成效，四年上一个新台阶，六年实现大跨越"的目标，荷花科技博览园正在引导贵港农民种植莲藕、盆栽荷花、太空子莲，让农民兄弟增收致富，让荷花更香更美！2015年第五届广西园林园艺博览会将在贵港港南区南湖举办，作为东道主该园正在积极筹备贵港主题园——荷花湿地园；同时，也计划三年内申办全国荷花展览会。

园因荷美 荷以园艳

——弘扬荷文化以提升公园文化品位

深圳洪湖公园是一座以荷花为主题的市级公园。自1984年建园以来，公园利用水面种植荷花、睡莲、王莲、鸢尾、千屈菜等数十种水生花卉，在修复水体生态，保护生物多样性方面，发挥了良好的作用；同时，公园突出文化主题，且通过一年一度的荷花展览会（荷花节）及公园文化节，弘扬和发展荷文化，从而提升公园的文化品位。

一、以荷为题 作荷文章

荷花是洪湖公园的主题花卉，公园在一些园林设施上，以园门、文化墙、园桥、园凳、亭榭、园石、标识等为载体，以不同的方式反映着丰富多彩的荷花文化。如公园大门（主出入口）以抽

图1 筑于莲香湖畔的荷花展览馆

象的荷花造型柱筍立于两旁；进入大门正中央映入游客的眼帘，是一堵乳黄色且刻有宋理学家周敦颐名篇《爱莲说》的文化石壁；莲香湖畔的荷花展览馆临水而筑，馆内展示荷花书画、荷花工艺品、荷花插花及荷花摄影展等；荷花展览馆前的汉白玉荷花女塑像，风姿飘逸，亭亭玉立，展现出一股青春的活力；与荷展馆相邻的咏荷碑廊，融当代书法名家艺术与荷花文学艺术于一体，珠联璧合，相映生辉；而园桥、园凳、园石及标识等，镶刻有

图2 莲香湖上的"清涟"亭

图3 公园办公楼天井莲池小景

莲图、莲纹或莲诗；还有以莲命名的"清涟"亭、"荷翰"亭或桥，筑于莲香湖和静逸湖畔，将大小岛相连接；这些亭和桥有的近水，有的依水，有的贴水，游人赏荷，仿佛漫步于荷花丛中，别有一番情趣[1]（图1至图6）。为了加强荷花文化建设，近年，公园还组织园林专家、作家等文化工作者对亭、桥、石、湖、岛进行了景观题名。这些文辞简洁、含义深远的景名，为游客观荷赏景提供极大的方便，也为洪湖公园形成了一种非常浓厚的荷文化氛围；因此，公园的文化品位由此逐步提升。

图4 莲香湖畔"碧水芙蓉"石景

[1] 李尚志. 中国荷花的文学形象 [G] // 王其超.灿烂的荷文化. 北京: 中国林业出版社, 2001: 24~28

图5 莲香湖面王莲景观

图6 静逸湖莲景观

图7 以白墙红窗为衬，翠竹掩映，碧盖摇曳，清香飘逸，使莲景更显清新舒畅，秀色可人。

二、荷花展览 彰显辉煌

仲夏时节，公园举办一年一度的荷花展览会（荷花节），至今已举办21届，其中1995年6月举办过第9届全国荷花展览会。通过不同形式的荷展会展示丰富多彩的荷花文化，如荷花书花画展、荷文化长廊、荷花小景展、荷花插花展、荷花品种展、荷花工艺品展等，其中荷花文化长廊颇具特色[1]。十多年来，共展出《中国荷花史略》、《荷花寓言》、《荷花神话》、《荷花与城市市花》、《荷花与历代名人》、《鲁慕迅荷花书画展》、《大芬村荷花油画展》、《莫奈·印象·睡莲》、《荷花与食饮文化》、《荷花科普展》、《赏荷情趣》、《并蒂莲摄影展》、《刘伟良荷花摄影展》、《莲·诗·禅》、《秀美洪湖·和谐公园》、《荷诗赏读》、《荷景·诗词·书法》等近

图8 荷展期间创办荷文化长廊

图9 丰富多彩的荷文化吸引游客

---

[1] 王其超 张行言.中国荷花品种图志［M］．北京：中国建筑工业出版社，1985

图10 《莫奈·印象·睡莲》展览　　　　　图11 《荷文化论坛》长廊

20种栏目（文章约200多篇，文字约1 000万字，图片8 200余幅），深入浅出，图文并茂，深受广大游人的喜爱和赞许（图7至图11）。同时，为了弘扬荷花文化，加强荷花展览会的宣传力度，主办方还采取各种宣传形式，在电视新闻、网络媒体、国内报刊上多次报导，并出版了《莲花》、《荷花·睡莲·王莲栽培与应用》、《咏荷碑廊作品集》、《孙文莲》（译著）、《水生植物造景艺术》、《现代水生花卉》等十余部荷花专著及宣传画册，进一步彰显灿烂且悠久的荷文化，满足了游客在公园赏荷所需的荷文化知识，受到了海内外人士的高度评价，且获得了良好的社会效益。由此可见，荷花展览会已成为深圳的一张文化品牌[1]。

三、 学莲品格 知理做人

自古以来，人们都喜爱荷花。尤其是宋代理学家周敦颐的《爱莲说》问世后，这富有哲理的

图12 "火树银花华灯丽，胜比星光霁。夜静莲入睡，梦态可人，百花君子第。"

[1] 李尚志等. 造优雅荷景 弘灿烂文化 [G]．王其超.莲之韵．北京：中国林业出版社，2003：103～104

传世名篇给后代留下了巨大的精神财富。其实，文中"出泥而不染"、"中通外直"、"不蔓不枝"、"香远溢清"，本是荷花的自然属性，由于周老翁受到儒家"比德"思想的影响，他将莲的这种自然属性与君子品格、情操联系在一起，从而荷的品格就得到了进一步的升华。千百年来，荷花这种不染的精神，一直激励和净化着人们的心境，则成为社会道德规范之化身[1]。

随着社会的进步，文明程度不断提高，人们对荷花洁身自爱的情操十分崇敬。于是，周边社区如罗湖区笋岗街道、洪湖居委会、湖景社区、夕阳美群艺团等十多家单位在荷花展览会及公园文化节期间与公园联谊，开展各项学莲、颂莲、唱莲的文化活动，以荷花那出泥不染的高尚品格，有力地促进了社区廉政文化建设（图12至图18）。

图13 荷展期间，社区中老年人表演

图14 荷花文化节举办演唱会

图15 荷展期间的京剧表演

图16 社区举办莲歌音乐会

图17 荷展期间的颂莲舞蹈

图18 莲池畔表演太极拳

[1] 李志炎 林正秋. 中国荷文化 [M]. 杭州：浙江人民出版社，1995

四、公园荷景 秀色可餐

为进一步贯彻落实科学发展观，巩固和发展国家生态园林城市的创造性成果，打造"公园之城"，丰富公园文化内涵，提升文化品位，促进公园文化的全面建设和发展，为深圳市民提供一个"自然、和谐、康乐"的文化交流与欣赏平台。公园将全园建设规划作进一步调整，首先，在大门右侧以莲诗配画的形式，拟筑长约50米的文化围墙，画面清淅，色彩鲜明，意境深远，别具一格；其次，筑建一座占地面积约10 000平方米，且集观赏、科普、文化、资源、生产于一体的"荷圃"，规划中的"荷圃"既是生产场地和品种资源圃，又是科普基地与观赏景点。"荷圃"将展示出引自全国各地的300多个荷花品种，这些品种中，既有古老品种'千瓣莲'；色彩斑驳的'大洒锦'；来自大洋彼岸的'美洲黄莲'；中美杂交新秀'友谊牡丹莲'；名人品种'孙文莲'；环绕地球的'太空莲'；也有叶小如钱币、花大如姆指、高不盈尺的碗莲，等等[1]。仲夏时节，漫步于荷圃赏荷，品种繁多，叶碧洒脱，姿态秀美，色彩纷呈；堆山叠石造景，园林意境深邃，文化内涵丰富，别具一方洞天。建设规划调整后的洪湖公园，园林景观和人文景观将有很大程度上的改善，荷文化内涵进一步充实和发展，公园文化品位又得到提升。为周边市民和游人提供了一个环境清静、文化娱乐、锻炼身体及获取信息的重要场所（图19）。

图19 静逸湖畔游人如织

[1] 李尚志.《爱莲说》与禅宗思想［G］//王其超.舒红集.北京：中国林业出版社，2006：231～234

荷花名镇 节庆创新

——打造以荷文化为特色的节庆新理念

荷花文化节成为当今湿地生态旅游的热点。如何办好荷花文化节？让其在城市湿地生态旅游的浪潮中，能产生良好的社会效益、环境效益和经济效益，这是摆在人们面前要考虑的首要问题。然，获得"中国荷花名镇"的东莞市桥头镇，在近十年举办荷花文化节的过程中，打造以荷文化为特色的新理念，使节庆活动既时尚别致，又不失传统风格；不仅理念创新，且文化品味及底蕴十分丰厚。给社会则起到启迪和示范作用。

一、种荷史长 世代爱荷

东莞桥头人钟爱荷花，这与当地以莲为食的民俗分不开的。据报导[1]，东莞市桥头镇种荷历史悠久，可追溯到400多年前的明朝，素以"荷花之乡"著称。当时，地处桥头镇中心的莲湖，原名莲塘湖，属天然湖泊，是桥头地区五大湖（东太湖、莲湖、面前湖、新湖、朗厦湖）之一。

共和国成立前，桥头处于"三天无雨车头响，三天有雨水荡漾"的恶劣环境中。乡民为了自助自救，便从外地引来莲藕种植；不到几年时间，莲藕种植面积就发展到了上千亩。每当洪涝灾旱之年，乡民便以莲藕、莲子充饥。据说[2]，那时乡民对莲湖视若救命稻草，谁都不能践踏。每到盛夏，人们纷纷前来赏荷，不少青年男女或划小艇，或扒秧盆，出没于碧浪翻卷的荷间，歌声笑声荡漾莲湖，尽显"荷叶罗裙一色裁，芙蓉向脸两边开，乱入池中看不见，闻歌始觉有人来"之诗意（图1）。

新中国成立后，桥头同全国各地一样，大搞农田基本建设，围湖造田，莲湖被改成了水稻田。20世纪90年代初，桥头镇政府贯彻落实退耕还湖的政策，在镇中心区围成面积达300余亩的莲湖，重新种上荷花，恢复了荷叶田田、莲香阵阵的美景。从此，每到盛夏，莲湖岸边游人如织；每到冬春，湖水满盈，碧波荡漾。莲湖成了桥头的名胜之地，人们到桥头必到莲湖，看到荷花就想起桥头。

[1] 黄蕾. 桥头日"变身"荷花节[N].广州日报，2004-06-02（3）
[2] 百度.东莞桥头荷花节[J／OL]. http：// baike. baidu. com／view／3805933.htm

图1 东莞桥头镇莲湖景观

　　正当荷花展览会在全国形成热潮之际，桥头人则不甘寂寞，追赶潮流。于2004年6月成功地举办了首届"粤港澳荷花展"，利用荷花文化节充实了一年一度的传统"桥头日"，丰富了今日桥头人的文化生活（图2）。

二、多元文化 盛会频繁

　　自2004年举办首届"粤港澳荷花展"以来，桥头镇年年举办"荷花艺术节"，尤其是2006年

图2 莲湖畔荷花书画展览馆

与中国花卉协会荷花分会共同举办了第20届全国荷花展览会，使桥头荷花艺术节的盛景传播大江南北，影响海内外。每年节庆期间，来自香港、澳门、武汉、广州、深圳、佛山、中山、番禺等地的爱莲朋友，汇聚桥头，漫步湖岸，尽情地分享莲湖的美景、荷文化大餐和桥头人的盛情。

桥头镇的荷花节，年年都举办，届届有新意；文化多元，盛会频繁。这反映了桥头人以打造荷文化为特色的节庆新理念，繁荣地方文化艺术，促进经济社会发展。而创意新颖且多元的荷文化活动，形成了荷花艺术节的最大特色。节日期间，以莲湖景区为载体；以"弘扬荷花文化，展示莲湖风情"为主题；以"识荷、赏荷、品荷、摄荷、画荷、咏

图3 采莲归来

荷、颂荷、食荷"为主线，通过形式多样，文化内涵丰富的各式盛会活动，一一展现灿烂悠久且博大精深的荷文化（图3、图4）。还有桥头镇政府与《东莞日报》社、东莞市作家协会等单位联合设立"荷花文学奖"，此奖共设8个独立奖项，每两年评选一次，其意在于传承和弘扬中国的荷花文化艺术。

为弘扬和提升荷文化的影响，2007年，桥头镇首次举办"荷花仙子暨桥头旅游形象大使全国选拔赛"，以健康、美丽、和谐为评选理念，展示现代女性的优美形象和才艺魅力为目的，在全国范围内选拔荷花仙子。通过海选、复赛、决赛的层层选拔，以平面、摄影、服装表演、才艺表演等比拼项目，最终决出冠、亚、季军，有效地增添

图6-4 莲景与书法结合

图5　荷花仙子暨桥头旅游形象大使全国选拔赛

了荷花艺术节的感染力和影响力（图5）。

图6　《荷塘月色》朗诵者

2011年夏月，夜幕降临时，第八届桥头镇荷花艺术节在莲湖岸边举行，这是一场荷文化盛宴的享受；也是莲韵与音乐的巧妙对话；更是莲湖与爱莲人的美丽邂逅。一阵阵优美的莲歌，一场场精湛的莲艺表演，把荷花艺术节推向高潮；值得一提的是，在朗诵朱自清的《荷塘月色》时，喧哗沸腾的人群顿时鸦雀无声，身着长衫的朗诵者，在背景音乐声中，在背景画面为荷花景观的映衬下，缓步走向舞台，朗诵人凭其艺术才能，时而激情高亢，时而低沉伤感，淋漓尽致地表达了名篇意境，给人一种美的享受（图6）。

所以说，桥头镇的荷花艺术节年年在举办，届届有新意。无疑，它反映了桥头人爱荷的深情、决策者办节庆的理念新颖及执行人对荷文化的深刻理解。

三、荷花名镇　誉满天下

通过桥头人多年的不懈工作和努力，2007年，桥头镇被广东省旅游局授予"南国赏荷胜地"之称号。2008年，桥头镇又获广东省文化艺术联合会授予首个"荷花文化艺术之乡"和"广东省荷花摄影创作基地"的美誉。2009年，桥头镇被中国重点城镇（文化）建设投资指导工作委员会和全国新农村建设产业化发展办公室联合授予"中国荷花名镇"的名誉称号。当时，评审专家对桥头镇的经济社会发展取得显著成绩给予了充分肯定，并用"两个没想到"高度评价了桥头以荷花为特色的城镇建设和文化旅游产业发展[1]：一是没想到在东莞这个制造业高度发达、印象中遍地工厂的城市，还有桥头镇这样一个生态环境那么好、荷花种植那么多的城镇；二是没想到桥头镇通过种植荷花、发展荷花文化旅游产业，可以做到全国有名，真了不起！因此，桥头镇在众多参评重点城镇中脱颖而出，获评为"中国荷花名镇"。中国花卉协会荷花分会会长王其超教授得知后盛赞："桥头镇种植荷花的面积在全国不是最大，品种也不是最多，但在荷文化的发展方面是做得最好的，荷花名镇实至名归！"

如今，这个荷花名镇与全国大多数高校、科研院所，以及澳大利亚、日本、泰国、美国等国家

图7 桥头镇荷圃景观

图8 以中国荷花名镇展示的荷缸

的爱莲朋友建立友谊，交流莲艺。由此，桥头镇的荷花文化品牌打开了一片广阔天地，而影响海内外。

在2007年桥头镇第十五届人大二次全体会议上，确定把荷花定为桥头镇"镇花"；同时还成立了荷花协会和荷花文化促进会。桥头镇政府高度重视旅游文化产业的发展，委托中国科学院地理研究所编制旅游发展总体规划，着力推进以莲湖为中心，以荷花为特色的十里旅游文化长廊的建设。先后斥资改造莲湖风景区，建成拥有390多个荷花品种，万余盆荷花的培育基地，在全镇范围内大力推广种植荷花，形成村村种莲、户户栽荷的景象（图7）。此外，桥头镇还计划组建荷花文化传播有限公司，大力发展荷花产业，把荷花的推广种植与文化旅游产业的发展结合起来，与现代农业示范园和湿地公园的建设结合起来，规划建设荷花文化大观园、荷花文化博物馆及荷花科研基地等（图8、图9）。

四、 传统文化 弘扬发展

据不完全统计[2]，东莞桥头镇总面积56平方公里，常住人口20万；该镇酒店旅馆近百家，其中

[1] 谢有顺，袁敦卫. 地方文化的守望[M]. 北京：中国戏剧出版社，2011：101～106
[2] 东莞市桥头镇网站.东莞桥头镇自然概貌 [J／OL].http://www.qiaotou.gov.cn

图9 座落莲湖畔的莲湖渡假村

图10 酒店大堂以镀金莲花为景墙

图11 饰莲屏风

图12 渡假村庭院莲池

图13 走廊镀金莲花插瓶艺术

图14 酒店客房莲图地毯

图15 饰莲纹的窗帘钩

图16 客房漱刷小件也饰莲图案

图17 厨艺高超的荷食之一

图18 厨艺高超的荷食之二

图19 厨艺高超的荷食之三

以荷（或莲或芙蓉）命名的酒店就有数十家。以荷花文化为特色，最具代表性应首推座落在莲湖畔的三正半山酒店（原莲湖度假村）。这座五星级酒店，从庭园布景到内庭装饰；自厅堂点缀至客房摆设，均显现出一种灿烂悠久的荷文化氛围。既有一池意趣盎然的莲景，也有栩栩如生的塑像和壁画；这些荷品莲作，不仅雄伟壮观或是小巧玲珑，且亦端庄淡雅或是精致可人，甚至连餐厅厨师制作的莲食，也成了可赏、可品、可食、美味的精美工艺品（图9至图19）。

　　近几年，桥头镇的专业人员从外地引种了耐寒的"冬花红"荷花品种，10月中旬翻盆种植，直至圣诞节前后仍花开不败。于是，桥头人又别出心裁，在冬至节开展"赏冬荷品羊肉"的活动。每逢双休日，不论青年男女还是耄耋老者，三五成群，走进大排挡或野外烧烤，那朵朵红莲，串串羊肉，杯杯美酒，阵阵清香，实为令人陶醉。

　　总而言之，荷文化在东莞桥头这座小镇的园林中，则得到了很好地应用、传承和发展；且在理念上还有所创新。

莲景禅韵 一方圣境

——兼述莲花山风景区莲花艺术节

从何谈起，番禺莲花山为一方圣境？它既无雄伟险峻或清雅幽静的迷人奇观，也没花木奇秀、四时果异的秀丽景色，更不存在显赫的名胜古迹。然，它确是我国2000余年历史的古石矿场遗址，罕有采石钎凿留下的丹霞奇观。就是这丹霞奇观，使之变成一方圣境，造福百姓，而闻名于世，影响海内外。如今，漫游番禺莲花山，那山谷潺潺流水，林间婉转鸟声；摇曳的碧盖，扑鼻的莲香，如此空旷深邃，静寂虚无，禅意盎然。

图1 古石矿场遗址留下的丹霞奇观

一、圣境历史 简要概说

据《广州大百科全书》载[1]："莲花山自明代起大量开采石材，碎石遍地，故初称'石砺山'。后因山南有采石遗迹'莲花石'，形似莲花，故今名。"可见，莲花山是明清以后大量采石，留下众多奇岩异洞和悬崖绝壁，而形成奇异壮观的景色。莲花山位于珠江口内，狮子洋西岸，由40多个山丘组成，占地面积3 000余亩，海拔108米，是国内罕见的古采石场遗址，被誉为"岭南一秀"，北距广州20海里，南距香港60海里，西距市桥21公里，与黄埔港隔江相望。

《番禺县志》曰[2]："据考证，20世纪80年代初在广州出土建造南越王墓的红石，即为莲花山之石。其后，先民在此开采石料，延至明清，屡禁不止，因而留下无数的悬崖峭壁，奇峰异洞，如莲花岩、燕子岩、八仙岩、观音岩、飞鹰岩、南大门、神仙床等。'人工无意夺天工'的石观奇景，雄伟秀逸，兼而有之，被誉为罕见的'石雕古迹'（图1）。左带狮洋，右连沃野，前临

[1] 广州大百科全书编纂委员会.广州大百科全书 [M].北京:中国大百科全书出版社，1994
[2] 何桃.番禺县志 [M/OL]. http://www.panyu.gov.cn/portal/site/site/portal/panyu/index.jspn

虎塞，后倚菱塘，为珠江口西岸制高点，日出日落瞬间，气象万千。山顶有建于明代万历四十年（1612年）称为'省会华表'的莲花塔，有建于清康熙三年（1664年）的莲花城等古建筑物。"1958年中华人民共和国副主席董必武莅此视察，曾叮嘱当地政府要保护古迹，以教育后人。1979年，番禺县成立开发莲花山旅游区领导小组，由各级政府拨款和港澳同胞捐资，修复了莲花塔、莲花城等主要景区，并新建亭、台、廊、榭等建筑物，其间曲径回环，潭水澄碧，千姿百态，令人叹为观止。

二、望海观音 佛境莲界

图2 莲花山望海观音金塑像

为把莲花山造就一方圣境，自上世纪末，番禺人在莲花山创建了目前世界上最高的箔金观音立像。这是原澳门行政特区特首，全国政协副主席何厚铧先生倡议，何贤社会福利基金会率先捐资、各方善者襄助所建造，于1994年10月23日开光迎接八方来客[1]。观音宝像总高度为40.88米，用120吨青铜铸成，外贴纯金180两；于2000年7月宝像重塑金身，经大师洒净上供更为璀璨夺目，气势恢宏。观音菩萨手持玉净瓶，慈眉善目，俯视南海，仿佛在为人们祝愿风调雨顺，国泰民安；且每逢初一、十五、观音诞，

以及重大节日的夜晚，莲花山上的观音宝像会放出万道金光，照耀方圆数十里，光泽南天，而成为佑护这方百姓的圣境（图2）。

自从观音菩萨坐镇莲花山，这里就成了一花一世界，一木一浮生，一草一天堂，一尘一缘，叶一如来，一砂一极乐，一方一净土，一笑一念一清静的佛境莲界。据张发俊等《神奇莲花山》记述[2]：莲花山上有"莲花石"、"碧莲池"、"莲花塔"、"莲花城"、

图7-3 酷似"莲花"的莲花石

[1] 番禺年鉴编写组. 番禺年鉴•1995 [G/OL]. http://www.panyu.gov.cn/portal/site/site/portal/panyu/index.jsp
[2] 张发俊等编. 神奇莲花山 [M]. 未公开发行物, 2011: 14~87

图4 '人工无意夺天工'的石景

图5 莲花山古采石场遗址

图6 莲花城遗址

图7 莲花阵遗址

图8 莲花塔

图9 莲花禅寺

"莲花飞瀑"，以及香客朝拜的"莲花禅寺"和碧盖摇曳，清香飘逸的"莲花仙境"。又因莲花与佛教的渊源甚深，无论以莲为名的禅寺或石景，还是满池素雅净洁，超凡脱俗的莲景；其实，这一切都成为一种心若无物的佛境（图3至图9）。

三、一莲一景 处处禅韵

漫游番禺莲花山，真是莲的世界，花的海洋；那佛烟袅绕，莲香远溢的景致，随处可见。若置于这一方静寂虚无的圣境中，仿佛出家人修持时，真有"内观其心，心无其心；外观其形，形无其形；远观其物，物无其物；三者既悟，唯见於空"之感也[1]。

近20年来，莲花山风景旅游区为改善和提升莲花山的环境质量，把灿烂悠久的荷文化与佛文化有机地结合，因地制宜，筑池种莲，使原本优雅舒畅的环境，更锦上添花，真乃瑶池仙境。那大小不一，形状各异的莲池，随山势高低错落有致，池上摇曳的碧盖和红云，在桥亭，或山体，或白练的映衬下，宛如刚出浴仙女，端庄秀丽，楚楚动人；也许所处的圣境之缘，

图10 "无人坚执鼻绳头"之禅境

莲园的一叶一花，一草一木，一虫一鸟，高雅纯洁，神圣不可秽渎。还有那古人鬼斧神工而留下的丹霞石景，悬崖峭壁，奇岩异洞；山涧白练直泻，池中莲叶遍布；岩壁上镌刻名人的朱文白印，也给这原生态景致，又添几分禅韵。倘若游人步入这方圣土，那"佛心无我"的崇高境界，便油然而生。

莲花山处处有禅韵，这并不虚言，而是历代禅诗及公案所给的启示；若用心细细品赏和感悟莲花山的莲景，其禅理深长，趣味无穷。走进莲园，拾级慢步而下，向左拐过仿木石桥，在莲湖的浅滩上，便可看见一头造型栩栩如生的水牛（图10）。牛，憨厚温顺，任劳任怨，在佛界是一种十分高贵的动物。据《五灯会元》记载[2]："师上堂示众云：老僧百年后向山下作一头水牯牛，左胁书五字云：沩山僧某甲。此时唤作沩山僧，又是水牯牛；唤作水牯牛，又云沩山僧，唤作什么即得？"佛家有三世之说，沩山此时系沩仰宗的领袖，未来世可能成为沩山山下的水牯牛。于是，沩山禅师诗云："放出沩山水牯牛，无人坚执鼻绳头。绿杨芳草春风岸，高卧横眠得自由。"这就是禅宗著名的"沩山水牯牛"公案。在这里需指出，水牛一景是否按"沩山水牯牛"公案之意所塑造？不得而知，但它确实反映了公案中的禅机和禅趣。

夜幕降临的莲湖上，白鹤亭立，鹭鸟翱翔。鹤的佛教含义[3]：以世尊入涅槃时，娑罗林惨然变

[1]〔汉〕魏伯阳等撰.道玄真经·清静经·周易参同契·北斗真经（上下）[M].北京:宗教文化出版社,1999
[2]〔宋〕普济著,苏渊雷点校.五灯会元 [M].北京:中华书局,1984
[3]佛教小百科／全佛编辑部.佛教的动物 [M].北京:中国社会科学出版社,2003:270

图11 莲湖"鹤林"之禅境（高锡坤／摄）

图12 莲湖鹤之塑景

图13 "一池荷叶衣无尽"之禅境

图14 "不相舍离"之禅趣

白，犹如白鹤，所以称"白鹤林"。后"白鹤林"转为"佛涅槃"之意。故金代万松行秀禅师《从容录》云[1]："沧海阔，白云闲，伴鹤随风得自由。"在禅林中，则喻禅者之境界，犹如云鹤的悠然自在，无所障碍也。因而，莲湖的鹤林也就入禅境了（图11、图12）。

再登高探幽，可见一片茂密的树林；林中杂生零星的松树，而林下则有一方莲池（图13）。此情此景，不由得让人想起北宋诗僧冲邈的《翠微山居》诗[2]："一池荷叶衣无尽，数树松花食有馀；欲被世人知去处，更移茅屋作深居。"僧人以荷叶为衣，以松花为食；自矜为超俗，无蔬笋气。这幽雅僻静之处，不正是佛子心远尘世，独修静养的环境？此景则反映出一种绝对"空寂"的境界。

据佛典南本《涅槃经•鸟喻品》所云[3]："鸟有二种，一名迦邻提，二名鸳鸯。游止共俱，不相舍离。是苦、无常、无我等法亦复如是，不得相离。"故佛家以鸳鸯鸟比喻常与无常、苦与乐、空与不空等事理，常相即而不离。而莲池

图15 "佛家圣者"之象征

[1] 永井政之编辑.从容录［M］.影印•禅籍善本.1983
[2] 佛教小百科／全佛编辑部.佛教的动物［M］.北京：中国社会科学出版社，2003：99
[3] 佛教小百科／全佛编辑部.佛教的动物［M］.北京：中国社会科学出版社，2003：244

图16 佛家"六根清净"之寓意

中塑造一对鸳鸯鸟，使莲景又增添几分禅趣。

在数十个大小不等的莲池里，都构筑有各种不同的动物雕塑，如青蛙、鹅、猴、牛、白鹤等，这些神秘动物与佛家有着千丝万缕的联系（图14、图15）。鹅和莲花一样，在佛家常代表圣者，虽处污秽之世间，但不会被污染。而鹅王则比喻佛陀，是其身上所具足的三十二相中的第五相，为手足指缦网相；故常以鹅王比作佛祖安详徐步的样貌。依《大方广佛华严经·卷十二》述及[1]，天上鹅王有五种功德：一、染合时；二、呼鸣无畏；三、量宜求有食；四、心无放逸；五、不受诸鸟诤佞言辞。此外，佛典中还记载了许多鹅的故事；而佛教中的月天菩萨，就是以3只白鹅为坐骑。于是，那莲池中的白鹅组景，栩栩如生，佛境盎然。

更有趣的是，站在莲池一侧，若朝万丈岩壁翘望，可见两只金猴好似打秋千一样，攀绳悬挂岩间，而另一只金猴却蹲于岩缘四处张望，其场景生动活泼，景致亦秀丽可人（图16）。殊不知，猴也具深远的佛教含义。佛家称眼、耳、鼻、舌、身、意为六根；且《杂阿含经》中[2]，将猴、狗、鸟、蛇等六种动物比喻众生中六根，则喻以凡夫之妄心了。此外，佛典中有关猴的故事、诗文及公案，比比皆是。所以说，在莲花山这一方圣境中，只要将每一莲景与禅诗或公案联系起来，用心去领悟，那禅机、禅趣和禅味随处即是，其禅理亦深长；使景致更显幽邃、静谧、空灵和旷远之感，真乃净化心灵，五蕴皆空也。

四、届届莲节 年年兴盛

为把莲花山建设成广州地区的旅游风景名胜，管理部门每年都举办莲花艺术节，以迎接更多的海内外游人和香客。自1988年创办首届莲花节以来，至今共举办22届；通过莲花艺术节进一步提升了环境质量，荷文化也得到了传承和弘扬，获得良好的社会效益、环境效益和经济效益，每年游客流量达数以千万人次，逐渐形成了地方的文化品牌。

在岭南地区，番禺莲花山莲花艺术节具有独自的特色：首先，利用丹霞岩层因地制宜构筑数十个大小不等的莲池，且每个莲池小巧玲珑，池岸流畅自然；其二，就2009年的莲花艺术节而言，管理部

图17 莲花艺术节上莲花舞表演

---

[1] 佛教小百科／全佛编辑部. 佛教的动物［M］. 北京：中国社会科学出版社，2003：99
[2] 同上

图18 莲花舞表演

门投资300多万引种数百个荷花、睡莲、王莲品种，以及近百种水生植物，在莲花山丹霞岩层上形成了独具特色的小型湿地景观；其三，突出了中国传统的文化氛围，如莲池衬托不同的人物、动物塑景，造型逼真，且栩栩如生。把博大精深的佛教文化与灿烂悠久   的莲花艺术节而言，管理部门投资300多万引种数百个荷花、睡莲、王莲品种，以及近百种水生植物，在莲花山丹霞岩层上形成了独具特色的小型湿地景观；其三，突出了中国传统的文化氛围，如莲池衬托不同的人物、动物塑景，造型逼真，且栩栩如生。把博大精深的佛教文化与灿烂悠久的荷文化有机地结合起来，进一步提升了景区的文化品味；其四，优雅的环境，秀丽的景色，丰富的文化，热情的服务，使得这一方圣境，不是瑶池，胜似瑶池，而赢得海内外游客的高度赞誉（图17、图18）。

综上所述，据地方政府史料显示[1]，共和国成立前后，番禺莲花山只是遗存一些墩台、兵房、马厩等残迹的荒废山丘；在国家改革开放政策的指导下，通过20多年的努力，曾一度荒凉的山丘，却变成了环境优雅，景致迷人，且影响海内外的旅游风景区，这就是人定胜天的力量。

[1] 番禺年鉴编写组.番禺大事记·1950 [G/OL].http://www.panyu.gov.cn/portal/site/site/ portal/panyu/index.jsp

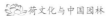

荷花世界 园林典范

——兼评荷花世界专类园之造景

荷花世界景区是目前世界上规模最大，荷花品种及水生植物种类资源最丰富；且集观赏、娱乐、科研、生产于一体的荷花专类园。该园占地1000余亩，其中水体面积600多亩，座落于素有"鱼米之乡"的三水旅游经济区东南部；由我国著名荷花专家王其超、张言行教授作技术指导和著名园林专家傅克勤教授主持设计，而地方政府投资1.6亿元，于2000年7月建成对外开放。三水荷花专类园在规划设计、建筑造型、园林水景、荷文化传承与应用、生产研究、经营管理等方面，则具有一定的特色。

图1 荷花世界专类园总平面图（引自傅克勤等《三水荷花世界雕塑艺术》）

一、以荷造形 风格别具

三水荷花世界从园林规划设计方面，首先考虑到将专类园的景观设计与创意相结合，使其风格、理念独树一帜。荷花世界专类园规划以简洁、豪放的大手笔勾勒出明确的轴线，强劲且潇洒，气派又大方；同时赋予我国传统园林曲径通幽，步移景迁的意境（图1）。据傅克勤等《荷花世界柳丝乡》所述[1]："全园规划时，设计师们将路网规划成荷叶形状，将景观建筑放在'荷叶'中间，寓意成一朵朵开放的荷花。"因而，在专类园的建筑设计上，设计者以荷叶造型，使景观建筑与传统的荷花工艺有机地融为一体，给人一种新颖、别致的建筑景观之感。然，就这种独特的建筑景观，它不仅弘扬和传承悠久的荷文化，而且有助于对游客起到引导作用。

走进荷花世界，首先映入眼帘，是一座宽60米、高22米的大门，由左右各为3片巨大粉红色莲瓣，下边是绿色立柱与曲线弧梁，宛如一朵逐渐开放的荷花；中间黄色网架代表莲蕊，而张拉

图2　A/原设计的大门
　　　B/现改造过的大门

A/原设计大门　　　B/现改造过的大门

B/现改造过的并蒂莲雕塑

A/原设计的并蒂莲雕塑

图3　A/原设计的并蒂莲
　　　雕塑
　　　B/现改造过的并蒂
　　　莲雕塑

纲绳意喻"藕断丝连"，其造型简洁醒目，文化意蕴颇深，则让人浮想联翩（图2/A，B）。位于广场中心景观轴线上，由不锈钢构筑的并蒂莲雕塑，其荷叶底座与流水相融，既抽象典雅，又时尚大方，能激起人们对荷花美的羡慕与追求（图3/A，B）。漫游专类园景区，通往中心广

[1]　傅克勤等. 三水荷花世界雕塑艺术 [M]. 北京：艺峰出版社，2000：2~30

图4 专类园内镂空雕塑柱群

场的道路两侧排列36根镂空雕塑柱，柱高3.8米，柱面的图案以镂空雕与浮雕技巧相融合，并吸取中国剪纸的手法，而讲述一个个与荷花相关的古老传说，这使得悠久且传统的荷文化精髓，进一步得以发扬光大（图4）。荷花仙子是园中的主体雕塑，按设计者的创作旨意：在创作时，"就有明确的新奇立意、以巧妙的创作托出这思路来。传统的基础上以大胆的形式去塑造新时代荷花仙子，表现出不平凡的雕塑语言，这尝试应该是得到好效果。"其作品以一朵硕大的荷花为底座，而荷仙子从莲瓣中袅袅而升，洒脱飘逸，以高洁素雅的人体美，来表达荷花那"出污泥而不染"的高尚品格[1]。该塑像高达15米，形体之大，气势宏伟；从具象到抽象，再从形式到意境，其手法巧妙，创意新颖，使荷花仙子的自身文化内涵与寄托，则得以进一步升华。考虑到荷花世界专类园的生态效果，设计者采用不锈钢光洁材质特地构造了一组生态雕塑，寓意生态平衡之写意（图5）。

隔水远眺，在清波荡漾的湖面上，"漂浮"着3朵洁白的"莲花"，这就是专类园的主体建筑——荷花文化展馆。展馆由3个大小不同的半球体展厅组成（图6、图7），其中主展厅直径达20米，采用夸张且浪漫的手法，塑造3朵呈含苞、半开、盛开的神态，表现出荷花洁身自爱的情操。此外，建园之初，在专类园东北角湖畔，构筑数十幢竹木别墅，疏密有致的散布在荷丛中，而别墅之间用浮桥相连；屋名以荷花品种名题之，如"相见欢"、"艳阳天"、"醉半薰"、"佛见笑"

[1] 傅克勤等. 三水荷花世界雕塑艺术 [M]. 北京：艺峰出版社，2000：2～30

图5 生态标志雕塑

图6 主体建筑荷花文化展馆群

图7 呈半开式的荷花文化展馆

图8 广阔湖面以水路分隔，便于游客驾舟采莲

等，且室内均饰以荷图；幢幢别墅，以碧盖为衬，以红云相映，其诗情画意，及原生态环境，则难以言表。后因竹木易腐，修缮不及，却不再复存。

二、一池一景　分门别类

专类园按荷花、睡莲品种等水生植物的生长习性，"采用形式不同的多种布局，结合园林建筑和自然景观，通过点、线、面结合，大小对比，高低错落，既丰富了园林空间，又突出了品种分区特色"[1]。专类园的每一品种，均以亭、桥、廊或路树为衬托，在夏日炎热的岭南，游人赏景停留时，均有遮荫纳凉之所（图8至图13）。

图9　以桥分隔湖面

图10　以廊间隔白莲品种池

图11　以亭间隔红莲品种池

图12　以绿篱间隔品种池

图13　种植美人蕉，丰富池岸的空间层次

图14　以长廊间隔睡莲池，且岸边种植黄花蔺

[1]　傅克勤，林壮兴. 荷花世界柳丝乡 [J]. 花木盆景，2000（7）：10

图15 不同品种的睡莲池

图16 热带睡莲品种池景致

图17 王莲池景观

在广阔的湖面，则以水路分隔各景区，而水路两侧种植子莲和花莲，中间辟为航道，可供游客划船采莲。各景区之间以数座景桥、木桥分隔空间，船穿梭于荷丛，宛如"人来间花影，衣渡得荷香"之意境（图14至图17）。

还有沿品种池岸，按植物形态特征及品种色彩，高矮有序地种植各种水生植物，使品种池的景致更富有层次感。专类园不仅突出繁多的荷花和睡莲品种，也容纳更丰富的水生植物种质资源。这样，品种资源与自然景观互衬成景，且相得益彰。

三、科研生产 挑战淡季

"荷花专类园的经营中，最突出的问题是挑战淡季，维持常年经营。"这是王其超和张行言教授对目前开放型荷花专类园的经营时，所提出的要求[1]。因而，三水荷花世界的高层零散的花朵出现，这在科研和生产结合方面，则有一个很好的开端。其次，针对华南地区的气候环境条件，可广植热带睡莲，有些丰花性的热带睡莲品种能常年开花，这样大大地丰富了湖面的色彩，而改变了专类园淡季无花的状况。还有通过塑料大棚促进荷花等观赏植物的反季节生产，也能丰富专类园冬季的色彩（图18、图19）。

[1] 王其超、张行言.荷花专类园如何持续发展的探讨 [J].中国花卉园艺，2001（15）：16~17

图18 温室反季节栽培荷花　　　　　　图19 塑料大棚里生产荷花、睡莲等多种观赏植物

四、斥资造景　再续辉煌

为了让荷花世界景区的客源广进，能产生良好的经济效益、社会效益和环境效益，企业高管则集思广益，运筹帷幄。在荷花世界专类园现有的条件下，再斥资构筑4.8公里的园林长廊，此廊环绕景区一圈，将诸景串联起来，达到廊中品荷，荷中赏廊的目的；其风格再现了岭南建筑由传统向现代发展的过程，且通过艺术的手段融入传统文化、佛学文化、廉洁文化，又使其成为一条渗透各家文化精髓的"清廉长廊"，曲幽别致，独树一帜。

近年，斥资改造的荷花世界景区，增筑几座岭南风格的仿古建筑，如"荷香水榭"、"余荫古廊"、"山房船舍"、"清源水榭"等景点，以及历代清官塑像（图20、图21）。"山房船舍"之景，游客驾船在荷间荡漾，与田田荷叶近距离接受，则感受荷花之美。

近几十年来，各地建造的花卉专类园逐渐增多，如牡丹专类园、月季专类园、兰花专类园等等，均各具特色，各有千秋。专类园究竟如何筑建？应达到什么样的水准？目前并无蓝本可行。但笔者认为，就国内花卉专类园的规模和内容较之，三水荷花世界专类园则涵盖了品种资源繁多、分门别类科学、景点布局合理、文化内涵丰富、科研生产兼具、经营管理尚可等诸方面特色，使之能得到较好的可持续发展。

图20 望月廊桥（引自三水荷花世界网页）　　　图21 现代赏荷廊（引自三水荷花世界网页）

伟人故里 名荷竞妍
——兼议孙中山先生赠莲的思想背景

　　荷花在中山市（原香山县）具有悠久的栽培历史，民间也有着种荷爱荷的传统习俗；百余年来，家家户户都种上数缸荷花，示以洁净、瑞祥和平安。如今，"孙文莲"、"中山红台"和"中山莲"等名荷品种，在孙中山先生的故里争奇斗艳，相继开放，迎接八方来客。就"孙文莲"品种却有其不同寻常的历史和文化背景，她凝结着中日两国人民的革命友谊，为一方百姓则留下精神财富而闪烁着光芒。

一、香山植荷 历史悠久

　　香山位于珠江三角洲的中南部，珠江口西岸，北连广州，毗邻港澳；香山处于北回归线以南，热带北缘，光照充足，热量丰富，气候温暖。太阳辐射角度大，终年气温较高，全年太阳总辐射量最强为7月，光照时数较为充足，有较高的光能利用潜力。气候温暖，四季宜种，历年平均温度为21.8℃。年际间平均温度变化不大。受海洋气流调节，冬季气候变化缓和。因而，得天独厚的气候条件有利于荷花的生长发育。据《香山县志》记载[1]：明清时期，香山也是藕莲生产地，如叠石的"大藕"、圣狮的"莲藕"和横门的"靓藕"，都远近闻名（图1）。同时，《香山县志》曰[2]："莲，其花号千叶者，不结子，名十八学士，别有合欢并头者，金莲花，黄碧莲花，碧绣莲花，绣俱异种。午时莲，叶大如钱，昼浮水面，夜舒荷，其叶夜布昼卷。睡莲，当夏昼开，夜缩入水，昼复出。"也记述了当时在香山县栽培的荷花品种和睡莲，及其特征与生长习性（图2）。

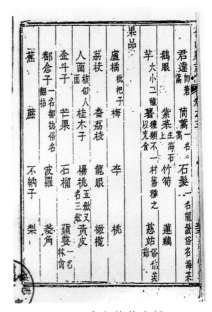

图1 香山莲藕史料

[1] 乾隆年编. 香山县志·卷之二三·物产 [M/OL]. http://www.zsda.gov.cn/plus/article_wzdt.php
[2] 道光年编. 香山县志·卷二·物产 [M/OL]. http://www.zsda.gov.cn/plus/article_wzdt.php

20世纪80年代，中山市民间仍留传着不少荷花品种。据《中日报》报导，“荷趣园”植有红莲和白莲，这两个荷花品种源于何时？呼其何名？却无人知晓。后由中山市花卉协会会长李素霞女士，邀请中国著名的荷花专家王其超和张行言教授前来进行鉴定。为了弄清楚“荷趣园”红莲和白莲的来龙去脉，两位老教授不顾酷暑炎热，在当地进行考察，并走访了两位长寿老人。一位是家住中山市火炬开发区五星村92岁高龄的欧桂莲老太太，她家种养白莲，数十年如一日。当老教授问及白莲的来历时，欧老太太只知道她儿时，见先辈们就有种白莲的习惯，距今已有百余年了；另一位是同村白庙正街82岁高龄的谭文广老大爷，按老人所说，他种的红莲，是其幼年从原香山县环城区亨尾村湖塘里掘来的藕种。后又分送给邻里爱莲亲朋好友。可见，现在“荷趣园”，乃至全中山市的红莲和白莲，均源于欧、谭两家。经王其超和张行言教授进行考察，并与相近荷花品种比较研究后，科学鉴定认为[1]，中山市的红莲和白莲，均由野生莲演进而来。白莲为重瓣型，洁雅清逸，气质非凡。优点是花径大，着花密，心皮多，结实高；群体花期长，观赏价值高，其他荷品不可比拟；而红莲的花瓣，其瓣化程度高，比传统品

香山縣志 卷二
圖穗文殊蘭如玉簪物產畧風蘭如樹高一二尺花小
珊瑚枝葉小而細開花似枸採訪冊夜蘭如粟至晚香聞數
十步葉老有篆紋呼鷹爪蘭枝蒂如鷹爪六瓣兩臺他處未
鬼畫符嶺南雜記見亦異種也雜記案暴志以
魚子蘭爲鷹爪一莖直抽節節生花葉抱其花號
蘭誤也今不從夜香蘭之一夏秋開氣辛香採訪冊蓮千葉者
不結子名十八學士別有合歡並頭者金蓮花黃碧蓮花碧
繡蓮花繡俱異種午時蓮葉大於錢晝浮水面夜舒荷其葉
夜布晝捲睡蓮當夏晝開西洋蓮蔓生瓣落其蕊變爲菊鐵
夜縮入水晝復出採訪冊線蓮蔓生花淡碧五車蓮
亦號西番蓮蕊起五鬚鬚上各橫小條攢之如車輪轉百子
蓮百許朵簇成一朵大於盆採訪冊按西洋蓮以下數種
雖名蓮實指甲花蕃人自大秦國移植海南繁細芬馥一名
非蓮之屬散沫花草木狀漢武帝破南粵起扶荔宮
植所得奇草異木有指甲花百本三輔黃圖邑少西
種紅白淡紅不一婦女以葉染指甲採訪冊海棠府者貼
枝海海棠色紅金絲海棠色黃白海棠色白鳳仙花似鳳頭翅
秋海棠春海棠畧相似有微香採訪冊尾足皆具
有紅白紫黃碧各種重瓣者一露頭花俗呼蘆兜以火焚根
花數色結實名急生子採訪冊令頭出土乃盛與火
殃皆鄉人種以樊圍採鳳尾蕉植之辟火花辟蠹燒鐵釘
訪冊案暴志作路頭之則茂故曰火蕉採訪冊紅
蕉花其端鮮綠一點春夏開至寒歲碎玉花春開小白攢簇

图2 《志》中载有荷花及睡莲

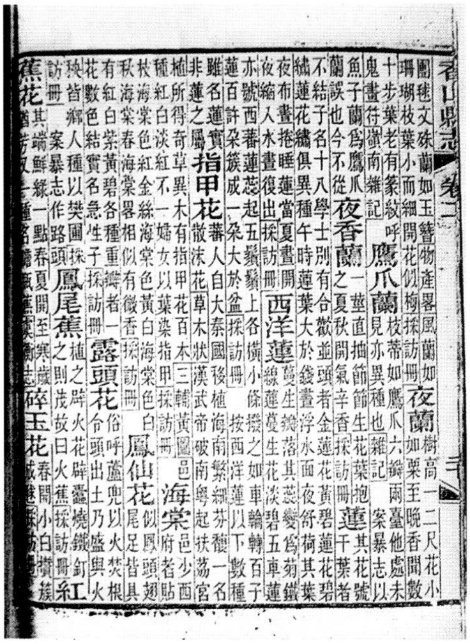

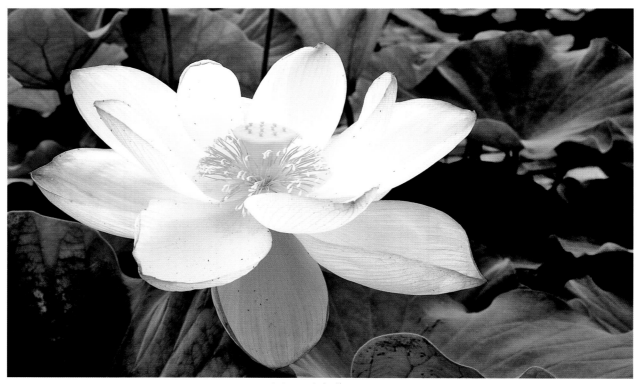

图3 孙文莲

[1] 王其超，张行言. 荷花品种资源的新发现［J］. 中国园林，2003（8）：69～72

图4 中山莲　　　　　　　　　　　　　　图5 中山红台

种"红台莲"的花瓣要多58%，心皮瓣化，花色艳丽，醒目端庄。其特点是花期早，群体花期长。鉴于这两个荷花品种生长在伟人孙中山的故乡，故命名白莲为"中山莲"，红莲为"中山红台"（图3、图4、图5）。

二、先生赠莲　源于周文

一提起"孙文莲"，全国荷界同行无人不知晓；但其特殊的历史原因和文化背景，则未必人人了解。当年，孙中山先生为何要赠送莲子给日本朋友？其意义何在？为此，我们就其思想背景进一步展开探讨。据［日］古幡光男《孙文莲》所述[1]：孙中山先生"将这个白丝交给田中隆氏的同时，从口袋里取出四粒类似褐色玉石般的东西，放进女佣递过来的谢仪袋里说：'这是我从中国带来的莲子，是我们故乡的。日本和中国应该像在这莲根上长出来的两朵莲花。日本和中国就像这藕丝一样，在任何外国势力下也分不开的。在古代中国，牡丹表示富贵，菊花表示隐士之清廉，莲花则表示君子之间的高尚友谊。今天，将此莲子赠予田中先生，请田中先生将其培育开花。当这些莲子开花的时候，中国革命也会成功。'"从这段话里可分析出，当年孙中山先生赠送莲子给日本朋友的思想背景，以及对《爱莲说》和作者周敦颐先生的敬仰。先生以4粒莲子的君子之交，而获得日本朋友提供300万日元（相当于现钞40～50亿日元）的革命军资，可想其中的情谊就不言而喻了。

图6 先生故居门窗上之莲雕　　　　　　　图7 墙上饰挂莲联及莲绣台

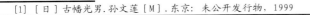

[1]　［日］古幡光男.孙文莲［M］.东京：未公开发行物，1999

图8 莲图匾额

图9 饭桌上的莲藕

孙中山先生爱莲，但他更爱理学家周敦颐《爱莲说》中所描述的莲的"君子"情操。因而，这位民主革命的伟大先驱，为推翻清王朝的封建统治，在他所领导的同盟会从事救国运动，曾多次赴日本进行革命活动；并以莲德莲格与日本朋友建立了深厚的革命友谊。今天，我们走访先生的故居及周敦颐后代的故里，便知孙中山先生爱莲，则有其极深厚的思想基础和文化背景（图6）。在其故居的门框、墙壁等处都饰有莲画和莲联，甚至连故居厨房的饭桌上，仍放有一碗当年先生爱吃的莲藕（图7、图8、图9）。

图10 位于龙头环村的周氏宗祠

去年清明期间，笔者和中山市花卉协会李素霞会长参观了位于沙溪镇龙头环村的周氏宗祠。据报导[1]，为纪念入粤始祖，周敦颐第四世孙周直卿修建了周氏宗祠。中山市周氏祠堂大约建于明代初期，至今有23代，近600传人。周氏宗祠后殿门联书"道源衍派，理学流徽"；前殿朱漆屏风上"爱莲世泽"（图10）；中堂悬挂鼻祖周敦颐的《爱莲说》，而祠堂天井里始终摆设一缸莲花。周氏后人告之："莲花是周氏家族的最爱，也是督促我们后人要像莲花一样，为人正直，洁身自好。"

由此，再进一步探究，沙溪镇龙头环村与先生的故居翠亨村只有数十里之隔，可见孙中山先生从小就受到周敦颐《爱莲说》的感染至深；因而，先生以莲的品格与日本朋友建立革命的君子友谊，其思想背景则源于周敦颐的《爱莲说》，也就可想而知了。

三、名荷争艳 游客如云

近20年来，随着改革开放的政策不断深入，全国各地的荷花节（或荷花展览会）正如火如荼；诚然，这种以荷花为主题的文化活动也影响着伟人故里。2006年，由中山市花卉协会、中山市火炬技术开发区与中国花协荷花分会在得能湖公园共同举办了一次别开生面的荷花博览会。之所以别开生面，是因其反映了几个特点：一是荷花博览会在少花蒔节的中秋节期间举行。一般华南地区的中秋前后，荷花的盛花期转入少花蒔节。由于花期调控和荷花生长环境条件的改善，使

[1] 李华炎.周氏宗祠摆莲花品格代代传［N］.南方日报，2010-06-29. http://www.ce.cn

得能湖公园的荷花在博览会期间艳丽多姿，清香远溢；二是通过荷花博览会解决了得能湖公园荷花生长的难题。据张行言、王其超《荷花》述及[1]："荷花喜欢相对稳定的静水，不爱涨落悬殊的流水。"因此，得能湖公园荷花生长的最大难题，就是水位早晚落差大，导致荷花难以生存。故筑堤拦水，使池塘水位趋于平稳，而有利于荷花正常生长；三是荷花博览会期间展示了伟人爱莲的文化活动。其间以文化长廊的形式宣传孙中山先生爱莲的事迹，以及一贯主张的相关思想和政策（图11、图12、图13）。

图11 中山市荷花博览会场景

图12 博览会上荷花展览小品之一

图13 博览会上荷花展览小品之二

中国花协荷花分会会长王其超教授在荷花博览会上致辞："以名人命名荷花，唯独中山。"如今，中山市的公园和风景区都有"孙文莲"、"中山红台"和"中山莲"等名荷的芳影，每年吸引成千上万的海内外游客云集伟人故里，品赏名荷的艳丽与清香。

四、莲实产地 再度探究

笔者曾在《'孙文莲'莲实探究》一文所述："孙中山先生赠送日本朋友的4粒莲子是从他的故乡广东带去的，至于是广东何处的莲子，目前却无确切的资料证实。从他活动的范围来分析，很有可能收藏于广州，也可能是汕头，但也不能排除他的出生地香山，因为香山民间

[1] 张行言，王其超.荷花[M].上海：上海科学技术出版社，2003：66~67

也有种莲的习惯。有关'孙文莲'莲实，究竟出自广东的何地，有待进一步的研究探讨。"据所收集的史料表明，"孙文莲"的莲子是孙中山先生从他的故乡香山带去的。其理由有三：首先，按中山市现藏康熙版、乾隆版、嘉靖版及道光版的《香山县志》，《志》中均记载了香山民间种植莲及莲藕。直至上世纪末，民间仍有种莲的习惯，且传承的荷花品种，则由王其超，张行言教授鉴定命名；其次，据报导[1]：孙中山先生1912年4月辞去临时大总统后，而"5月27日他经澳门回到翠亨村故居，28日南朗墟商绅父老特为孙中山荣归故里举行欢迎会"。说明孙中山先生在日本进行革命活动之前回过香山，可分析从家乡带4粒莲子藏在身边完全可行，故为"莲子从他的故乡带去"，提供有力的证据；其三，从现翠亨村故居所藏的莲雕、莲画等，以及龙头环村的周氏宗祠，也反映出先生爱莲和赠莲子给日本朋友的思想初衷。

因而，通过所收集的史料和考察，笔者再次探究，孙中山先生赠送日本朋友的4粒莲子是从他的故乡香山带去的，为当时中国的民主革命胜利获得300万日元（相当于现钞40~50亿日元）的革命军资，其意义深远且重大。

[1] 萧嘉.孙中山1912年石岐之行[N].中山日报，2003-4-1

园林建筑中的荷饰与雕塑景观

园林建筑是为人们提供休憩、游乐、赏景之处所，其空间环境轻松活泼，且富于情趣的艺术气氛。我国的园林建筑既丰富又多样，如厅、堂、轩、楼、阁、榭、舫、亭、廊等。通常筑于园之中心位置；或建于小丘之巅；或濒水而筑；或依势而曲；或掩映于藤萝之间，意境深邃，情趣横生；而园林建筑的造型或图案装饰也丰富多彩，有人物、山水、花卉、鱼鸟、兽虫等，其中许多饰有荷花图案，或荷花造型，成为园林景观中不可缺少的一部分。园林雕塑常以神话、传说、名人或动植物为题材，装饰和点缀园林水景，或者配合有主题的景点，深化主题。由此，雕塑（荷饰）因园林水景而生色，园林水景又因雕塑（荷饰）而升华。

一、荷花图案在园林建筑中的应用

荷花图案在园林建筑中的应用，自古有之。笔者在《上篇·荷文化在历代皇家园林中应用、传承与发展》中提及：2005年考古工作者在西安唐长安城大明宫太液池遗址进行考古发掘，太液池池岸和池内出土大量的条砖、方砖、瓦当、鸱尾、础石、陶瓷三彩等建筑和生活遗物。发现其中有不少用于园道的莲纹方砖，亭榭的荷花瓦当及石狮子莲花座望柱，这是唐考古历代发掘中出土最精美的园林建筑石构件，有些还是罕见的珍品。到宋代，自周敦颐的《爱莲说》问世后，荷花的形象更是深入人心。于是，荷花图纹普遍装饰于各类园林建筑中，至清时，应用更为广泛。

在现代园林建筑中，荷花图纹的应用成为一种时尚。而应用的形式多种多样，有的饰于廊上或墙面，如北京颐和园、保定古莲池、拉萨罗布林卡等景区的游廊均饰有荷图（图1、图2）；而深圳洪湖公园大门右侧围墙，将咏荷唐诗宋词的意境，以浮雕的形式展现在游人面前，

图1 保定古莲池廊上荷饰

其诗情画意尤浓，使公园文化品位得到升华（图3、图4、图5）；还有东莞桥头镇莲湖渡假村（现三正半山酒店）墙体上饰有荷花浮雕，高雅大方，气势恢宏，荷文化氛围尤浓（图6），以及大堂、楼梯、走廊、地板、天井、叠水墙、洗手间等处都饰（嵌）以莲纹或荷花图案（图7、图8）。

图2 拉萨罗布林卡廊柱上荷图

图3 深圳洪湖公园大门右侧浮雕之一

图4 深圳洪湖公园大门右侧浮雕之二

图5 九江市侧浮雕效果

图6 饰于墙面上的荷画浮雕

图7 室外墙体荷饰

图8 室内荷饰

图9 保定古莲池桥亭以莲蕾状装饰的栏柱

图10 番禺莲花山酒店前莲瓣状装饰盆

在一些园林亭桥、楼阁、围墙等建筑上，饰有荷花图案（或荷花造型），均获得良好的景观效果。如保定古莲池景区，以及各地部分公园、风景区的桥体（或桥柱）均缀有荷纹或造型，古朴庄重，美观大方（图9、图10）；有的嵌于亭榭的护栏，如东莞桥头莲湖渡假村的建筑护栏上，则嵌有荷花荷叶，形象逼真，效果极佳。

二、 人物雕塑

赏荷景区的园林雕塑，其题材应有园林雕塑所在的景观环境来决定。这是为了使雕塑美与环境

图11 佛山三水荷花世界荷仙子

图12 位于许昌护城河岸畔的荷仙女塑像

图13 位于深圳洪湖公园的现代荷花女塑像

美相互统一和相互补充。景观环境包括微观和宏观景观环境，前者为自然环境，后者为地理环境、历史环境、社会环境、文化环境和时代环境。如佛山三水荷花世界景区的"荷仙子"雕塑（图11、图12、图13），主要依据社会环境（神话传说）和自然环境（荷花景观）；深圳洪湖公园荷展馆前的"荷花女"塑像，以现代女性的形象展现，手托荷花，热情奔放，反映出时代感。

图14 清华大学荷塘边的朱自清塑像　　　　图15 曲江池遗址公园的唐代诗人雕塑群

其题材则依据文化环境、时代环境和自然环境所确定；而许昌街头矗立的"荷仙女"塑像，因历史上许昌就有荷花城之称，故所筑的"荷仙女"也应由其历史环境、文化环境和自然环境（荷花景观）为依据了。清华大学"水木清华"北岸的朱自清塑像，这是当年朱自清先生写就名篇《荷塘月色》之处。还有西安曲江遗址公园荷池畔的唐代诗人群雕，此情此景，把人们带到了跨越千年前的李唐盛世（图14、图15）。

三、以荷花形状造型

有的景区或公园大门以荷造型，如深圳洪湖公园和佛山三水荷花世界大门，都以荷花造型（见"荷花世界，园林典范"中图2所示）；当走进荷花世界景区广场，首先映入眼帘，是一座宽60米、

图16 番禺莲花山旅游风景区荷花形状的睡莲池

图17 海南博鳌禅寺喷泉广场以白色荷瓣造型

高22米的大门，左右各有3片巨大、粉红色莲瓣，下边是绿色立柱和曲线弧梁，宛如一朵逐渐开放的荷花；中间黄色网架代表莲蕊，而张拉纲绳意喻"藕断丝连"，其造型简洁醒目，文化意蕴颇深，则让人浮想联翩。还有三水荷花世界在建筑设计上，设计者以荷叶造型，使景观建筑与传统的荷花工艺有机地融为一体，给人一种新颖、别致的建筑景观之感（见"荷花世界，园林典范"中图7所示）。这种独特的建筑景观，弘扬和传承了悠久的荷文化，使之更加灿烂辉煌。番禺莲花山旅游风景区睡莲池造型，亦新颖别致；登高腑视，好似一朵盛开的荷花，与周边的环境融洽，饶有情趣（图16）。海南博鳌禅寺喷泉广场以白色莲瓣盛放，其间喷头以莲实（莲

图18 九江市街头绿地上的荷花雕塑群之一

图19 九江市街头绿地上的荷花雕塑群之二

图20 江苏常州荷园芙蓉广场上的"新爱莲说"雕塑群

蓬）造型，形象逼真，别具特色（图17）。而以荷花为市花的九江市，别出心裁，在城区中心的公共绿地上，矗立荷花雕塑群，以突出城市市花的形象（图18、图19）。还有江苏常州荷园芙蓉广场的"新爱莲说"雕塑，则以千余支红色莲蓬组成，红色代表生命，莲象征着生命的轮回，而"新爱莲说"雕塑象征青春与生命（图20）。

四、以荷花造型的园林灯饰

园灯也是园林的一种装饰，以荷花造型的园灯典雅、大方、别致，更具有装饰性。如广州番禺亚运大道两侧的路灯，在数十公里大道两侧的灯柱上以荷花造形（图21），它不仅可为游人起到

图21 番禺亚运大道上的荷灯造型

引导作用，还是一道靓丽的风景线。在番禺莲花山风景旅游区赏荷完后，然到酒店餐饮，酒店内的荷花灯饰更是富丽堂皇（图22、图23）。还有东莞桥头莲湖公园的园灯，亦创意新颖，别具特色（图24、图25）。

图22 番禺莲花山旅游区酒店的荷灯

图23 荷花壁灯

图24 东莞桥头镇莲湖畔的荷灯之一

图25 东莞桥头镇莲湖畔的荷灯之二

下　篇

荷文化杂论

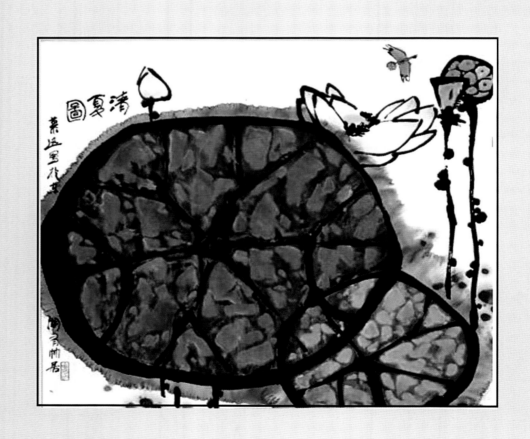

小记：中国荷文化，其历史悠久，灿烂辉煌；且内容丰富，博大精深；无论文学艺术、音乐舞蹈、园林建筑，还是食饮保健、宗教流派，它都渗透到全社会的方方面面。从最早的诗歌总集《诗经》到晚清经典小说《红楼梦》，其间数千年的古籍史料、诗词赋章、小说杂记、经文偈颂等等，均彰显着荷文化的华彩与美妙。本篇"杂论"则记述了荷文化与相关方面的点点滴滴。

今日的荷花节（荷花展览会）由何发展而来？探其源，它由荷花的生日会演变、传承至今。古时的荷花生日有多种说法，如"六月初四"说，"六月二十"说，"六月廿四"说及"雷祖生日"说等，究竟荷花有多大岁数？谁也说不清。后借助史料对这些说法作一些客观地探讨，认为只有苏州民间流传广泛的"农历六月廿四"，则符合荷花的生物学生长特性。北宋理学先驱周敦颐所写的传世佳作《爱莲说》，则以赞美荷花之品格，颂以君子之气节，客观地对追名逐利、趋炎附势的社会现象予以批评，高度地表现出作者的处世态度与情操；其中的佛理与禅意甚深，这与当时盛行于南方的禅宗有着千丝万缕的联系。读蒲松龄的《聊斋志异》，其中"寒月芙蓉"专叙大明湖冬日荷花之盛景，小说具有超前意识，从其《聊斋志异》、《蒲松龄诗集》、《农桑经》等著作进行全面分析，作者受道教"天人合一"生态思想浸淫极深；且可知"寒月芙蓉"不是主观臆造，而凭其博广的农业理论知识与长期在农村细心观察的实践，以及熟练流畅的文笔而创作；随着社会的进步，科技创新，蒲松龄这种超前意识，在300年后的今天已得到证实。晚清著名小说家曹雪芹的《红楼梦》，解读书中与莲有关的园林建筑（如藕香榭）、园景、诗词、食饮等莲意象，对其文化涵义与京沪两地大观园之莲景进行浅析，可见《红楼梦》是一部具有高度思想性、艺术性的伟大作品，也是一本文化底蕴丰厚的造园全书；是曹雪芹对当时江南园林和帝王苑囿创作的总结，故对后世园林建造产生了积极且深远的影响。众所周知，莲花与佛教的关系甚密，几乎成了佛家的代名词。其实，道教视莲花为仙物，对其也顶礼膜拜。为何道家对莲花如此崇拜？考查史籍，不难发现，道教崇莲的缘由，与道家的文化背景、思想信仰以及生命观，都有着极为密切的关系。于是与莲花有关的种种长生成仙的传说，也就应运而生。从自然属性上看，绝大多数动植物可食用，能维持人的生命机体，这对原始先民来说，都已认识，不需要什么想象力。由此，原始先民用动植物来体现某种精神作用，并把动植物与社会精神意识联系在一起时，则产生了一种象征。选择植物的花、叶作为女阴的象征，因其外形轮廓与女阴相似，如"鱼穿莲"亦属古代图腾文化(或卵生文化)之范畴，反映了古人对莲花生殖的崇拜。盛产莲花的印度，是世界四大文明古国之一。在印度这宗教派别林立的国度里，莲花则成为各教派崇拜的"圣物"。翻开印度共和国悠久的历史文献，在公元前后四千多年间，无数的文人以各种文学体裁为莲花写下了不计其数的名篇佳作。由我国国学大师季美林先生等人翻译的印度著名史诗《摩诃婆罗多》和《罗摩衍那》（梵文）等文学作品，在国内最具权威性。这些赋莲的不朽篇章，今人读来，对探讨天竺古国的佛学思想、美学特征，以及异域的民俗风情，都具有深远的意义。

荷花展览会（或荷花节）与荷花生日

当今，全国荷花展览会及地方性荷花节像雨后春笋，风涌云起，已成为观光旅游的一种时尚。早在20世纪80年代，王其超教授对荷花展览会或荷花节，曾作过高度概括[1]："花卉展览给人以自然美和人工美的享受，荷花展览有独到之处。其一，荷花盛开于少花季节的盛夏，可填补花展空隙。其二，人们多知荷花适生湖塘，对盆栽缸植不甚熟习，也未见过如此繁多的荷花品种，尤对碗莲感到稀奇。故举办荷展，可吸引群众，扩大影响。其三，荷花展览从筹备到展出，不消3月，这般神速，决非他花之能见效。其四，只要备足缸盆、基质，一次性引进种藕后，年年可举办花展，且可出售品种。故投资少，费力小，效益高。"20多年来，全国乃至地方性荷花节在大江南北如火如荼的举办，它有力地推动了中国荷花事业的迅速发展。然，有关荷花节（或荷花展览会）的缘由，这还得先从荷花的生日说起。

一、荷花生日会探源

古时，荷花的生日有多种说法[2]：如"六月初四"说，"六月二十"说，"六月廿四"说及"雷祖生日"说等，究竟荷花有多大岁数？谁也说不清。为此，只能借助史料对这些说法作一些客观地探讨，以求其合理性。

1. "六月初四"说

南宋时期，俗传南京地区农历六月初四为"荷花生日"。据邢湘臣《"荷花生日"三说》述[3]：引石三友《金陵野文·南京夏日风情录》叙及："六月初四日，为荷花生日，是日，用纸制灯，燃放中流，以为荷花祝寿。有荷花的地方，都有人放荷花灯，以为祝暇。"此日，为荷花祝寿的宾客簇拥而来；随之，驾舟湖上，摘荷遮阳，穿梭花间，真是"汗衫无庸拭，风裙随忘开，棹移浮荷乱，船进倚荷来"。那祝寿的莲歌伴奏锣鼓声，此起彼落，蹦顿波心。可惜，这集"祝寿、观荷、寻乐"

[1] 王其超，张行言. 中国荷花品种图志 [M]. 北京：中国建筑工业出版社，1989：49
[2] 詹一先主编. 吴县志 [M]. 上海：上海古籍出版社，1994
[3] 邢湘臣. "荷花生日"三说 [J]. 农业考古. 2003，（3）：234～235

于一体的景象，到民国时就渐消衰了。

2."六月二十"说

广州俗语"吐荷花"与观音菩萨有关。据《佛教的莲花》述[1]：观音菩萨足踩莲花，云游四海，普渡众生。相传，观音菩萨云游归来之日，为公历六月二十日。可菩萨归来却无座可坐；于是，观音神驰构思，随之口吐一颗世上与天堂都没有的莲子，弹指扬空，顿化为一朵香溢万里，金碧辉煌的荷花为座。菩萨之物，荷花倍于高雅而有灵性。所以，观音菩萨云游归来之日（六月二十）即为"荷花诞"。广州人每当荷花诞之日，在莲田埂头烧香，且虔诚地望着荷花祈祷："荷田叶绿，多子多福"。祈语"子"，指莲子；"福"取"幅"的谐音，"幅"指荷叶，故有"一幅荷叶"之说。叶多藕长，象征岁岁丰收 图个好收成之意。

3."六月廿四"说

据清顾禄《清嘉录》载[2]，作者引《城南草堂集》所叙："六月廿四，谓之荷诞，实无所出，惟内观日疏。是日为观莲节。晁采与其夫各以莲子相馈遗。昔有扶乩者，是日降坛。诗云：'酒坛花气满吟笺，瓜果纷罗翰墨筵；闻说芙蕖初度日，不知降种自何年'。盖嘲之也，云云。然相沿既久，类成风俗。"这天为观莲节，唐代大历年间，江南吴郡（今苏州）才女晁采，与郎君文茂情意绵绵。一次，她暗送莲子给郎君，并写道："吾怜子（莲子）也，欲使君知吾心苦耳！"郎见之，将莲子播院内水池，不久池中莲儿花开，居然是并蒂莲；同样，郎君将新莲馈赠晁采，晁采欣喜之余，吟诗送文茂："花笺制诗寄郎边，鱼雁往还为妾传；并蒂莲开灵鹊报，倩郎早觅卖花船。"所谓扶乩，则在竹架上吊一根细棍，二人扶着竹架，并叩问晁神下凡，其棍就在沙盘上画出字句，作为神旨。当然，这是一种迷信活动，属无稽之谈；但，六月二十四观莲节，作为荷花的生日，被江南民间传承，已形成风俗。因而，苏州地区每逢此日，红男绿女们画船箫鼓，纷纷集合于苏州葑门外二里许的荷花荡，给荷花上寿；且酒食征逐，热闹一番；逛完荷花荡后，再买些荷花或莲蓬带回家。因夏季又多雷雨，游人往往被淋得像落汤鸡一般赤脚而归，故俗有"赤脚荷花荡"之谣，足见其狼狈相了。

后来，这一习俗则激起文人墨客的雅兴，纷纷吟诗填词，写下许多脍炙人口的佳作。清诗人邵长蘅（1637-1704年）《冶游》咏："六月荷花荡，轻桡泛兰塘；花娇映红玉，语笑熏风香。"而舒铁云（1765-1815年）《荷花荡泛舟作》亦吟："吴门桥外荡轻舻，流管清丝泛玉凫；应是花神避生日，万人如海一花无。"兴致勃勃地去观荷，却偏不见一花，真是让人扫兴，那只得以花神避寿解嘲了。清沈朝初《忆江南》赋："苏州好，廿四赏荷花。黄石彩桥停画，水晶冰窖劈西瓜。痛饮对流霞。"还有张远南《歌子》作："六月今将尽，荷花分外清。说将故事与郎听。道是荷花生日，要行行。粉腻乌云浸，珠匀细葛轻。手遮西日听弹筝。买得残花归去，笑盈盈。"值得一提的是，清代著名"扬州八怪"之一罗聘爱妻方婉仪，号白莲居士，能"习诗书，明礼度，兼长于诗画"。在她六月二十四的生日时，咏《生日偶作》："冰簟疏帘小阁明，池边风景最关情；淤泥不染清清水，我与荷花同日生。"

[1] 全佛编辑部. 佛教的莲花 [M]. 北京：中国社会科学出版社. 2003.
[2] [清] 顾禄. 清嘉录 [M]. 南京：江苏古籍出版社. 1986:165～166

4."雷祖生日"说

旧俗浙江嘉兴民间流传雷祖生日为"荷花生日"。而雷祖的生日又是何年何月何日？据何天杰《论雷祖的诞生及其文化价值》所叙[1]："明清时代雷州地区的地方志开始编造陈文玉出身的故事，与雷州地区的自然地理、文化历史渊源、民俗民风也是密不可分。雷州地处热带，日照猛烈且时间长；雷州半岛地形呈龟背形，三面海风都很容易吹刮至半岛的腹地；雷州地表覆盖着颜色偏深的玄武岩和砖红壤，更容易吸收太阳辐射，有助于产生强烈的空气对流，形成雷击。"据清屈大均《广东新语•神语•雷神》述[2]：作者引用阮元编修《广东通志》中[3]雷神出生事迹后，则以"此事诞甚"作结。春夏之交，雷电是广东雷州半岛频发的季节，仅凭雷电发生的时间为雷祖生日，屈大均也没有具体说清楚。而清张廷玉撰《明史•礼志四》载[4]："弘治元年，尚书周洪谟等言：雷声普化天尊者，道家以为总司五雷，又以六月二十四日为天尊现示之日，故岁以是日遣官诣显灵宫致祭。"然，只有张廷玉在《明史》中对雷祖的生日作了交待。

由雷祖生日演变为荷花的生日，这只流传于浙江嘉兴民间。据说，这天市民倾城游南湖，可免费渡船；而农民到烟雨楼附近的雷祖殿进香烧纸祝寿。南湖游船汇集，大小船只数百。小船盖有顶篷，摆渡载客。夜晚，南湖湖面放荷花灯，以纸扎灯，下系木片，中燃红烛，飘浮水上，多至千盏。烟雨楼则通宵达旦供应茶酒面食；同时，还有昆曲社在湖上举行曲会助兴。

5.判断"荷花生日"的合理性

综上几种说法，哪一种既客观又合理，这应根据不同地区的气候环境条件和荷花的生物学特性来判断。以长江流域为例，农历六月廿四已是公历七月下旬，正值荷花生长茂盛时期，处于长江下流的苏州民间百姓，逐渐形成了六月廿四赏荷的文化习俗。久而久之，这种习俗被当地文人墨客吟诗作画大势渲染，也就演变成"荷花生日"。为此，王其超教授有精辟的论述[5]："其实，荷花生日毫无根据。大家知道，荷花是古老植物之一，远在一亿三千五百万年以前，地球上便出现了荷花，谁能说清哪年是它的出生年呢？古人中也有不以荷花生日为然的，如清晁降坛诗云：'酒坛花气满吟笺，瓜果纷罗翰墨筵；闻说芙蕖初度日，不知降种自何年'？"故以上四种说法中，只有"农历六月廿四"流传广泛，且符合荷

图1 荷花仙子生日会

[1] 何天杰.论雷祖的诞生及其文化价值 [J]．华南师范大学学报（社会科学版）．2008（3）：66～72
[2] [清]屈大均撰．广东新语 [M]．北京：中华书局，1985
[3] [清]阮元修．广东通志 [M]．上海：上海古籍出版社，1995
[4] [清]张廷玉撰．明史 [M]．北京：中华书局，1974
[5] 王其超，张行言．中国荷花品种图志•续志 [M]．北京：中国建筑工业出版社，1999：69

花的生物学生长特性（图1）。

如今，全国及各地举办的荷花展览会（或荷花节），其实就是"农历六月廿四"荷花生日会的传承与发展。

二、全国荷花展览会

在全国众多名花展览中，唯有荷花展览会独具特色：其办展规模大，持续时间长，展览内容丰富，社会和环境效益好，且突出"和谐社会"的政治主题。回顾20世纪80年代举办全国荷花展览会，这不得不谈武汉市园林研究所原所长、现中国花协荷花分会名誉会长王其超教授，正是这位德高望重的中国荷花界权威，创造性地举办荷花展览会。记得当初举办荷展时，王其超和张行言教授不畏艰辛，努力克服种种困难，在济南成功举办了全国第一届荷花展览会；从此，中国荷花展览会与王其超的名字紧密联系在一起。据张行言等《荷花》报导[1]："从1987年始中国花卉协会荷花分会（含前身中国花协荷花科研协作组）在济南市组办首届全国荷展成功后，至1996年连续组办全国性的大规模的各具特色的荷花展览，20多年不间断。这在中国名花花展中绝无仅有，为中国花卉发展史谱写了一页五彩斑烂的篇章。"这并非浮夸之词，从《荷花》一书中可看出：这10年全国荷花展览所反映良好的社会效益和经济效益，则有目共睹，让人青睐（图2、图3）。故将全国荷展会的特色和优势作一陈述。

图2 武汉第21届全国荷花展览会

图3 苏州第23届全国荷花展览会欢迎宴会

1.办展规模可大可小

全国荷花展览会，与梅花、菊花、牡丹、兰花、月季、水仙等名花展览较之，其办展规模可大可小，具有一定的灵活性。如2003年在河北白洋淀荷花大观园举办第17届全国荷花展览会，其园区占地面积近2 000亩，精品荷园面积3.8万平方米，荟萃中外荷花品种366个，成为规模最大的荷花展览会；又如1996年和2009年在苏州拙政园举办第10届和第23届全国荷花展，拙政园分东部、中部和西部三个景区，赏荷景区主要集中于中部和西部，其池水面积约43亩，其规模较小。但赏荷景点布局合理，小巧精致，意趣盎然。因而，不受展览面积大小所限，同样获得良好的展览效果。

2.办展持续时间长

展期持续时间长，是全国荷展会的又一特色。自1987年举办首届荷展至今，共办全国性荷花展

[1] 张行言，王其超. 荷花[M]. 上海：上海科学技术出版社，1998：136～137

览25次，年年举办，从不间断。这是因为荷花不同于梅花、牡丹等名花，非有花不可；可荷花不一样，若无花，其叶翠润欲滴，迎风摇曳，亦人见人爱。还有每次荷花展览的时间也比其他名花要长，如第九届全国荷展在深圳市举行，而深圳洪湖公园湖塘荷花（'红建莲'和'一丈青'）的第一次盛花期到末花期，其群体花期可持续两月有余。

3.办展方式多样

就全国荷展办展的方式则灵活多变。因荷花的生长特性、栽培管理措施不同于其他名花，这为举办荷展创造了条件，且通过荷展能促进地方的旅游事业。于是，各地地方政府、园林部门纷纷向中国花协荷花分会申报举办，其申报程序犹如申报奥运会一样，先申报后考察再决定；有时一届荷展在两处或三处举行，如第21届全国荷展于2007年7月初在武汉举行开幕式，同时于7月末在大连举行；再如第23届荷展于2009年6月在澳门举行开幕式，同时于7月在苏州的拙政园和荷塘月色湿地公园两处（两地三处）举行，等等，这种办展方式是其他名花所不及的。

4.办展内容丰富多彩

全国荷展展出的内容，由过去单一观赏荷花品种，扩充到丰富多彩的荷文化及文艺表演活动；再由展览会的形式朝旅游观光农业方向发展。并且每届全国荷展期间，由中国花卉协会荷花分会召开一次"国际荷花学术研讨会"，来自美国、泰国、俄罗斯、日本、韩国、澳大利亚等专家学者作学术交流，以不断提高荷花及水生植物的研究水平（图4）。因而，每届

图4 2008年荷花学术研讨会

全国荷展在不同的城市举办，基本能反映出当地的文化背景和地方特色。

三、地方荷花节

由于受全国荷花展览会的影响，各地有条件的地方都举办荷花展览会，或荷花节，或荷花艺术节，如深圳市荷花展览会、杭州市西湖荷花节、东莞市荷花艺术节、广州市番禺荷花节、武汉市东湖荷花节等，以及苏州、济南、济宁、滕州、扬州、大连、中山、广昌、湘潭、佛山三水荷花世界等城市的公园或莲产区，利用本地的优势和条件举办荷花节，有的是丰富社区文化生活，也有的借此招商引资，促进当地荷花（或子莲）事业的发展。

1.丰富社区文化生活

各地举办荷花节（或荷花展览会），为周边市民提供了一个环境优雅、鸟语花香的休闲场所，且 有力地丰富了社区的文化生活。如深圳市政府每年拨款50万在洪湖公园举办荷花展览会。展览期间，开展荷花摄影展、荷花书画展、荷花插花展、荷花文化长廊等，至目前共举办了22

届荷展。因而，积极丰富社区文化生活的同时，也提升了公园的文化品位。继深圳荷花展览，东莞市 桥头镇也年年举办荷花艺术节。桥头镇政府大做荷花的文章，通过荷花艺术节改善地方的文化休闲环境，该镇以"荷"或"莲"命名的宾馆、酒店、度假村等就有十多家，如"三正莲湖度假村"座落在桥头镇莲湖畔，村内的园林、建筑布置及设施，则突出了丰富的莲文化，就连客房的小摆件及挂饰都贴上莲图莲纹（图5）。

2.带动旅游观光农业

近十多年来，借鉴全国荷展的方式，各地涌现出一种新型的荷花旅游观光活动，如山东济宁微山湖荷花节、滕州微山湖湿地红荷节、湖南洞庭湖（团湖）荷花节、黑龙江肇源莲花节等。这些地区的政府部门围绕"以荷为媒、文化搭台、经贸唱戏、促进发展"的方针，突出"生态、和谐、发展"之主题，凭借丰富的荷花资源，由此带动当地

图5 深圳市荷展文化长廊

的旅游业，收到良好的社会效益，环境效益和经济效益。

值得一提的是，广州市番禺莲花山风景旅游区，虽没有像山东微山湖和湖南洞庭湖那样丰富的野生荷花资源，但莲花山风景旅游区的策划者利用地形、地貌辟山筑池，引植百余个荷花及睡莲品种。每年荷花节活动期间，红荷盛开，白莲竞放，翠盖摇曳，清香远溢。那游客或漫步于莲桥，莲亭，莲径；或停留在荷间尽情地赏其色，品其姿，闻其香。真是游人如织，热闹空前，荷花节也就成了广州及珠江三角洲地区旅游的热点。

3.招商引资，促进子莲（藕莲）产业发展

通常子莲产区举办荷（莲）花节，是以经济发展为前提，利用广袤无垠的子莲资源，促进生态旅游业。如江西广昌国际莲花节、湖南湘潭湘莲节等，在现代快节奏生活中，让人们体味乡土的宁静与闲适，体验民间的文化与风俗，去寻找返朴归真的感受。由此招商引资，带动绿色旅游，促进当地经济发展。同理，藕莲产区如江苏金湖荷花艺术节、武汉蔡甸莲藕节等，均借莲藕节或荷花节为契机，发展生态旅游，且提高莲藕的经济效益。

追根溯源，今天的荷花展览会（或荷花节）是由荷花生日会演变、传承和发展而来。历经20多届的全国荷花展览会，创始人从种种困难中不断总结经验，又从经验中探索存在的问题，使全国荷展会成为众多名花展览的品牌。受全国荷花展览会的影响，各地政府部门利用当地丰富的荷花资源，举办荷花展览会，或荷花节，或荷花艺术节，或莲藕节等，其目的是发展绿色旅游，提高社会效益、环境效益和经济效益。

《红楼梦》莲意象与大观园莲景解读

　　曹雪芹的《红楼梦》是一部具有高度思想性、艺术性的伟大作品，也是一本文化底蕴丰厚的造园全书，其中不乏莲景及文化内涵。而大观园则是《红楼梦》中贾府为元妃省亲而修建的行宫别墅，也是曹雪芹对当时江南园林和帝王苑囿创作的总结，故对后世园林建造则产生了积极且深远的影响。"藕香榭"位于大观园之西部，且紧邻水池中央。由水榭、小亭、曲廊及曲折竹桥所共同构成的建筑群，四面莲花盛开，清香扑面，景致幽雅宜人。随着时代更替，由于现代人对曹雪芹造园思想的崇拜，北京和上海园林部门按照《红楼梦》中的意境仿建大观园；然笔者就《红楼梦》中莲意象及京沪大观园的莲景，作一浅析。

一、《红楼梦》中的莲意象及文化涵义

　　通读《红楼梦》小说，再细品其中章回情节，发现多处章节描述有莲的景致、莲联或莲诗、莲食和莲名等。在这些莲意象中，可猜测出曹雪芹那深厚的文化艺术修养和广博的园艺知识，而这些都散见于各章回情节之中。

1. 大观园莲景

　　《红楼梦》大观园中的莲景，主要在藕香榭，以及紫菱洲、芦雪庵、蓼风轩等处。据第38回《林潇湘魁夺菊花诗　薛蘅芜讽和螃蟹咏》述[1]："原来这藕香榭盖在池中，四面有窗，左右有回廊，也是跨水接峰，后面又有曲折桥。"水榭四面荷花盛开，不远处岸上有两棵桂花树。惜春的闺房"暖香坞"就离藕香榭不远处，大观园中姐妹丫环到惜春的处所，总要"穿藕香榭，过暖香坞来"。而第31回《撕扇子作千金一笑　因麒麟伏白首双星》云[2]："翠缕道：'这荷花怎么还不开？'湘云道：'时候儿还没到呢。'翠缕接答：'这也和咱们家池子里的一样，也是楼子花儿。'湘云道：'花草也是和人一样，气脉充足，长的就好'。"翠缕是史湘云的丫环。这一对主仆的对话，把藕香榭的莲景呈现更为趣味生动，春意盎然。莺草四月天的江南，莲叶刚挺出

---

　　[1]［清］曹雪芹. 红楼梦[M]. 北京：作家出版社，2006：326~333
　　[2]［清］曹雪芹. 红楼梦[M]. 北京：作家出版社，2006：265~273

水面，那田田碧叶，青翠欲滴，圆润可爱；而莲花还没有开出来，是因为时令未到。欠缺农事常识的丫环翠缕，当然就不知莲花盛开的时令了。

第67回《见土仪颦卿思故里　闻秘事凤姐讯家童》云[1]："刚来到沁芳桥畔，那时正是夏末秋初，池中莲藕新残相间，红绿离披。"沁芳桥处于贾宝玉的怡红院和林黛玉的潇湘馆之间，建在沁芳池上，桥上筑有沁芳亭；而"沁芳"二字为贾宝玉所题。桥四通八达，是出入大观园所必经之路。夏秋之际，沁芳池面上的莲花随季节变化，则呈现出由荣到衰的秋天景象。

藕香榭不仅仅观荷，还是大观园男女赏月的好去处。据第76回《凸碧堂品笛感凄清　凹晶馆联诗悲寂寞》所述[2]："池沿上一带竹栏相接，直通着那边藕香榭的路径。……只见天上一轮皓月，池中一个月影，上下争辉，如置身于晶宫鲛室之内。微风一过，粼粼的池面皱碧叠纹，真令人神清气爽。"接下来，"只听打得水响，一个大圆圈将月影激荡，散而复聚者几次。只听那黑影里'嘎'的一声，却飞起一个白鹤来，直往藕香榭去了"。可见，作者把藕香榭水面那"荷香月影鹤鸣"的生态美景，描绘得如此醉人。

当读及《脂砚斋重评石头记》（甲戌本）时，"天香楼"乃秦可卿淫死之地。据潘宝明《〈红楼梦〉园林艺术的美学意义》所述[3]："从张宜泉诗中看出'地安门外赏荷时，数里红莲映碧池；好是天香楼上座，酒阑人醉雨丝丝'，当可想见天香楼前荷池红莲，涟沦绿篠。"诗中"天香楼"是什刹海附近的酒楼，在莲池北岸，清时南至皇城，西至德胜门，一望数里，皆莲花池也；而张宜泉是曹雪芹的挚友，由此可知，《红楼梦》中所描绘的莲景，也有作者晚年在北京观察的生活素材之一。

此外，第81回《占旺相四美钓游鱼　奉严词两番入家塾》曰[4]："转过藕香榭来，远远的只见几个人在蓼溆一带阑干上靠着……"描绘了大观园蓼溆一带的局部莲景；如一曲池水自蘅芜苑流经凹晶馆、蓼风轩至牡丹亭，池水将几组建筑联系在同一平面上；池上莲花盛开，白石护栏，环抱池沿，栏杆上凸雕狮子立像，栏身刻卷云纹，凹晶馆前二株古松，下面有众人垂钓，正中一女子双手持鱼竿，探身倾前，目视池面，左侧一人拢袖观望，右侧二人搭背站立，另有小童三人，众人聚精会神看着水面。参加垂钓者为探春、李纨、李绮、邢岫烟4人（图1）。

图1　四美垂钓（《大观园图》清　无名氏）

[1] ［清］曹雪芹. 红楼梦[M]. 北京：作家出版社，2006：611～620

[2] ［清］曹雪芹. 红楼梦[M]. 北京：作家出版社，2006：701～711

[3] 潘宝明.《红楼梦》园林艺术的美学意义[J]. 阴山学刊（哲学社会科学版），1989（4）：14～19

[4] ［清］曹雪芹. 红楼梦[M]. 北京：作家出版社，2006：750～753

2. 莲诗莲赋与莲楹

据《红楼梦》第5回《贾宝玉神游太虚境　警幻仙曲演红楼梦》所赋[1]："……荷衣欲动兮，听环珮之铿锵。……莲步乍移兮，欲止而仍行。"这是一首仿楚辞之赋体。"荷衣"源于屈原《离骚》中"制芰荷以为衣兮，集芙蓉以为裳"之句[2]；而"莲步"指古时女子的脚步，如唐李延寿《南史·齐纪下·废帝东昏侯》所述[3]："又凿金为莲华以帖地，令潘妃行其上，曰：'此步步生莲华也'。"

其后，宝玉看见《金陵十二钗副册》首页画，却画着一枝桂花，下面有一方池沼，其中水涸泥干，莲枯藕败，后面书云[4]："根并荷花一茎香，平生遭际实堪伤。自从两地生孤木，致使香魂返故乡"。若仔细品读，这段判词明写荷花，实际上则隐含了薛家丫头香菱的悲惨身世。

在第38回《林潇湘魁夺菊花诗　薛蘅芜讽和螃蟹咏》中[5]：进入藕香榭，柱子上挂着"芙蓉影破归兰桨，菱藕香深泻竹桥"的对联，浪漫地描绘夏日藕香榭的景色；第43回《闲取乐偶攒金庆寿不了情暂撮土为香》咏[6]："荷出渌波，日映朝霞"。此句出自曹植《洛神赋》中"……灼若芙蕖出渌波"之句[7]，是对其精神恋人洛神的赞美；而"荷出渌波，日映朝霞"，也是赞美洛神有如出水荷花那样秀美。

第79回《薛文起悔娶河东吼　贾迎春误嫁中山狼》咏[8]："池塘一夜秋风冷，吹散芰荷红玉影。蓼花菱叶不胜愁，重露繁霜压纤梗。"深秋荷塘，残叶败梗，这本来就是植物季相转换的自然现象。可人见之，则触景生情；而这萧条的景象却引起了宝玉对姐妹分离的人生悲情。故鲁迅先生就此评说过[9]：贾府中"悲凉之雾，遍被华林，然呼吸而领会之者，独宝玉而已"，这话不是没有道理的。而张世君亦陈述[10]："这种自然悲剧意识是中国农业文化、园林文化特有的产物，主张人胜自然的西方人从花开花落的季节循环中看到是生命超越的形式，他们没有伤感，对自然充满礼赞意识。"

3. 莲色莲香及莲食

莲色，也是作者常隐喻或形容人和物的手法之一。如第46回《尴尬人难免尴尬事　鸳鸯女誓绝鸳鸯偶》曰[11]："只见他穿着半新的藕色绫袄，青缎掐牙坎肩儿，下面水绿裙子"。藕，是荷花的地下茎，以其色来形容绫袄的颜色更显自然且贴切；而第97回《林黛玉焚稿断痴情　薛宝钗出闺成大礼》又云[12]："论雅淡似荷粉露垂，看娇羞真是杏花烟润。"在这里作者用"似荷粉露垂"隐喻薛宝钗的端庄雅淡。

[1]［清］曹雪芹. 红楼梦[M]. 北京：作家出版社，2006：41～42
[2]［战国］屈原 著，陶夕佳 注译：楚辞·离骚[M]. 西安：三秦出版社，2009：8～24
[3]［唐］李延寿. 南史[M]. 台北：台湾商务印书馆．1986
[4]［清］曹雪芹. 红楼梦[M]. 北京：作家出版社，2006：43～44
[5]［清］曹雪芹. 红楼梦[M]. 北京：作家出版社，2006：326～327
[6]［清］曹雪芹. 红楼梦[M]. 北京：作家出版社，2006：379～380
[7]［魏］曹植. 曹子建集[M]. 上海：上海古籍出版社，1995
[8]［清］曹雪芹. 红楼梦[M]. 北京：作家出版社，2006：738～739
[9]鲁迅. 中国小说史略[M]. 桂林：广西师范大学出版社，2010：152～153
[10]张世君.《红楼梦》的园林艺趣与文化意识[J]. 东莞理工学院学报，1995，2（2）：76～82
[11]［清］曹雪芹. 红楼梦[M]. 北京：作家出版社，2006：400～409
[12]［清］曹雪芹. 红楼梦[M]. 北京：作家出版社，2006：892～901

荷香与桂香比较，荷花不是浓香而是一种淡淡的清香。第80回《美香菱屈受贪夫棒　王道士胡诌妒妇方》曰[1]："菱角花开，谁见香来？若是菱角香了，正经那些香花放在那里？可是不通之极！香菱道：不独菱花香，就连荷叶、莲蓬，都是有一般清香的。但他原不是花香可比，若静日静夜或清早半夜细领略了去，那一股清香比是花都好闻呢。就连菱角、鸡头、苇叶、芦根得了风露，那一股清香也是令人心神爽快的。"据刘密新等人用色谱法等手段研究[2]，从莲叶中分析出48种精油成分。就是这些挥发性精油，才使莲叶具有令人愉快的清香。在科学研究尚不发达的清代，曹雪芹笔下能流露出如此多的清香，可见作者对莲等水生植物了解和喜爱的程度。

莲的全身是宝，不仅观赏，还可食用、药用及保健之用，这在《红楼梦》中也不乏其描述。如第7回《送宫花贾琏戏熙凤　宴宁府宝玉会秦钟》中"春天开的白牡丹花蕊十二两，夏天开的白荷花蕊十二两，秋天的白芙蓉蕊十二两，冬天的白梅花蕊十二两"[3]；第10回《金寡妇贪利权受辱张太医论病细穷源》之"益气养荣补脾和肝汤"中就有"建莲子七粒去心"的记述[4]。又第35回《白玉钏亲尝莲叶羹　黄金莺巧结梅花络》中宝玉笑道[5]："也倒不想什么吃。倒是那一回做的那小荷叶儿小莲蓬儿的汤还好些。"厨师还仿制了莲蓬、菱角之类的银模子。凤姐儿便笑道："……不知弄什么面印出来，借点新荷叶的清香，全仗着好汤，我吃着究竟也没什么意思。"这种以莲蓬、莲花和莲叶的形状制作的各种佳肴，在今人的宴席上则屡见不鲜。还有第41回中的"藕粉桂花糖糕"[6]，藕粉是江南一带的著名特产，据《本草纲目拾遗》记载[7]："冬日掘取老藕，捣汁澄粉，干之，以刀削片，洁白如鹤羽，入食品。先以冷水少许调匀，次以滚水冲入，即凝结如胶，色如红玉可爱，加白糖霜掺食，大能营胃生津。"所以这是一道具江南风味的精美糕点。

4.莲名及其他

以莲取名，也是《红楼梦》中一种有趣的文化现象。第1回中"英莲"是丫环香菱的原名，香菱十几岁卖给薛蟠作侍妾，后被薛蟠正妻夏金桂凌辱虐待，含恨而死[8]；第37回和第42回中"藕榭"及"藕丫头"是贾惜春的雅号[9]；第58回中"藕官"是大观园的女戏子[10]；第61回中"莲花"是贾迎春的丫环[11]。还有柳湘莲系世家子弟，其父母早丧，读书不成；其性情豪爽，耍枪舞剑，吹笛弹筝，是宝玉等人的好友[12]。

另外，在曹雪芹笔下的人名，还有一种奇特的现象，就是以水生植物取名见多。如第13回《秦可卿死封龙禁尉　王熙凤协理宁国府》中"贾菖"、"贾菱"、"贾芹"、"贾萍"、"贾藻"

[1]［清］曹雪芹.红楼梦[M].北京：作家出版社，2006：742～749
[2]刘密新，吴筑平等.荷叶精油与生物碱的分析研究[J].清华大学学报（自然科学版），1997，37（6）：35～37
[3]［清］曹雪芹.红楼梦[M].北京：作家出版社，2006：50～52
[4]［清］曹雪芹.红楼梦[M].北京：作家出版社，2006：89～90
[5]［清］曹雪芹.红楼梦[M].北京：作家出版社，2006：297～305
[6]［清］曹雪芹.红楼梦[M].北京：作家出版社，2006：354～362
[7]［清］赵学敏.本草纲目拾遗[M].上海：上海古籍出版社，1995
[8]［清］曹雪芹.红楼梦[M].北京：作家出版社，2006：2～11
[9]［清］曹雪芹.红楼梦[M].北京：作家出版社，2006：314～325
[10]［清］曹雪芹.红楼梦[M].北京：作家出版社，2006：363～371
[11]［清］曹雪芹.红楼梦[M].北京：作家出版社，2006：522～529
[12]［清］曹雪芹.红楼梦[M].北京：作家出版社，2006：545～552

等[1]；众所周知，莲花、菖蒲、菱角、水芹、绿萍、水藻等均为赖水而生的植物，然以水生植物取人名，足以说明作者对水生植物的偏爱及园艺知识的深博。

二、藕香榭及其景致探源

藕香榭为《红楼梦》大观园中一处以赏莲为主体的园林建筑。据东汉末年刘熙《释名疏证》云[2]："榭者，借也。借景而成者也。或水边，或花畔，制亦随态。"故水榭通常指供游人休息、观赏风景的临水园林建筑。而五代刘昫（公元887-946年）《旧唐书·裴度传》曰[3]："东都立第于集贤里，筑山穿池，竹木丛萃，有风亭水榭。"据介绍，大观园中的藕香榭盖在池中，四面有窗，左右有回廊，跨水接峰，后有曲折桥；除大观园的姐妹、丫环到藕香榭活动外，还有史湘云也曾在藕香榭建海棠社，设螃蟹宴；而贾母在缀锦阁设宴，命梨香院的戏子在藕香榭演习乐曲，那箫管悠扬，笙歌婉转，乐声穿林渡水的情景，当然让人心旷神怡。可见，藕香榭是贾宝玉、林黛玉、薛宝钗、贾惜春、史湘云等人咏诗赏景的重要活动场所（图2）。

图2 藕香榭是宝玉和众姊妹咏诗赏景的活动场所

"芙蓉影破归兰桨，菱藕香深泻竹桥"，这是藕香榭两侧柱上挂着墨漆嵌蚌的对联。此联生动且浪漫地描绘了夏日藕香榭的莲景，起到化龙点睛的作用；上联芙蓉即莲花；兰桨是木兰制

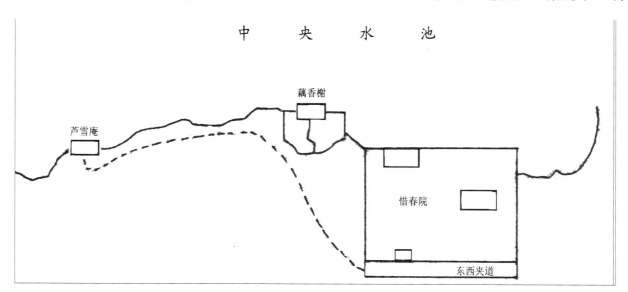

图3 藕香榭示意图（引自曹昌彬等《从大观园探曹雪芹的造园思想》）

[1] [清] 曹雪芹. 红楼梦[M]. 北京：作家出版社，2006：603~609
[2] [清] 曹雪芹. 红楼梦[M]. 北京：作家出版社，2006：104~110
[3] [东汉] 刘熙. 释名疏证[M]. 融经馆，1885，刻本

的桨，指莲舟，出自《楚辞》，水动影破方知船来之意。下联则在炼字上见工夫。菱藕，常人多不言香，而对联中却偏用它，且用"深"字，以写景物幽独来表现出藕香榭之意境；用一"泻"字画出竹桥的姿势。对仗工致，情景交融，匠心独运，则反映了仕宦人家的生活情趣。

据曹昌彬等人《从大观园探曹雪芹的造园思想》研究[1]：将大观园划分6大景区，即园前区、稻香区、花圃区、天上区、寒塘区和葬花区；而藕香榭在"天上区的对岸，相当于园前区的位置。亦即天上区与园前区之间，有一片不小的水面"。藕香榭不是单个榭，而是一组临水建筑群。贾母在芦雪庵乘轿，经藕香榭到惜春院（暖香坞及蓼风轩），说明芦雪庵、藕香榭、暖香坞、蓼风轩等建筑，则呈一字形排列在中央水池的南岸（图3）。春月，田叶散点，蛙唱虫鸣；盛夏，柄柄红荷，迎风摇曳；深秋，萧瑟凉风，残荷听雨；冬日，寒塘鹭影，冬荷素裹。因而，藕香榭的景色四季分明，秀丽宜人。

谈到大观园藕香榭的景致，清代高凤翰《人境园腹稿记》中所述[2]："亭前植红药，曰'药栏'。亭后作一长轩，疏棂短槛，四五槛，使其障日通风，以荫兰桂，曰'并香榭'。其药栏前临荷池，作一小船房，四面轩敞，但安短栏，不设窗牖，背亭向池，曰'荷舫'。出舫南行，接一板桥，红栏翼之，跨池穿荷，小作曲折，曰'分香桥'。桥尽即置一五间长房，曰'藕花书屋'。"上海红学界元老邓云乡教授在《大观意境》中谈及[3]："这一小段所设计的诸景，不就是大观园中藕香榭、荇叶渚、芍药圃几处连在一起吗？何其相似乃尔。'并香榭'、'分香桥'、'藕花书屋'连在一起，便是'藕香榭'了，连名字似乎也由此脱胎而出。"又说："其《人境园腹稿记》和曹雪芹'大观园'相比，在园林艺术设计构思上，神似之处太多了。"后来有学者提出，清代高凤翰《人境园腹稿记》中所描绘的园林景致，即是曹雪芹大观园中"藕香榭"的蓝本。有人说，曹雪芹写《红楼梦》时，曾见过扬州八怪之一高凤翰的诗画，诚然"藕香榭"景致也就受到其文化艺术的影响，此话并不奇怪。

而陈从周先生对大观园也论述[4]："有人认为恭王府是大观园的蓝本，在无确实考证前没法下结论，目前大家的意见还倾向说大观园是一个南北园的综合，除恭王府外，曹氏描绘景色时，对于苏州、扬州、南京等处的园林，有所借镜与掺入的地方，成为艺术的'概括'。"因此，这只能说大观园是一座乌托园林，一座艺术想象的园林；而不可能是历史上真实存在的园林，或者说，可能找到其"近似值"，如恭王府后花园、随园、江宁织造府西园等。

三、京沪大观园莲景之比较

20世纪80年代，上海和北京园林部门将中国古典文学名著《红楼梦》中"大观园"景观仿建，而展现在世人面前。上海大观园座落于淀山湖西侧，占地135亩，建筑面积约8 000平方米。总体布局以大观楼为主体，由"省亲别墅"石牌坊、石灯笼、沁芳湖、体仁沐德、曲径通幽、宫门、

[1] [五代] 刘昫. 旧唐书•裴度传[M]. 成都: 巴蜀书社, 2005: 14～15
[2] 曹昌斌, 曾庆华. 从大观园探曹雪芹的造园思想[J]. 古建园林技术, 1989 (23): 33～34
[3] [清] 高凤翰. 人境园腹稿记[J]. 瓜蒂庵藏明清掌故丛刊, 影印本
[4] 邓云乡. 红楼风俗谭. 北京: 中华书局, 1987: 445～451

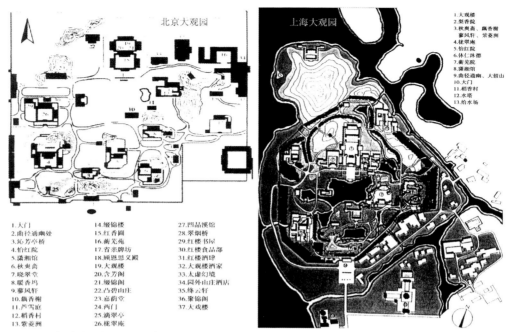

图4 京沪大观园图（引自王慧《大观园研究》，中国社会科学出版社，2008年）

"太虚幻境"浮雕照壁、木牌坊等形成全园中轴线。西侧设置怡红院、拢翠庵、梨香院、石舫。东侧设置潇湘馆、蘅芜院、藕香榭、蓼风轩、稻香村等20多组建筑景点。据报导[1]，北京大观园位于宣武区南菜园（市区西南隅护城河畔），原址为明清两代皇家菜园；总面积12.5公顷，建筑面积8 000平方米之多，开辟水系24 000平方米，堆山叠石60 000土石方。全园有庭院景区5处（即怡红院、潇湘馆、蘅芜院、缀绵楼和秋爽斋），自然景区3处（即藕香榭、滴翠亭、稻香村），佛寺景区1处（即拢翠庵），殿宇景区一处（即元妃省亲时的行宫大观楼），共有景点40多个（图4）。

游览京沪两地的大观园，其中的共同点，都在造景中辟有广阔的水面，且将藕香榭、沁芳亭桥、蓼风轩等主体建筑建在水面及沿岸上。有水

图5 上海大观园中央水池荷景

便植荷，故夏日游览大观园时，京沪大观园均以荷景取胜（图5、图6）。

因好荷之故，笔者于1996年和2010年夏两度游览上海大观园，并对藕香榭以及园中的荷景作了观察。上海大观园藕香榭，位于秋爽斋之东南，这是由两组双层亭榭所构成的建筑群，亭榭之间由曲桥连接，四面临水；在亭榭两侧柱上挂着"芙蓉影破归兰桨，菱藕香深泻竹桥"的墨漆

[1] 陈丛周. 梓室余墨[M]. 北京：生活读书新知三联书店，1999：9

图6　北京大观园中央水池荷景

图7　上海大观园藕香榭

嵌蚌对联，水榭东岸立有"藕香"牌坊（图7、图8）。而北京大观园藕香榭建在园中轴线以东的池中水体上，由单层亭榭及回廊所构成；四面临水，池上碧盖舒展，红荷灿烂，浮香绕岸；榭柱两侧，楹联悬挂，景题与荷景相宜；再将书中虚景与园中实景作比较，则展现出一幅荷文化丰厚的画卷；是隔水赏花，临水观景的好去处（图9、图10）。

上海大观园的中央水池沿岸、紫菱洲、藕香榭、荇叶渚、沁芳亭等处均布置荷景；由于种种缘故，十多年后再次游览，荷景则所剩无几，而藕香榭、沁芳桥等处水面却被睡莲替代；不同的是

图8 上海大观园藕香榭牌坊

图9 北京大观园藕香榭楹联及匾额

图10 北京大观园藕香榭

现在大观楼、桐剪秋风、大观园书斋、秋爽斋等处前摆设荷花花坛供人观赏（图11、图12、图13）。然北京大观园藕香榭，向左拐过石桥，有一条百余米长的水池，其意境与第41回中"只见迎面一带水池，有七八尺宽，石头镶岸，里面碧波清水"十分相象[1]；只不过"碧波清水"中却

图11　上海大观园沁芳亭

图12　大观园书斋前摆设荷花花坛

图13　北京大观园中朱栏石桥

[1] 林宽，周颖. 北京大观园[M]. 北京：北京美术摄影出版社，2002：6~16

图14 石头镶岸的莲池

多了些那摇曳多姿的红荷（图14）。

　　较之京沪大观园的藕香榭及荷景，则很难评说两地各自特色。但有人认为，一个筑于北国平原，粗犷而气派；一个建在江南水乡，细腻且玲珑。逛北京大观园，有如听一支高亢刚劲的京韵大鼓；游上海大观园，好似品一曲柔和婉转的苏州弹词。此论笔者略有赞同，这似乎可引导游人从京沪大观园荷景及藕香榭建筑美方面，去品赏其各自的风格。

　　读完《红楼梦》小说，书中多处涉及莲景、莲楹、莲诗、莲食和莲名等莲意象，且所表达的文化涵义，其意蕴十分深厚；它说明了曹雪芹对莲的一种偏爱，以及对莲知识了解的程度。就藕香榭而言，从莲景（第38回，第76回）、莲楹（第38回）、莲诗（第79回）、莲赋（第5回）、莲名（第42回）等方面，作者用小说语言展示了一座以莲为主题，且具文化品位的园林水景。

　　《红楼梦》大观园只是曹雪芹用文字所描写的"设计书"，就是这份既无园林图纸，又无实景可寻的"天上人间诸景备"园林"设计书"，给了京沪两地园林设计师许多的启示和创意。观览京沪大观园的园林建筑及景致，不仅具有北派园林富丽堂皇（如"省亲别墅"）的特色，同时也兼备南派园林古秀精雅（如"藕香榭"、"沁芳桥"等）之风格。可见，园林设计师们认真领会作者原意，大胆创作，匠心独运，合理布局；将曹雪芹的乌托邦大观园展现于世。如今，我们再将《红楼梦》大观园与京沪大观园进行细致的品赏和观察，它则给人产生一种"似与不似"之感。

从《寒月芙蓉》评蒲松龄的超前意识

引 子

荷花（亦称芙蓉），它是一种展叶于春，盛花于夏，凋谢于秋的著名水生花卉，在我国已有数千年的栽培历史；然而，人们对荷花栽培的认识，则随着时代的变迁，科学的进步，经验的积累，才渐知其与温度、光照等诸因素具有密切的关系。10年前，荷花被定为澳门特别行政区的区花。1999年9月，笔者承担了深圳市政府下达"赠送一千盆荷花迎接澳门回归祖国"的政治任务[1]。于是，按华南地区的气候条件，在10月初选取种藕植入盆中，然增温补光，并于12月初（正值寒冬）将千余盆含苞待放的荷花送往澳门；近年来，不少荷花育种专家运用人工杂交的方法，又陆续培育出"冬红花"、"雪里红"、"国庆红"等耐寒的荷花品种[2]，这些都可说明未来荷花开放于寒冬，并不是梦。由此，笔者联想到我国经典小说《聊斋志异》中《寒月芙蓉》的故事。

《聊斋志异》中以荷花为题材的小说有[3]《莲香》、《荷花三娘子》、《寒月芙蓉》、《莲花公主》及《白莲教》，尤其是《寒月芙蓉》，其故事情节，亦真亦幻，虚无缥缈，读来感触良多，受益匪浅。300多年前，蒲松龄以其奇妙的构思，浪漫的手法，展示出一幅盛开于寒月，充满幻想的荷花景致；同时也反映了作者那"天人合一"的生态观、勇于探索的科学观及真实可鉴的超前意识。

一、"天人合一"的生态观

通读《聊斋志异》中各篇细节，以荷花为体裁的小说有5篇，占其他花草题材之首，可见蒲松

[1] 李尚志等. 冬季荷花花期控制研究[J]. 广东园林，2000（1）：36~38
[2] 钱叙恩等. 中国莲新品种'三水冬荷'及其冬天开花特性研究[C]//王其超主编. 舒红集. 北京：中国林业出版社. 2006：58~61
[3] ［清］蒲松龄. 聊斋志异[M]. 北京：中国戏剧出版社. 2006：117~370

龄对荷花喜爱的程度。在"寒月芙蓉"中，作者别出心裁，以"日赤脚行市上，夜卧街头，离身数尺外，冰雪尽熔"的道士入场[1]，道士是文中的主人。然以道士之言："亭故背湖水，每六月时，荷花数十顷，一望无际。"进一步陈述了大明湖的荷花生态景观。当然，这种一望无际的荷花生态景色，只能在仲夏暑月才见到；可时临寒冬，"窗外茫茫，惟有烟绿"，无碧荷点缀，实为憾事。就此时，作者灵机一动，笔锋急转[2]，"一青衣吏奔白：'荷叶满塘矣！'一座尽惊。推窗眺瞩，果见弥望青葱，间以菡萏"（图1），让满座宾朋顿生喜悦。随之，"万枝千朵，一齐都开，朔风吹来，荷香沁脑"。那万柄红荷，凛风欲放，摇曳多姿，清香远溢。时值隆冬，这种迷人的荷花生态美景，世间何处见有？诚然，只有西王母的瑶池中才能赏见，同样也是人间所追求的。

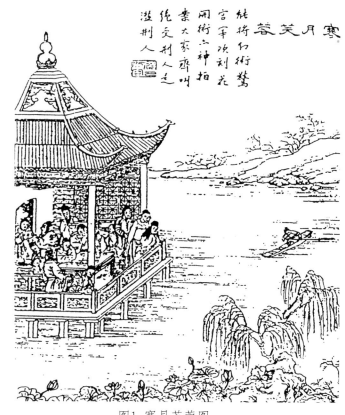

图1 寒月芙蓉图

　　故事情节以道士语出，文中自然生态景致有如仙境。仙境，乃神仙之住所；神仙，则长生不老；不老，为世间所追求，故道教与莲有着千丝万缕的联系。为何道教视莲花为仙物？考查史籍，不难发现，这与道家的历史渊源、文化背景、信仰、生命观及生态思想具有很深的渊源。于是，历代小说中与莲花有关种种仙妖狐魔的故事，也就应运而生。因此，《聊斋志异》中"莲香"、"荷花三娘子"、"莲花公主"等狐仙们，个个纯朴美丽，善解人意。而作者笔下的"寒月芙蓉"则妙笔生花，那大明湖上寒波碧盖，采莲木舟，扑鼻荷香，有如瑶池仙境，更是令人神往。所以说，仙境般地生态美景，长生不老的神仙生活，乃道教思想之核心。从中可分析，蒲松龄受道教[3]"天人合一"生态思想的影响极深。

　　何谓"天人合一"？老子是道家之鼻祖，他所倡导"人法地，地法天，天法道，道法自然"的思想，成为道教处理人与自然关系的准则，它反映了道教"天人合一"的和谐理念。因而，道家重在对自然、对天地宇宙的探求，把人与人、人与自然的许多复杂关系抽象概括为"道"。正如国学大师季羡林先生在《"天人合一"新解》所说[4]：东方哲学思想的基本点是"天人合一"。什么叫天？中国哲学史上解释很多。"我个人认为，'天'就是大自然，而'人'就是人类。天

　　　[1]［清］蒲松龄.聊斋志异[M].北京：中国戏剧出版社.2006：309
　　　[2]［清］蒲松龄.聊斋志异[M].北京：中国戏剧出版社.2006：310
　　　[3]［春秋］老聃.老子[M].长春：时代文艺出版社.2001：45
　　　[4]季羡林."天人合一"新解[C]//人生絮语.杭州：浙江人民出版社，1996：128~129

人合一就是人与大自然的合一。"通俗地阐明了"天人合一"的真正含义。道教对于理想仙境的追求，实际上是人与自然万物和谐的一种向往。故蒲松龄所述"弥望青葱，间以菡萏"的景致，也就是人们所追求那种"顺应自然"的逍遥境界，客观地反映了作者主张天、地、人三者之间自然和谐的生态观。如任增霞《蒲松龄与道家思想》所述[1]："他受道家思想浸淫甚深，反映到他的创作中，就有一部分小说、诗、文作品泛漾出作家浓郁的出世情怀，沉积了道家崇尚自然，复归人性，返璞归真等思想文化因子。"

二、勇于探索的科学观

蒲松龄在《寒月芙蓉》中给人最惊疑的，就是隆冬时节，大明湖上"荷叶满塘"，且"万枝千朵，一齐都开，朔风吹来，荷香沁脑"。这似乎违背了荷花生长的时令？笔者认为，这正是"寒月芙蓉"的独到之处。如果我们阅读蒲松龄的其他作品，再结合作者的生活和工作经历，则知其对事物的观察，具有严格求是的科学态度。

蒲松龄不仅是驰名中外的文学家，还是一位知识博广的农学专家。他撰写的《农桑经》在山东淄川一带流传甚广。《农桑经》是蒲松龄主要依据前人农学著述资料，通过一番削繁就简、去粗取精，有些技术"或行于彼，不能行于此"，且作了增删处理。其中就有荷花的种植方法，如选取藕种、莲种处理、泥土质量、浇水施肥、病虫防治等，这些技术措施对今人种荷仍有参考价值。书中记述荷花、牡丹、菊花等花卉种类100多种，并对每种花卉都详细地介绍了种植方法，这对当时淄川当地的农业生产起到了积极作用。《农桑经》自其成书之日，到共和国成立前夕，就流传着多种版本；后来，经南京农业大学农业遗产研究室李长年教授负责校注整理，并用蝇头小楷誊写，定名《农桑经校注》[2]，直至1979年由农业出版社出版发行（图2）。

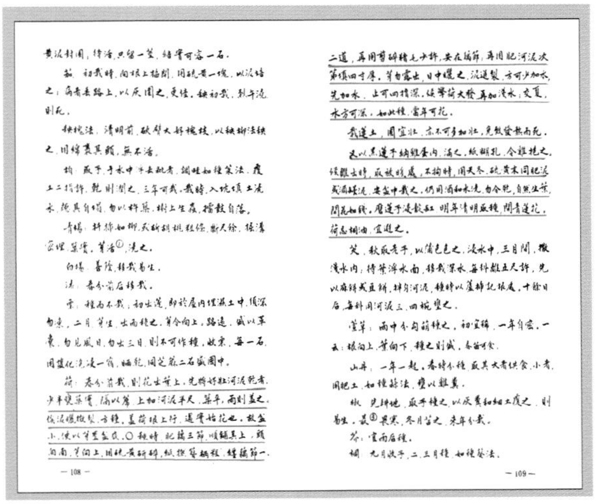

图2 《农桑经校注》版本

蒲松龄钟情荷花，特别是钟情大明湖的荷花。他称大明湖为"芰菱乡"，如《稷门客邸》咏[3]："年年作客芰菱乡，又是初秋送晚凉。露带新寒花落缓，风催急雨燕归忙。浅沙丛蓼红堆岸，野水浮荷绿满塘。意气平生消半尽，惟余白发与天长。"又如《暮春泛大明湖·其二》吟："停桡把盏傍菰蒲，到此能令暑尽无。天送好风来水国，人披爽气坐冰壶。阜民正叶南薰曲，揽胜何殊西子湖？更有娱情耽赏处，红莲绿叶白莎凫。"《风寒泛舟》

[1] 任增霞.蒲松龄与道家思想[J].明清小说研究，2003（3）：129~137

[2] ［清］蒲松龄著.李长年校注.农桑经校注[M].北京：农业出版社.1982：108~109

[3] ［清］蒲松龄著.路大荒整理.蒲松龄集[M].北京：中华书局．1962：460~723

咏："一苇荡破明湖翠，北风瑟瑟铎声碎。人如浮蚁纤芥轻，舟似残荷香瓣堕。"《夏客稷门，偶居湖楼》云："半亩荒庭水四周，旅人终日对闲鸥。湖光返炤青连屋，荷气随风香入楼。"《客秋》咏："八月荷花凋卸尽，满城荷叶裹糇粮。"《锦边莲》吟："雅淡妆成照眼新，宿醒初解带余春。慵妆一线红生肉，画黛连山绿效颦。假使无香还有恨，不曾解语也怜人。花中表表为君子，羞被六郎步后尘。"《堤上作·其二》云："射阳湖畔柳如萦，荷粉凋残露几层。历历明星横野渡，深深远浦隔渔灯。"《闻孙树百以河工忤大僚》咏："西风策策雁声残，酌酒挑灯兴未阑。星斗夜摇银汉动，芙蓉醉击玉龙寒。"《呈孙树百》吟："万里沧波夕照余，寒江秋色满芙蕖。"从蒲松龄的诗文中，发现一个普遍现象，那就是几乎篇篇都提及到荷花，而且所提及的荷诗，大部分均写寒秋时节的荷花。江苏宝应是蒲松龄到南方最远任职的地方，宝应也是著名的莲藕之乡，他为同邑友人宝应知县孙树百"作幕"，其诗中"寒江秋色满芙蕖"，说明当时大明湖及江苏宝应射阳湖的荷花，比现在荷花花期要长，直至寒露或霜降，仍满江芙蕖艳丽多姿。蒲松龄是长期生活在农村，且具有丰富农学常识的知识份子，从他的《农桑经》中"荷花种植法"[1]，就知其对荷花春季"种时，肥藕三节，顺铺其上，头向南，芽向上"的种植方法；夏季"候擎荷大发，再加浅水；交夏，水方可加深"的水肥管理，秋季莲子成熟且如何采摘，冬季莲种如何越冬保存等技术措施，他都了如指掌，反映了作者那勇于探索的科学观。故其荷诗既有文学欣赏性，又具有一定的农业时令常识。

还有在《聊斋志异》各篇小说中[2]，略统计，提及到荷，或莲，或芙蓉的就有《成仙》（卷1），《胡四姐》（卷2），《续黄粱》（卷4），《鸦头》（卷5），《狐梦》（卷5），《云翠仙》（卷6），《狐惩淫》（卷6），《仙人岛》（卷7），《吕无病》（卷8），《邢子仪》（卷8），《晚霞》（卷11），《乐仲》（卷11）等，其中《晚霞》则记述："见莲花数十亩，皆生平地上；叶大如席，花大如盖，落瓣堆埂下盈尺。"作者对荷花采用夸张且浪漫的手法进行描述，这与他对《聊斋志异》的整个创作思想是一致的。因此，这为他创作《寒月芙蓉》小说，提供了丰富的想象空间和创作基础。

三、真实可鉴的超前意识

蒲松龄的《聊斋志异》最突出的一点，就是"异"且"怪"，而《寒月芙蓉》小说亦如此。《寒月芙蓉》中异怪之处，在于作者改变了植物的正常生长时令，让荷花在寒冬腊月开放。当然，这是蒲松龄根据他长期在农村观察荷花生长与温度、光照等环境因子之间的关系，且巧妙构思而创作的，有其一定的科学性。但从其小说、诗文、农书中充分地证实，作者具有丰富的农业知识理论和实际经验，创作出这样奇妙怪异的小说，并不足为奇。正如奥地利著名心理学家弗洛伊德在《诗人与白日梦》中所说[3]："幸福的人从来不去幻想，幻想是从那些愿望未得到满足的

[1] [清] 蒲松龄著.李长年校注.农桑经校注[M].北京：农业出版社.1982：108
[2] [清] 蒲松龄.聊斋志异·卷1～11[M].北京：中国戏剧出版社.2006：44～851
[3] 弗洛伊德.弗洛伊德文集·第四卷[M]，长春：长春出版社．1998：176～183

图3 冬红花（由育种者提供）

图4 傲霜（由育种者提供）

图5 雪里红（由育种者提供）

图6 国庆红（在育种者基地拍摄）

人心中生出来的，换言之，未满足的愿望是造成幻想的推动力。每一个独立的幻想，都意味着某个愿望的实现，或意味着对某种令人不满意的现实的改进。"这正说明了蒲松龄那人生苦短的经历，是创作幻想小说《寒月芙蓉》的思想源泉。

如前所述，当今的荷花育种专家们已培育出不少耐寒的荷花新品种，如"冬花红"、"雪里红"、"傲霜"、"国庆红"等（图3、图4、图5、图6），这些品种在华南地区可开放到12月中旬；可华南地区的冬天最冷时也只是0℃左右，与大明湖冬天的气温比较，则相差15～17℃不等；若在大明湖的冬天能看见"弥望青葱，间以菡萏"之景，那真圆了300多年前蒲松龄的梦。笔者认为，实现大明湖冬日可赏荷的愿望，指日可待。当今社会，是高科技突飞猛进的年代，我国新一代荷花育种专家正茁壮成长，以其先进的技术，扎实的理论，丰富的经验，不懈的努力及求实的精神，大明湖上那"万枝千朵，一齐都开，朔风吹来，荷香沁脑"的景致，在不久的将来，便指日可待。

总之，蒲松龄这种"寒月芙蓉"的超前思想，并不是他凭空臆造，而是其在长期的实践中所产生的，且在300年后的今天已得到证实。

四、结 语

英国科学家托马斯·赫胥黎（1825-1895年）这样说[1]："古代的传说，如果用现代严密的科学方法去检验，大都是像梦一样平凡地消逝了。但奇怪的是，这种像梦一样的传说，往往是一个半醒半睡的梦，预示着真实。"蒲松龄的《寒月芙蓉》小说正说明了这一点。从《寒月芙蓉》及蒲松龄的《聊斋志异》、《诗集俚曲》、《农桑经》等著作进行全面分析，首先，《寒月芙蓉》小说以济南道士语出，可见作者的构思巧妙，也受道教"天人合一"生态思想浸淫极深；其次，《寒月芙蓉》的构思，是凭他博广的农业理论知识与长期在农村细心观察的实践为基础，以及熟练流畅的文笔而创作的；再次之，随着社会的进步，科技创新，蒲松龄这种超前思想，在300年后的今天已证实，并且引导现代人在作不懈地努力。

[1] 李学勤. 中国古代文明与国家形成研究 [M].昆明：云南人民出版社，2009

荷花的文学形象

文学是语言的艺术，是借助语言来塑造形象。千百年来，古今文人对荷花十分推崇和厚爱，并写下了无数咏荷的名篇佳作，为荷花树立了美好的文学形象。若细细品读这些名作，作者大多给荷花以人格化，采用比兴、借喻、衬托等艺术手法，来刻画荷花那美艳独绝的姿色；或吟荷薰人欲醉的清香；或赋荷叶无私奉献的情操；或借荷花表达吉祥如意的祝愿；或将荷花比作爱情坚贞的象征；但更多的还是赞美荷花那"出淤泥而不染"的高尚品格。正如霍松林先生所说，这些咏荷名作"形神俱佳，物我浑融，启人心智"。

一、翠盖佳人 天姿丽质

"清水出芙蓉，天然去雕饰"。唐代大诗人李白的这首千古绝唱，既朴实且客观地描写了荷花的自然之美。我们知道，自然美是一种人化了的自然，是人类通过物质或精神力量改造过的自然，人可亲近，人可欣赏，是与人类生活密切相联的自然，亦是自然美的特征之一。人类只有初步征服了自然，才能开始欣赏自然之美，并在生活中发展这种美。如"花"字，由"草"头、"人"旁和"七"（即化）所合成，即包含了人化之意。其实，现在人们所观赏的各种色彩艳丽、形态各异的荷花品种，无一不是通过劳动生产，经过多少年代的辛勤培育所获得。

然而，艺术美又是自然美的集中反映。一部美的文学作品，就是作者通过周密的构思，凭着生活中的灵感，艰辛地创作，把自然美升华到艺术美。从园林美学的角度，荷花的美有两种。一种是群体美、意境美。如宋代杨万里《晚出净慈寺送林子方》诗吟[1]："接天莲叶无穷碧，映日荷花别样红。"一幅千顷碧绿的荷叶连接天边，娇姿的红荷映衬艳阳的画面，美不胜收，蔚然壮观。又如明代徐渭《荷九首》诗其一[2]："镜湖八百里何长，中有荷花分外香；蝴蝶正愁飞不过，鸳鸯拍水自双双。"这又是一幅荷浪翻卷，荷花吐娇、荷香袭衣的万亩景图，尤其是图中"蝴蝶和鸳鸯"两组特写镜头，充满了美好的生活情趣；另一种是个体美、姿色美。如南朝·梁沈约《咏芙蓉诗》曰[3]："微风摇紫叶，轻露拂朱房。"紫叶是卷曲尚未展开的荷叶，而朱房指含

---

[1] [宋]杨万里.晚出净慈寺送林子方[C]李文禄，刘维治主编.古代咏花诗词鉴赏辞典[M].吉林：吉林大学出版社，1989，P. 957～959

[2] [明]徐渭.荷九首[C]李文禄，刘维治主编.古代咏花诗词鉴赏辞典[M].吉林：吉林大学出版社，1989，P. 1003～1004

[3] [南朝·梁]沈约.咏芙蓉诗[C]李文禄，刘维治主编.古代咏花诗词鉴赏辞典[M].吉林：吉林大学出版社，1989，P. 957～959

苞未放的红色蓓蕾。在作者笔下，摇动的紫叶与凝露的红蕾互相映衬，格外艳丽夺目，仪态妩媚动人；唐代皮日休《咏白莲》诗曰[1]："吴王台下开多少，遥似西施上素妆。"春秋战国时期，越国美女西施在吴王台上，身着素罗，翩翩起舞，她那袅娜的身姿何等美丽动人，诗人把朵朵晶莹高洁的白莲比作西施，是何等的贴切；宋代王沂孙《水龙吟·白莲》词[2]："翠云遥拥环妃，夜深按彻裳舞。"姿态秀美的白莲，像杨贵妃在烛灯前踏着旋律，向唐王呈献裳姿；诗人将白莲比贵妃，不仅描摹了白莲的形态，更透出了莲之神韵；还有近代朱自清《荷塘月色》一文描述[3]："层层的叶子中间，零星地点缀些白花，有袅娜地开着的，有羞涩地打着朵儿的，正如一粒粒的明珠，又如碧天里的星星，又如刚出浴的美人"等等。作者都巧妙地运用借喻或比拟的手法，把荷花比作美人，使得荷花的自然美得到了进一步的升华。由此，荷花被示为美的象征。

二、荷香染衣　薰人欲醉

西方美学家夏夫兹博里说过："凡是美的都是和谐的和比例合度的，凡是既美而又真的也就在结果上是愉快的和善的。"荷花的美正是这样，它既有和谐的颜色，又有比例合度的形态，人们用眼睛都可看得见；而荷香则不然，它只能随风飘动，以鼻闻之，才令人心旷神怡。这就是荷花潜有的一种内在自然美。因而，文人们对这种看不见摸不着的内在自然美，则采用了各种虚拟且夸张的手法，咏诗赞颂。如南朝·陈祖孙登《赋得涉江采芙蓉》诗吟[4]："人来间花影，衣渡得荷香。"瞧！人面与荷花相映，衣裳也染上了荷花的清香，真是妙极了；唐代温庭筠《莲花》诗吟[5]："应为洛神波上袜，至今莲蕊有香尘。"看来，莲蕊上的浓香是洛神步行于水波之上，由罗袜扬起的尘土而留下的，可见作者构思非常，出神入化，别具一格；唐代李峤《荷》诗吟[6]："风采香气远，日落盖阴移。"清风与荷香是一对孪生姐妹，风送香来，香随风远，互生互辅，意趣盎然。这情景使读者仿佛也体验到那种徐徐薰风，阵阵荷香，沁人肺腑的感受；唐代崔橹《莲花》其一[7]："轻雾晓和香积饭，片红时堕化人船。"（据《维摩诘经·香积品》载，古时有一众香国，佛家称为积香。因该国的香气最多，故用众香钵盛满香饭化给菩萨。）诗人巧用典故，借喻荷香，真是别出心裁；宋代林景熙《荷叶》诗吟[8]："乘露醉饥浑欲洗，无风清气自相吹。"荷花荷叶，清香袭人；即使风平浪静时，荷叶也静静地散发出菲芳，你也会感到有股清香气息迎面扑来，令人欲醉。一般荷香是随风浮动的，而作者则匠心独运，选择无风时刻来写荷香，不仅具有荷香的神理，而且含有一定的深意。说明荷香不必借助于风吹，也仍然浓香四溢。这正是荷花内在自然美的表现。

[1] [南朝·梁] 沈约. 咏芙蓉诗 [C] 李文禄，刘维治主编. 古代咏花诗词鉴赏辞典 [M]. 吉林：吉林大学出版社，1989，P. 957～959
[2] [宋] 王沂孙. 水龙吟·白莲 [C] 孙映逵主编. 中国历代咏花诗词鉴赏辞典. 南京：江苏科技出版社，1989，P. 867～868
[3] 朱自清. 荷塘月色 [M]. 天津：天津教育出版社，2006
[4] [南朝·陈] 祖孙登，赋得涉江采芙蓉 [C] 孙映逵主编. 中国历代咏花诗词鉴赏辞典. 南京：江苏科技出版社，1989，775～777
[5] [唐] 温庭筠. 莲花 [C] 李文禄，刘维治主编. 古代咏花诗词鉴赏辞典 [M]. 吉林：吉林大学出版社，1989，P. 938～940
[6] [唐] 李峤. 荷 [C] 李文禄，刘维治主编. 古代咏花诗词鉴赏辞典 [M]. 吉林：吉林大学出版社，1989，P. 919～920
[7] [唐] 崔橹. 莲花 [C] 李文禄，刘维治主编. 古代咏花诗词鉴赏辞典 [M]. 吉林：吉林大学出版社，1989，P. 930～931
[8] [宋] 林景熙. 荷叶 [C] 孙映逵主编. 中国历代咏花诗词鉴赏辞典. 南京：江苏科技出版社，1989，P. 835～837

因此，历代文人对荷香常以"香远益清""荷香染衣""薰风""远香"等词语来美称。而风景园林里的建筑如"远香堂""薰风阁""瑞香亭"等以荷命名，是赞颂荷香的有力佐证，更富有文学艺术感染力。倘若你来到这远香堂前，即使没有荷香，也意味着阵阵清香袭来，为荷香树立了一个无形的文学形象。

三、甘愿扶持 无私奉献

印度诗人泰戈尔说[1]："果实的事业是尊贵的，花的事业是甜美的，但是让我们做叶的事业罢，叶是谦逊地专心地垂着绿荫的。"可不是，荷叶正是以它碧绿的本色衬托荷花的红艳，让荷花获得"凌波独叶红"的盛誉；则以自己通过光合作用所得的养料供给莲藕，使藕儿享有"根是泥中玉"的美称。而自己却默默无闻，与世无争，把荣誉让给荷花，又把享受送给莲藕，甚至自己连最后剩下的残体，留给了泥土，变成肥料，繁衍下一代。真正做到了鞠躬尽瘁，死而后已。大诗人屈原的《离骚》曰[2]："制芰荷以为衣兮，集芙蓉以为裳"；又《九歌•少司命》诗吟："荷衣兮蕙带，倏而来兮忽而逝。"荷衣指隐士之服，后则象征着人的志行高洁。如北周宇文毓《贻韦居士》诗咏："香动秋兰佩，风飘莲叶衣。"而南朝•陈江总《游摄山栖霞寺》诗曰："荷衣步林泉，麦气凉昏晓。"这都褒扬了荷叶高尚贞洁的情操。

红花虽好，还须绿叶扶持。唐代李商隐的《赠荷花》诗[3]，却有力地印证了荷叶甘愿扶持荷花红艳的关系。"世间花叶不相伦，花入金盘叶作尘；惟有绿荷红菡萏，舒卷开合任天真；此花此叶相映，翠减红衰愁煞人。"看来，到了翠减红衰，令人愁绝时，荷叶仍映衬着荷花，真乃君子之风度也！

四、吉事有祥 良好祝愿

在中国民间文学文库里，不难发现与荷花有关的寓言、成语或吉祥语，表现荷花是一种吉祥的象征（《周易•系辞下》曰[4]："是故变化云为，吉事有祥。"吉祥一词就源于此。）。

我国民间常以荷花为主体，与某些吉祥物搭配组合，因物喻义，物吉图祥，表达人们对生活充满信心及良好祝愿。如"本固枝荣"，是以荷花的地下茎、花、叶，具有繁殖快生长茂盛的特点，示喻家族世代绵延，家道昌盛之意；而"连年有余"、"连生贵子"、"连登太师"、"一路连科"、"路路清廉"、"因何得偶"等，则以连、何与荷、偶与藕之谐音，寓意生活富裕，或官运亨通，或婚姻美满等（图1，图2）。

除此，莲花常成为某些事或物的代名词，亦寓意着某中吉祥之意。据《南史•齐废帝东昏侯

[1]［印度］泰戈尔. 泰戈尔诗集[M]. 北京：北京出版社，2004
[2]［战国］屈原 著，陶夕佳 注译：楚辞•离骚[M]. 西安：三秦出版社，2009，P. 8～24
[3]［唐］李商隐. 赠荷花[C] 孙映逵主编. 中国历代咏花诗词鉴赏辞典. 南京：江苏科技出版社，1989，P. 800～802
[4] 黄寿祺、张善文撰. 周易译注[M]. 上海：上海古籍出版社，1989，P. 569～663

图1 连生贵子

图2 一路连科

记》载[1]："凿金为莲花以帖地，令潘妃行其土，曰：此步步生莲华也'。"后以"步步莲花"形容美女步态轻盈；亦喻人的生活渐入佳境。如宋代孔平仲《观舞》咏："云鬟应节低，莲步随歌转。"而宋代刘辰翁《宝鼎现·红妆春骑》曰："望不尽楼台歌舞，习习香尘莲步底。"又唐代裴廷《东观奏记》（卷上）："上将命令狐绹为相，夜半，幸含春亭台对，尽蜡烛一炬，方许归学士院，乃赐金莲花烛送之。"后以"金莲花烛"美称翰林学士。如宋代舒雅《答内翰学士》诗云："金莲烛下裁诗句，麟角峰前寄隐沦。"而《南史·庚杲之传》载[2]："（王俭）乃用杲之为卫将军长史。安陆侯萧缅与俭书曰：'盛府元僚，实难其选。庚景行泛绿水，依芙蓉，何其丽也！'时人以人俭府为莲花池，故缅书美之。"后以"莲花府"为幕府之美称。如唐代韩偓《赠别王待御赴上都》诗吟："西向洛阳归鄠杜，回头结念莲花府。"另《初学记》（卷廿二）曰："秦客薛烛善相剑，越王取鱼肠等示之，薛曰：'非宝剑也。'取纯钩示，薛又曰：'光乎如屈阳之华，沉沉如芙蓉始生于湖，观其文台列星之行，观其光如水溢于塘。此纯钩也'。"后以"莲花"为宝剑的代称。如唐代李峤《剑》咏："锷上莲花动，匣中霜雪明。"还有清代沈复《浮生六记·闺房记乐》曰："玉怒余以目，掷花于地，以莲钩拨入池中。"古称女子的脚步为"莲步"，故谓女子的缠足为"莲钩"。

五、并蒂同心 美满姻缘

有人说，人生是花，而爱便是花的蜜。在爱的长河里，并蒂莲给男女婚姻爱情，蒙上了一层神秘的面纱。如晋乐府《青阳度》咏："下有并根藕，上生并蒂莲。"唐代王勃《采莲曲》诗吟："牵花怜并蒂，折藕爱连丝。"宋代李清照《瑞鹧鸪》词："谁教并蒂连枝摘，醉后明皇倚太真。"明代蒋山卿《采莲曲》云："塞花怜并蒂，拾予同爱心。"作者都采用了拟人的艺术手法，把并蒂莲比作一对相亲相爱的情侣，生动地突出了并蒂莲的形象。原来，荷花在生长过程中，因受到外界环境的影响，时常见到一茎双花的并蒂莲现象。因此，古代文人则抓住了这一自然特征，咏诗赋词，大肆渲染，并视其为吉祥物，常被冠以"嘉莲"、"瑞莲"之美称。于是，

[1] [唐] 李延寿撰. 南史·齐废帝东昏侯记[M]. 台北：台湾商务印书馆，1986
[2] [唐] 李延寿撰. 南史·庚杲之传[M]. 台北：台湾商务印书馆，1986

民间许多有关荷花和并蒂莲的神话传说，也就应运而生。神话是中国古代人民对自然现象和社会生活的一种天真的解释和美好的向往，并富有积极的浪漫主义精神。而花神故事的特点，就是花神与人间少男少女恋爱，对青春的歌颂，对爱情的向往。因此，在古代小说或笔记中，有关"荷仙""莲妖"的神话传说，就不胜枚举[1]。如北宋孙光宪《北梦琐言》中"荷花仙子"；明代冯梦龙《情史》中"并蒂莲"；清代蒲松龄《聊斋志异》中"荷花三娘子"；和邦额《夜潭随录》中"藕花"；朱梅叔《埋忧集》中："荷花公主"；宣鼎《夜雨秋续录》中"莲塘春社"杨凤辉《南皋笔记》中"莲卿"；近代王韬《淞隐漫录》中"莲贞仙子"等，其中"藕花"，就是歌颂藕花仙子的高洁而执着的爱情，又惋惜她在污浊的尘世中太脆弱。她既受到了风霜严寒的摧残、狭隘环境的困厄，又常常受到凡夫俗子的干扰和迫害，最后遭到毁灭，酿成悲剧。这些荷仙莲妖的故事，正是我国人民爱美的心理和民俗文化与民间宗教文化的反映。它是神秘文化的瑰宝，古典文化的奇葩。

六、洁身自好　君子之花

古今文人爱荷赏荷，都具有很高的思想境界。他们对荷花之所以热衷于吟诗赋词的赞颂，正是因为荷花那洁身自好的形象，则显示了人的生活美、精神美和性格美。故此，文人们常以荷的高尚情操和品格而自勉。"开花浊水中，抱性一何洁"；"从来不着水，清净本因心"等，这些都是作者咏荷言志的佳作，有的喻示自己节操不渝的情怀；有的却寄托一种清净无为、与世无争的思想。

有关荷花"出泥不染""洁身自好"的文学形象，应源于早期的佛教文学。佛教认为，大彻大悟、高洁善美的佛是从污浊丑恶的人世间，经过修行后而超凡入圣的，这就是如同高洁艳美的荷花是从污浊水中长出来一样。故佛经《大智度论》曰[2]："譬如莲花出自淤泥，色虽鲜好，出处不净。"于是佛教与荷花便结下了不解之缘，荷花亦被尊为佛门圣花。

由于佛教的传入，中国的道家、儒家很快接受了佛教思想，并互相影响，互相渗透，共同发展。在道教文学故事中记有[3]：关令尹喜降生时"其家陆地生莲花"，这与佛教文学中释迦牟尼降生时"地涌金莲华"，竟同出一辙。可见，道教也视荷花从尘世污泥之中，捧到光明清净的九天之上。而统治中国2000多年的儒家思想，也将荷花与仁义道德紧相连，认为荷花是花中最美的圣洁者。自宋以后，理学成为儒家思想的正宗。而理学创始人周敦颐借荷花大讲其理，写下了被后世赞不绝口的名作《爱莲说》："予独爱莲之出淤泥而不染，濯清涟而不妖，中通外直，不蔓不枝，香远益清，亭亭净植。可远观而不可亵玩焉。"这正是道出了荷花的真谛，也是荷魂之所在，使得荷花的文学形象有了进一步的升华。从此，荷花被标为廉洁清正，不同流合污的道德规范之化身。

[1] 王毅，盛瑞裕. 中国花神花妖故事大观[M]. 武汉：华中理工大学出版社，1994
[2] [印] 龙树造，[后秦] 鸠摩罗什译. 大智度论[M]. 上海：上海古籍出版社，1991
[3] 王悦等. 花鸟世界[M]. 上海：上海古籍出版社，1993，P. 47~50

七、荷之精神 另辟新意

历来，荷花以"出淤泥而不染"的高尚品格，被世人所赞杨。然而，当代大诗人郭沫若却一反其意，驳斥理学家周敦颐的《爱莲说》，批评其只孤立地赞美荷花，而忘却它是从藕根中生长起来的。强调荷花之脱尽污泥而显示自己的清高，却鄙弃满身污泥的藕根。认为周氏的认识有片面性，只取其一点，不计其余。所以，郭沫若在1958年写下《荷花》一诗[1]："宋朝的周濂溪曾做文称赞，/他说我们是'出污泥而不染'，/这其实是攻其一点不计其余，/只嫌泥污，别的功用完全不管。/藕，我们的根，满身都是污泥，/莲藕与莲花难道不是一体？/谁要鄙视污泥而标榜清高，/那是典型的腐朽思想而已。"这是一首以第一人称口吻，借荷花的形象传诗人理智的托寓诗。以诗言理，表达了荷花与藕根各有独立表现而又不可分割的辩证观点，以及只有藕根淤于污泥，才有荷花的清香与高洁，这二者是互相依存的统一体。由此，指那种脱离胼手胝足的劳动群众，而自以为超凡脱俗的人，其思想腐朽，是不足取的。因而，此诗道出了具有时代特点的高尚思想情操。

这里必须指出的是，郭沫若的《荷花》诗，并不是否定周敦颐"出淤泥不染"之说，只是陈述荷花与藕根的辩证关系，借题发挥而已。其实，早在1942年郭沫若写的《题画莲》咏："亭亭玉立晓风前，一片清香透碧天。尽是污泥不能染，昂首浑欲学飞仙。"其意与《爱莲说》一脉相承，且超过其内涵。但是，我们并不能以郭氏的《荷花》诗去否定他的《题画莲》和周文《爱莲说》，其原因正在于作者当时写诗的立意和时代背景不同。很明显，《荷花》诗是让人知道，在新的时代条件下，勉励同工农群众相结合之更高的精神境界，也是作者赋予荷魂之新意。

荷魂，荷之精神也！荷花既然有精神，就会给人生活力量和勇气，从中受到有益的启迪。社会在发展，时代在进步。当今世界，无论社会主义国家，还是资本主义国家，政府对公务员的廉政建设更是有紧无松。不妨这样试想，在加强社会主义文明建设中，我们提倡以荷花的高洁而自勉，做一个合格的文明人，无疑是件有益的事。

---

[1] 郭沫若. 百花齐放[M]. 北京: 人民日报出版社, 1959, P. 14~15

莲与古代生殖崇拜

一、莲与生殖崇拜的缘由

翻阅史籍，远古时代的先民认为，"人是植物生的"。这种观念早在原始社会氏族形成之前的原始群时代就出现了萌芽。原始人对动植物图腾的崇拜，已不是通常概念中的动植物，是经过原始人头脑加工而成，变成了实用象征性载体。在原始社会的混沌年代里，人类还匍匐于大自然的威慑之下，面对日月星辰、风雨雷电、山崩地裂、滔天洪水及生老病死等自然现象，只能以其幼稚朦胧的意识来体验。因而，自然界中一些主客混同、万物有灵、神人交感、物我冥合等，则成为原始人意识的主要内容。庄子曰[1]："水有罔象，丘有峷，山有夔，野有彷徨，泽有委蛇，"真是神灵无所不在。于是，万物有灵的观念在原始先民的头脑中占有着主导地位。

从自然属性上看，绝大多数动植物可以食用，能维持人的生命机体，这对原始先民来说，都已认识，不需要什么想象力。由此，原始先民用动植物来体现某种精神作用，并把动植物与社会精神意识联系在一起时，则产生了一种象征。如我国出土新石器时期的彩陶上绘着或刻着的叶形、花瓣形，及三角形、鱼形、蛙形等纹样，即是女阴的象征。选择植物的花、叶作为女阴的象征，不仅因为其外形轮廓与女阴相似，而且大多还因为其内涵、机能与原始人类崇拜生殖、重视种族繁衍直接相关，如莲和鱼的繁殖能力都相当强，具有无限的生命力，

从山西灵石县王家大院"鱼穿莲"窗棂图案中分析可知，鱼从盛开的莲花中穿入，那莲花即女性生殖命门，鱼为男性生殖器官，意示男女交合。著名诗人闻一多先生这样说[2]："鱼喻男莲喻女，说鱼与莲戏，等于说男与女戏。"故"鱼穿莲"亦属古代图腾文化(或卵生文化)之范畴，反映了古人对莲花生殖的崇拜。无产阶级革命导师马克思也曾说过[3]："在许多氏族中流行着一种传说，根据这种传说，他们的第一个祖先是转化成男人和女人的动植物，这些动植物就成为氏族崇拜的象征。"

[1] [战国]庄周著，乙力注译．庄子[M]．西安：三秦出版社，2008：118~119
[2] 谢琳．民间美术中"鱼"的性别象征——由"鱼穿莲"说起[J]．民族艺术．2008（4）：119~121
[3] 中共中央马列著作编译局．马克思恩格斯选集[M]．北京：人民出版社，1972

二、莲与古代生殖崇拜的考证

在原始社会的母系氏族时期，由于生育被认为是神赋于女性的一种魔力，与男性无关（或男性不起主要作用），实际上生殖崇拜是对女性的崇拜。据许多学者考证，云南普米族人习惯在家中主火塘正后方的神龛中，都供着一块刻画着古拙的原始图案石块，这就是普米族人对火崇拜的标志——"仲巴拉"。而"仲巴拉"系普米语，为火祖母或始祖母之意。但在画面正下方，是一朵盛开的红色莲花，即普米族传说中人类诞生的母体，在莲花中央有一锥形花托，称其为"帕布尔"，意为老祖或老人；其下部是象征根茎的黄色花萼，上部是三层重迭的9个花蕊，象征茂盛、兴旺，蕴含着生殖崇拜的涵义。

据报导，古时安徽贵池地区民间专门用伞进行朝庙仪式，故有"百代伞"之说。而伞的围幢用绸缎刺绣编缀许多莲花瓣，莲花瓣是由本族各户捐送的，每添一口男丁即捐一朵莲花，莲花瓣多，表明其家族兴旺，每隔60年修一次谱，"百代伞"便更换一次。这种添丁捐莲花的朝庙仪式，也表明了民间对莲花生殖的崇拜。

近些年，上海大学刘达临教授建立的"性文物博物馆"。收藏着1 300多件各朝代性文物，其中莲花图案和双鱼图案都表明为女阴的象征。据考古发现，在半坡和马家窑类型的文化遗存中，发现有模拟葫芦整体和纵剖面的陶制器物。研究认为，这是人类原始的交媾符号；古代民间风俗中，莲花和葫芦也经常扮演男女结合象征物的角色，如有些地区在男女新婚之夜，婆婆要向媳妇赠送葫芦形状的"礼馔"，上面既有一朵莲花暗示女性，而有一突起物表示男性。

在山西省王家大院的木雕、砖雕、石雕中，现仍保存着男女性结合、生殖崇拜的艺术小品系列组合，如鱼穿莲、鱼穿莲叶、莲蓬生子、莲叶生子、鸳鸯贵子等。窗棂鱼穿莲和木雕额枋五婴戏莲，具有雕刻精细、造型优美之特点，并伴随王家大院的主人存在了二百多年。这说明古人通过对自然界莲和鱼生活的细心观察，且形象的借用，隐喻两性结合、夫妻和好，使生命繁殖的艺术化，成为古代民间性教育的例证。

还有古代民间工艺器物上，都绘刻着大量莲花图案。如定亲嫁女时抬送礼品的木制礼盒，上面就雕刻着莲花图案和手执莲花、莲蓬的女子图案。这示意着莲花象征女性，并企盼女子象莲蓬结莲子那样多生儿育女。鹭鸶探莲是流传于古代民间生殖崇拜的剪纸。图中的鹭鸶代表男性。莲花有瓣儿，莲藕有子，代表女性。莲藕谐音"连偶"，莲子求藕即"求偶"。莲蓬多子，意为多子多福。此剪纸属吉祥图腾，适用于婚嫁。

三、从莲的生长特征发展到生殖崇拜

莲和鱼这种密切关系，可上溯至原始部落时代。生活在湖沼地带的原始先民，以采莲扑鱼为生。他们凭借亲身经历，逐渐认识到莲和鱼生活于同一生态环境的客观规律。随着时间的推移，古代先民们对莲和鱼彼此相互依存的关系，有更深刻地认识和了解，并不断加以总结。如汉乐府名曲[1]："江南可采莲，莲叶何田田。鱼戏莲叶间，鱼戏莲叶东，鱼戏莲叶西，鱼戏莲叶南，鱼戏莲叶北。"这首歌词也反映了莲和鱼的密切关系。

莲花是一种古老植物，具有根茎发达，繁衍快速，花叶茂盛，莲实丰满等特点。其花部为生殖器官，通过传粉、授精、孕育、结实等过程来完成传宗接代的使命。于是，古人富有想象力，给莲花以人格化，且衍生出"鸳鸯戏莲"、"五子戏莲"、"连生贵子"、"喜结连理"、"荷花童子"、"并蒂同心"、"鸳鸯荷花"、"莲里娃娃"、"本固枝荣"、"和合二仙"、"双莲图"、"鱼穿莲"等许多祈求人丁兴旺的吉祥隐语。其中"鸳鸯戏莲"、"鸳鸯荷花"是借荷池中形影不离的鸳鸯鸟与莲花共同生活的习性，隐喻夫妻关系恩恩爱爱，子孙满堂；"荷花童子"、"莲里娃娃"，借繁衍茂密的莲花，隐喻早生贵子；"并蒂同心"和"双莲图"之意，借自然界发生稀罕少见的并蒂莲花这一吉祥征兆，隐喻男女相爱、同心同德，期盼双胎，繁衍后代；"本固枝荣"借莲花地下盘根交错、茂密繁盛的根茎，寓意多子多孙，四世同堂；而"喜结连理"、"连生贵子"、借"莲"与"连"之谐音，意示多得聪明伶俐的贵子。有资料报到，在一些"连生贵子"的画面上，把莲花的花瓣与花蕊恣意变形，使其与文明相似。并以孩童点明其画意。从客观上讲，莲花生孩子既不合情，又不入理，二者根本也不存在本质上的联系。但莲花自古就是女性的象征，且变形后的莲花近似女阴，这样使莲花能生子就会达到形和意、情和理上相通的统一。这无疑是对"原始生殖力"的崇拜；白头偕老的"和合二仙"图案，其中一位就是手执莲花的仙子，而莲花也暗喻着女性的子孙满堂。晋地民间俗话说："鱼穿莲，十七、十八儿女全。"还有"鱼儿戏莲花，夫妻结下好缘法"等。综上所述，这些吉祥隐语都直接或间接地说明了莲花在古人对生殖崇拜中的地位和影响。

为了传授新婚男女的房事，我国江南民间有送"压箱底"的习俗。在女儿出嫁前，母亲总在箱底藏一个"压箱底"的东西，就是做成两个男女做房事的陶瓷工艺品，装在"莲花"和"石榴"里。新婚之夜，一对新人翻出箱底，照本宣科，生儿育女。这也暗喻着人们对莲花和石榴的生殖崇拜。而陕北地区，男女新婚之夜，婆家送给儿媳一只象征着具有神奇生殖能力的礼馍。这礼馍呈石榴状，上饰一朵莲花，暗示着女阴；其上又有一个凸起柱状物，表示男根。这表达着婆家希望儿媳通过食用了此种代表男女之物的食物后，能达到像莲花和石榴一样多"子"的愿望。再如陕北一带的婚礼上，客人也为男女新人赠送礼馍。这种礼馍呈蟾蜍状，上面有鸟和莲花构成的对应造型。鸟头象征着男性的生殖器官，莲花则象征着女阴；莲、鸟并存，象征着男女之间的阴阳相合。

我国各地民间过中秋节，常有到河中放莲灯的习俗。送灯就意味着送子（"灯"谐音"丁"，丁即男丁）。一般河灯做成莲花、西瓜、葫芦等形状，企盼多生或早生贵子，这也是民间对莲花生殖崇拜的一种方式。

---

[1] [宋]郭茂倩.乐府诗集[M].北京:中华书局,1982

四、佛教中的莲与生殖崇拜

据佛典记载，在佛教始祖佛陀降生前，古印度北部迦毗卫国（位于今尼泊尔南部提罗拉科特附近）国王梵净王的宫廷中，出现了一些瑞祥景象，如百鸟群集，鸣和悦耳，四季花木同时盛开等，而池中突然长出一朵大如车轮的、奇妙的白莲花。随之，王后摩耶夫人怀孕时得到预感，有一天，从梦中惊醒，感到天上的菩萨化作一头六牙白象进入大脑。于是，佛祖释迦牟尼降生在莲花池里。在释迦牟尼降生之初，莲池则闪出千道金光，每一道金光化作一朵千叶白莲，每朵莲花之中还坐着一位盘腿交叉、足心向上的小菩萨。后来，释迦牟尼成道后，他转法（布道）时坐的座位，被称"莲花座"，其坐势亦称"莲花坐势"。因而，印度佛教艺术中，常以象征的手法将摩耶夫人坐在莲花上，周围有六牙小白象向她喷水，代表入胎，而只用一朵莲花就代表这一变相。另在一幅转法轮雕像中，佛陀端坐在大莲花上，位于池中央，小莲花围绕佛陀开放。故印度佛经常把释迦牟尼诞生与莲花联系在一起，说明佛教在创建之初，就将莲花作为生殖崇拜了。

印度佛教传入中国后，则形成了汉传佛教、藏传佛教和南传佛教三大支派。而外来佛教文化与中国的儒家文化、道家文化相互影响、相互渗透和相互融合，共同发展，又形成中国的佛教文化。东晋时，中国佛教徒中出现一种祈求向往莲花盛开的弥勒净土。在佛教密宗中莲花代表女性生殖器，也是女性诸神的化身。因此，佛教徒常常把莲花作为他们生殖崇拜的对象。还有大乘华严宗对莲花的崇拜也是如此。而藏传佛教的"六字真言"，其中"叭"、"咪"二字，梵文为莲花之义，表示莲花部心，比喻佛法纯洁无瑕。其实"六字真言"原是古印度的一句祝祷词，后被婆罗门和印度教继承下来，也为密教（佛密）所吸取，成为密教莲花部的根本真言。原意是"红莲花上的宝珠"成为"女性生殖器"和"阴蒂"的象征。

据刘达临等在《历史的大隐私》引《佛说秘密相经》述[1]：作是观想时，即同一体性自身金刚杵，住于莲华上而作敬爱事。作是敬爱时，得成无上佛菩提果，或成金刚手等，或莲华部大菩萨，或余一切逾始多众。当作和合相应法时，此菩萨悉离一切罪垢染着。如是，当知彼金刚部大菩萨入莲华部时，要如来部而作敬爱。如是诸大菩萨等，作是法时得妙快，乐无灭无尽。然于所作法中无所欲想，何以故？金刚手菩萨摩诃萨：以金刚杵被诸欲故。是故获得一切逾始多无上秘密莲花成就。所说"金刚杵"，就是男性生殖器；而"莲华"、莲花"就是女人阴部。佛经中仍认为性交是"敬爱"的事，"由此生出一切贤圣，成就一切殊胜事业。"这种对性交的赞美，真是古今罕见。据考证，佛像脚踩的莲花就具有这方面的含义。《金刚经》云[2]："金刚部入莲华部，乃大乐事"。其中"金刚部"指男根，"莲华部"即指女阴。但是佛像代代相传，人们只记莲花意味着"圣洁无瑕"，及"出泥不染"，反把它的本源意义忘记了。

而位于云南大理白族自治州剑川县西南的石宝山，有一个从南沼时代遗存下来的石窟群，石窟内有139躯佛像，其中第8窟佛龛正中莲花座上，雕刻着一巨大的女性生殖器，即"阿央白"，白族语意思是姑娘，白为裂缝，示意为"婴儿出生处"。而"阿央白"就雕刻在一个巨大的莲花

[1] 刘达临，胡宏霞著. 历史的大隐私 [M].珠海:珠海出版社，2008
[2] 田茂志注译.金刚经 [M].郑州：中州古籍出版社，2005

座上（图1）。不言而喻，佛教也视莲花为生殖崇拜的对象。

图1 位于云南大理剑川县石宝山遗存南沼时代的石窟群，窟内第八窟佛龛正中莲花座上，雕刻着一巨大的女性生殖器，即阿央白

五、古印度人视莲为圣物

盛产莲花的印度，是世界四大文明古国之一，莲花是印度共和国的国花。印度人视莲花为圣物，十分崇拜。尤其是古印度人把莲花作为母性生殖器的象征和母亲神的化身。在古印度的古典文学中，常常以莲花比喻美丽的姑娘。如著名的史诗《罗摩衍那》咏[1]："悉多有位女郎长得仪容秀美，浑身却像涂上污泥的莲藕，闪光的美容从不显露。"而《摩诃婆罗多·森林篇》（第94章）赋[2]："……那公主长得很快，又有绝色容颜，恰似水中的红莲，……罗摩长着和莲花瓣一样的眼，天堂上的神和乾闼婆都把他赞。"还有《摩诃婆罗多·持斧罗摩》吟："见他一身富贵相，胸前佩戴莲花环，与妻嬉戏在水池，莱奴迦心生淫欲念。"描写了一对年轻夫妇胸前佩戴莲花环在水池嬉戏的情景。

印度民间则流传着"莲花仙女"、"千瓣莲花"和"鹿母莲花夫人"等许多有趣的神话故事。其中"鹿母莲花夫人"故事中说：夫人每走一步，脚后立即现出一朵美丽的莲花。她一胎生下五百童男，个个英俊健美，并都是保卫国家的勇士，因此，鹿母莲花夫人也就成了多生美男的象征。

古印度神话中的常把大神毗湿奴与太阳联系在一起，传说毗湿奴皮肤深蓝，有四只手，分别拿着法螺、轮子、仙杖和莲花，躺在巨蛇身上，在海上漂浮，肚脐上长有一朵莲花，被奉为至高无上的神。而《莲花往世书·创世篇》中，就传说毗湿奴的化身梵天是从莲花中长出来的。美国著名学者温蒂·朵妮吉·奥弗莱厄蒂在《印度梦幻世界》中所述[3]：毗湿奴和梵天都争辩自己是众生之

[1]［印度］蚁蛭著，季美林译.罗摩衍那［M］.北京：人民文学出版社，1981
[2]黄宝生等合译.摩诃婆罗多［M］.北京：中国社会科学出版社，2005
[3]［美］温蒂·朵妮吉·奥弗莱厄蒂著，吴康译.印度梦幻世界［M］.西安：陕西人民出版社，1992

母。梵天是从毗湿奴的肚脐里长出来的莲花，而毗湿奴又从梵天的嘴里出来。"因为在印度神话中，莲花是子宫（发源地）的象征，所以毗湿奴扮演着梵天的母亲，这是毗湿奴所坚持的观点；而莲梗把毗湿奴的肚脐连接到梵天的子宫里，按人出生的方式，毗湿奴又成了梵天的孩子，这是梵天所坚持的立场"。神话必竟归神话，在这里不去追究。但古印度人把莲花作为生殖崇拜，早已根深蒂固了。

在古代印度农耕文化中，人们普遍敬奉手持莲花的裸体女神像，亦称莲花女神。这是古印度男女青年最崇拜的女神，并在某些神秘仪式上，要与莲花女神做象征或模拟性的性交。甚至印度雕塑、绘画等造型艺术作品，都有莲花女神坐在男性神祇之大腿上，并与之相搂相抱。而印度民间年轻女子出嫁前，手持莲花，也有生儿育女之意。可见，印度人对莲花生殖崇拜的程度。

莲花作为人类生殖崇拜的对象，其历史悠久，文化内涵丰富，应用范围也十分广泛。莲花是一种古老植物，具有根茎发达，繁衍快速，花叶茂盛，莲实丰满等特点；其花部为生殖器官，通过传粉、授精、孕育、结实等过程来完成传宗接代的使命。而生活在湖沼地带的原始先民，以采莲捕鱼为生，他们凭借亲身经历逐渐认识到莲花生长发育的客观规律，随着时间的推移，并不断总结。于是，古人富有想象力，将莲花比喻女性生殖器加以崇拜。据史料分析，莲与佛的渊源，不仅莲花只是出泥不染，纯洁无瑕的象征，也意喻了佛教对莲花的生殖崇拜。莲花作为女性生殖器并不限于中国，而印度、埃及、罗马、希腊等文明古国都视其为圣物。因而，对莲的生殖崇拜是人类社会中一种重要的文化现象。

莲 与 道 教 之 渊 源

众所周知，莲花与佛教的关系甚密，几乎成了佛家的代名词。其实，道教视莲花为仙物，对其也顶礼膜拜。为何道家对莲花如此崇拜？考查史籍，不难发现，道教崇莲的缘由，与道家的文化背景、思想信仰以及生命观，都有着极为密切的关系。于是与莲花有关的种种长生成仙的传说，也就应运而生。故在此企图对道教崇敬莲花的文化背景和思想根源，作了一探讨。

一、道教的形成和发展史略

道教创立于东汉末年，以张道陵天师在东汉顺帝年间（公元126-144年）创立"正一盟威道"为标志，至今已有1800多年的历史。在南北朝时期，经过葛洪、寇谦之、陆修静、陶洪景等人努力和改革，道教成为与佛教并列的中国正统宗教之一。

自南北朝之后，各代统治者对道教的生存与发展，都采取了不同的策略和手段。唐宋两朝，道教受到统治阶级的推崇而得到进一步发展，则形成了多种流派，如八仙道、黄老道、鬼道、五斗米道、太平道、上清派、茅山派、灵宝派，天师道、南天师道、北天师道、龙虎宗、清水道、东华派、正一道、全真派、遇仙派、随王派、五祖、七真派等等，后来逐步形成了全真派和正一派两大主要流派。全真派创始人王重阳，曾提倡"三教合一"的宗旨，王重阳本出儒门，读佛教《波若心经》而有彻悟，甘河遇仙，授以秘二夫以后，乃出家修道，由次经历，指出三教圆融的思想是很自然的，他建立的"三教金莲会"，则以三教为标志。认为三教者不离真道，所以教人读《道德经》、《清静经》、《波若心经》、《孝经》采用道、佛、儒三教经典；而正一派是在天师道、龙虎宗长期发展的基础上，以龙虎宗为中心，集合各符箓道派组成的一个符箓大派。于元代中后期形成后，一直流传至今。

明代时期，道教逐渐走向衰落，对统治阶级的影响则远逊于唐宋。到了清代，皇室因尊崇藏传佛教，对道教采取严厉限制的方针，道教更加衰落，活动主要在民间。鸦片战争以来，中国沦为半封建半殖民地的社会，道教亦受到帝国主义的压迫和西方思想的冲击，道教又进一步衰败，在中国五大宗教中，仅降为教团势力及政治影响最弱的宗教。这时许多道士文化素质低下，宗教知识缺乏，道教组织也松散。但仍有一批道士潜心修炼，著书立说，课徒传戒，使道教法脉得以延续。

新中国成立后，中国进入了社会主义建设时期，道教也发生了巨大变化。人民政府实行宗教信仰自由政策，道教徒的信仰得到尊重和保护。宫观中旧有的封建性法规被废除，成立了民主管理机构，道士们成了自食其力的劳动者。中国道教协会也随之成立，设立了研究室，创办出版《道协会刊》，开设了道教知识进修班。"文革"中，道教同全国各行各业一样受到极左路线的严重冲击，宫观被封闭，道教活动被停止，中国道教协会也被迫停止了工作。十一届三中全会以后，宗教信仰自由政策得到重新落实，中国道教协会也恢复了工作。1980-1998年，先后召开了三届、四届、五届、六届代表会议。全国各地的主要道教宫观也陆续恢复开放，其中21座较大的宫观，于1992年经国务院批准为全国重点宫观。1987年创办了《中国道教》杂志，先后编辑出版了《道教手册》、《道教文化丛书》、《道教大辞典》、《道教神仙画册》等数十种书刊。1990年中国道教学院成立，此前中国道教协会曾先后举办了多期培训班，为培养道教接班人作了积极的工作。1989年中断了数十年的全真派传戒活动恢复了，第一次传戒活动在北京白云观举行。王理仙道长为白云观方丈及戒坛律师。受戒道徒75人。1995年中断多年的正一派符箓活动在江西龙虎山恢复。同年在四川青城山举行全真派第二次开坛传戒，傅元天升为方丈和戒坛大律师，受戒道士546人。

目前，中国道教进入了近200年来最兴盛的时期。全国广大道教徒在爱国爱教的道路上，与全国人民一道积极参加祖国的社会主义建设。

二、道教崇莲的思想根源

探究道教崇拜莲花的的信仰和思想渊源，需要弄清楚"道家"和"道教"二词的概念。通常是先有道家，而后有道教。后来有人主张"道家"和"道教"等同使用，但也有区别，道家是由先秦时代以老子、庄子为主要代表人物的哲学思想流派；而道教是有其神仙崇拜与信仰，教徒与组织，及一系列的宗教仪式与活动的宗教。当然，道教在理论上也汲取了道家思想的大量要素，甚至奉老子为教主，其思想萌芽早已潜伏在道家诸子之中，后来才逐渐得到发展。

诚然，道教是以老子之"道"为最高信仰、以长生成仙为终极追求的中国本土固有的宗教。故道教思想亦渊源于中国先秦时期的祖先崇拜、鬼神信仰、道家哲学和神仙方术。道散则为气，聚则为神。神仙既是道的化身，又是得道的楷模。故道教徒既信大道，又拜神仙。因此，在一些道家或道教经典中，如《道德经》、《列仙传》、《道藏》、《八仙得道传》，以及《封神演义》、《狄公案》等小说中，均能见到食莲成仙的妙方和养生得道的秘诀，及托莲转世的传说，这些都是道教崇拜莲花的重要思想根源之依据。

道教的组织雏型，也可追溯到战国秦汉时期的方仙道和黄老道。不言而喻，修道成仙的思想乃道教思想的核心，而道教[1]"其他的教理教义和各种修炼方术，都是围绕这个核心而展开的。"因道教完全是中国土生土长的传统宗教，故鲁迅先生在致许寿裳信中说[2]："中国根底全

---

[1] 卿希泰.道教文化新探 [M].成都：四川人民出版社，1988：19

[2] 鲁迅.鲁迅书信集·致许寿裳 [M].北京：人民文学出版社，1976

在道教。"可见,道教是把古代的神仙思想,道家学说,鬼神祭祀,以及占卜、谶纬、符箓、禁咒等巫术综合起来的产物。古曰[1]:"道家之术,杂而多端"。但"不论道教的教义及道术多么庞杂,其教义的核心仍是神仙信仰"[2]。

在近两千年的发展历程中,长生成仙一直贯穿道教发展史的始终,其中不少神仙道人与莲花有着千丝万缕的联系,并衍生出许多离奇传神的故事,食莲成仙的妙方,以及养生秘诀。

三、道家视莲为仙物

道教以《道德经》的思想为主要教义,倡导尊道贵德、重生贵和、抱朴守真、清静无为、慈俭不争和性命双修[3]。道教认为,无形无象的"道"生育了天地万物。道散则为气,聚则为神。神仙既是道的化身,又是得道的楷模。故道教徒既信大道,又拜神仙。于是,莲花则成了道教中仙风道骨的象征。

1. 托莲转世

据《关令尹喜内传》曰[4]:与老子同游西域的关令尹喜降生时,"其家陆地生莲花,光色鲜盛"。尹喜是老子的弟子。道家史籍还记载,在上古灵虚年代,有一个名叫周御王的国王,他有位美丽的妃子紫光夫人。紫光夫人发誓要生下儿子辅佐国王治理国家。仲夏的一天,紫光夫人在御花园莲池沐浴,她刚下入水中,莲池里便长出9朵莲花;瞬间,9朵莲花化为9个胖男孩,于是这9个男孩就成了紫光夫人的儿子。这9个儿子聪明勇敢,智慧超群。老大勾陈当上天皇大帝,老二北极星成了紫微大帝,剩下七兄弟分别为天枢、天璇、天玑、天权、玉衡、开阳和瑶光,合称为"北斗七星"或"北斗星"。据道经《太上玄灵斗姆大圣元君本命延生经》曰[5]:"斗姆,为北斗众星之母。"不言而喻,紫光夫人便是斗姆。因此,斗姆是道教中至尊至贵的女神,其地位在王母娘娘之上。故道教常建造斗姆宫、斗姆殿、斗姆阁,进行祭祀礼拜。由九朵莲花化生的九个儿子,辅佐国王治理国家,实际上,九朵莲花就是神仙所畅给。

《封神演义》(第14回)叙述[6]:"太乙真人叫金霞童儿把五莲池中的莲花摘二枝,莲叶摘三个来。童子忙取了莲叶、莲花放于地下。真人将莲花勒下瓣儿,铺成三寸,又将莲叶梗儿折成三百骨节,三个莲叶按上、中、下,按天、地、人,真人将一粒金丹放于居中,法用先天,气运九转,分离龙、坎虎,绰住哪吒魂魄,望莲里一推,喝声:'哪吒不成人形,更待何时!'只听得响一声,跳起一个人来,面如傅粉,唇似涂朱,眼运精光,身长一丈六尺。此乃哪吒莲花化身,见师父拜倒在地。"看来,哪吒是莲花化身而成。

据《道藏》(第75、76册)记载[7]:道教全真派大师王重阳到海边(今山东烟台)传教收

[1] [宋]马端临撰,上海师范大学古籍研究所,华东师范大学古籍研究所点校.文献通考•225卷•经籍考52 [M].上海:中华书局.2011
[2] 李养正.道教概说 [M].上海:中华书局.1989: 243
[3] [宋]范应元撰.老子道德经古本集注 [M].上海:上海古籍出版社,1995
[4] [汉]刘向撰.列仙传•关令尹 [M].台北:台湾商务印书馆,1986.影印本
[5] 傅洞真注. 太上玄灵北斗本命延生经注•洞神部玉诀类•三卷 [G] ∥ [明]张宇初编.道藏. 刻本
[6] [明]许仲琳. 封神榜 [M]. 天津:天津古籍出版社,2004
[7] [明]张宇初编.道藏. 刻本

徒，"得邱、刘、谭、马、郝、孙、王，以足满七朵金莲之数。"这7人分别为邱处机、刘处玄、谭处瑞、马钰、郝大通、孙不二、王处一，后称为道教全真派"全真7子"，其中邱处机自幼聪慧，长而悟道，19岁出家，拜王重阳为师，历磻溪七年，龙门七载，道功完备，被誉为"天仙状元"。传说。邱处机的父亲是种田人，一天，突然遇见两个道士唱着《空空歌》迎面走来，邱父问道士是否有不空之事。道士答："有，像我二人种莲。此莲生在昆仑山上，王母娘娘亲手浇灌，千年生根，千年开花，千年结子。如今仅采得莲房一颗，内含七子，若种得一子，他年自然真性长存，灵光不灭，即是长生立之道，这才是天地间实而又实之事。"说完，道人送莲子给邱父，并诉种子之法，便飘然而去。随后，邱父将莲子依法种之。果然，多年不孕的妻子，于次年正月产一男婴。这就是"天仙状元"邱处机身世的离奇传说。

2.食莲成仙

据《列仙传》记[1]："吕尚者，冀州人也。生而内智，预见存亡。……服泽芝、地髓，具二百年而告亡。"吕尚，姜姓，字子牙，唤之姜子牙；因辅佐武王灭商有功，封于齐，有太公之称，俗呼姜太公。他晚年隐居秦岭终南山，常服用泽芝（即莲花）等，活到两百岁才谢世。死时因兵乱未及时安葬，后来由孔子之孙伋等人为之安葬。下葬时发现棺内无尸体，只有兵书《玉钤》六篇。"吕尚隐钓，瑞得赪鳞。通梦西伯，同乘入臣。沉谋籍世，芝体炼身。远代所称，美哉天人"。其中后两句意为："深谋成本传世，莲花地髓健体。历代有所称赞，才能杰出伟人。" 说明姜太公才智过人，修炼成仙，与服用莲花有关。

晋代郭璞《尔雅图赞》所述[2]："芙蓉丽草，一曰泽芝。泛叶云布，映波赧熙。伯阳是食，向比灵期。"莲是道教始祖老子伯阳的食品，也是神仙降临或修道成仙之物。而唐时孟诜、张鼎合撰《食疗本草》亦有[3]：莲子"去心，曝干为末，著蜡及蜜，等分为丸服，日服三十丸，令人不饥，学仙人最为胜。"古人认为，莲子是神仙食物。故后世的修炼道人，多言服莲不饥，轻身延年，白发变黑，齿落复生，为长生仙物也。

3.以莲护身

何仙姑是八仙之中唯一的女仙，名琼，湖南永州零陵人。相传神诞之日为四月初十日。十三岁时，入山采茶，遇吕洞宾。后又梦见神人教饵云母粉，遂誓不嫁，往来山谷，轻身飞行。每日朝出，暮持山果归来侍母，后尸解仙去。据《八仙得道传》（第34回）述[4]：何仙姑大战青牛精时，身感疲倦，毫无抵抗之力，正当万分危机，忽听半空响起惊天霹雳，一道金光闪电，青牛精被吓跑了。"却见一位脚踩红莲的仙女站在当中"，这位搭救何仙姑的脚踩红莲仙女，便是九天玄女的高足九天上元夫人。从此，何仙姑手中总是握着一支莲花，以求护身之用。

据《八仙得道传》（第32回）载有[5]：太上老君与通天教主斗法，通天教主变成一只鹞子，

[1] [汉] 刘向撰.列仙传·吕尚 [M].台北：台湾商务印书馆，1986.影印本
[2] [晋]郭璞撰. 尔雅图赞 [M].上海：上海书店出版社，1994
[3] [唐]孟诜撰，张鼎补增.食疗本草 [M].北京：人民卫生出版社，1986
[4] [清]无垢道人.八仙得道传·第34回 [M].敦煌抄本
[5] [清]无垢道人.八仙得道传·第32回 [M].敦煌抄本

"冲天而起，猛向老君头上扑下，老君佯作不知，行所无事的，顶门中出现一朵彩莲，护住身体，鹞子不得下来。"结果鹞子被老君高徒文始真人用神弩射瞎一只眼睛，大败而逃。不仅太上老君常用彩莲护身，而其他得道成仙的人也往往不离莲花。

又据《真人令尹喜传》曰[1]："天涯之洲，真人游时，各坐莲花之上。花辄径十丈，有返香莲生逆水，闻三千里。"可见，真人为道家修行得道的仙人，通常仙人出游，均坐莲花之上，御风而行，仙袂飘飘，故道家心中的莲花，充满仙风道气，成了真人的护身符。

4.莲冠莲巾

还有长篇小说《狄公案》曰[2]："朝云观道童引狄公进了三官堂，狄公抬头见堂正中盘龙太师椅上坐着一位瘦骨嶙峋的老道士。老道士头戴莲花冠，身披黄罗道袍，脚登细麻云履，手拄一根神仙拐，见狄公进来忙徐步上前迎接。"如唐代李白《江上送女道士褚三清游南岳》咏[3]："吴江女道士，头戴莲花巾。"从中可知，男道士戴莲花冠，而女道士戴莲花巾。道教与其他宗教一样，有许多的"威仪"。道教服饰威仪，既是中华民族古老的一种表现，也是一种文化现象。它透出一种古老宁静的气韵，能使人不知不觉地进入一个古老的、宁静的文化世界，给人以心灵的净化。

综上所述，道教如此崇拜莲花，无论是托莲转世的神话，还是食莲成仙的传说，都说明了道教以莲花作为道的象征。在某种意义上讲，道教与莲花的这种关系，较之其他宗教，更为切合实际。

四、信道文人 咏莲畅怀

唐宋是道教发展的鼎盛时代，这一时期，许多信仰道教或受道家思想影响的文人士大夫，或咏莲言志，或颂莲畅怀，写下了无数咏莲的名篇佳作，而被后世所传颂。

唐代大诗人李白，自号"青莲居士"。他在《答湖州迦叶司马问白是何人》自吟[4]："青莲居士谪仙人，酒肆藏名三十春。"自称"谪仙人"，仙人是道家所追求的境界。又其《古风》云："西岳莲花山，迢迢见明星。素手把芙蓉,虚步蹑太清"；还有《庐山谣寄卢侍御虚舟》中："遥见仙人彩云里，手把芙蓉朝玉京"等。而诗人白居易《阶下莲》吟[5]："叶展影翻当砌月，花开香散入帘风。不如种在天池上，犹胜生于野水中。"作者喜爱莲，特别是白莲。诗中的"天池"，是道家向往的仙境，诗人受道家思想的影响极深，遇仕途不佳，为解郁闷，便触物生情，借莲以表达内心对道家理想境界的向往。

南宋词人赵以夫《忆旧游慢•荷花》赋[6]："爱东湖六月，十里香风，翡翠铺平。误入红云里，似当年太乙，约我寻盟……"福建泉州的东湖，也是古时赏莲胜景之一。词人见东湖那秀色空

[1] [唐]欧阳询. 艺文类聚•下册•卷八十二•草部下•芙蕖 [M]. 上海: 上海古籍出版社, 1999: 1400
[2] [清]不题撰人. 狄公案 [M]. 成都: 四川人民出版社, 2010
[3] [唐]李白. 江上送女道士褚三清游南岳 [G] ∥何亚辉. 中华诗词全集•全唐诗. 长春: 吉林美术出版社, 2011: 134
[4] [唐]李白, 王琦注. 李太白全集 [M]. 北京: 中华书局, 1977
[5] [唐]白居易. 阶下莲 [G] ∥李文禄, 刘维治主编. 古代咏花诗词鉴赏辞典. 长春: 吉林大学出版社, 1989: 926～927
[6] [宋]赵以夫. 忆旧游慢•荷花 [G] ∥李文禄, 刘维治主编. 古代咏花诗词鉴赏辞典. 长春: 吉林大学出版社, 1989: 976～977

绝的莲景，自以为误入了华山太乙湖，因太乙湖的莲花为道家太乙真人所植，而将泉州东湖的莲景比如道家仙境，真是美不胜收；元初诗人赵孟𫖯《水龙吟·次韵程仪父荷花》咏[1]："凌波罗袜生尘，翠旆孔盖凝朝露。仙风道骨，生香真色，人间谁妒。" 作者奉信道教，说莲的仙骨如风如道，表明那天然纯正的莲之姿色，具有道家仙子之风神；还有《水调歌头·和张大经赋盆荷》吟[2]："……华峰头，花十丈，藕如船。哪知此中佳趣，别是小壶天。"词中通过对比的手法，讲述玩赏盆荷之乐。"壶天"为道家之仙境，因词人在官场上受到排挤，为了摆脱精神上的困扰，便以盆荷这种高雅闲适的意趣，向往道家所具的超尘出世的仙境。

此外，还有柳宗元、皮日休、李清照、范成大、吴敬梓等历代信仰道教的文人，都是通过写莲表达道教的教理教义及其深奥的哲理，或抒发自己内心的情感及向往道教的理想境界。

五、道教崇莲的文化背景

道教崇拜莲花，无论从道教历代经典史籍，还是古时的诗词、小说及杂记中，均能找到道人服莲不饥，轻身延年；或梦莲有孕，转世再生，或以莲护身，搭救他人等有关莲花的文字记载。可见，道教与莲花的这种特殊关系，有其悠久的历史和文化背景。

1.重人贵生，修道成仙

我们知道，道教是脱胎于道家思想，受道家的文化影响极深，故其教理、教义及道术也就无不打上道家文化的烙印。道教又是"重人贵生"的宗教，其要点是：精气神三义论；本原元气论；形质真实论；生命自我主宰论；重人贵生论；生道合一论；神仙实证论；齐同万物论和道法自然论。可想而知，道教的生命观也源于老子《道德经》的宇宙生成论学说和道家思想文化。

梁代（南朝）诗人朱超《咏同心芙蓉》吟："鱼惊畏莲折，龟上碍荷长。"而《史记·龟策传》载[3]："余至江南，观其行事，问其长老，云龟千岁乃游莲叶之上，蓍百茎共一根。"又"龟在其中，常巢于芳莲之上。"另据《博物志》（晋代张华）记述[4]："龟三千岁巢于莲叶，游于卷耳之上。"众所周知，龟是一种长寿动物，古人把龟与莲联系起来，说明莲也是延年益寿之物。故在道家经典《列仙传》中就有"服泽芝（莲）、地髓，具二百年而告亡"的记载。

古时，道士修道成仙必须修炼，修炼的方式很多，有内丹，外丹，内丹心，以及服气、胎息等，方式方法，真是五花八门，数不可胜数。其中"……泽芝（莲）。泛叶云布，映波粼熙。伯阳是食，向比灵期。"就记述了道家始祖老子服莲修道，养生延年的事例。后至唐宋，仍有以莲炼丹之记载，如唐许浑吟："太乙灵方炼紫荷，紫荷飞尽发幡幡"；陈陶咏："终日章江催白发，何年丹灶见红蕖"；宋张继先亦吟："得事只烹身上药，痴心莫望火中莲"等等。因此，受道家思想文化的影响，道教的经典法术中，都不乏有关莲花能延年益寿，修道成仙的记载。

[1][元]赵孟𫖯. 水龙吟·次韵程仪父荷花［G］‖李文禄等主编. 古代咏花诗词鉴赏辞典. 长春：吉林大学出版社，1989：998～999
[2][元]赵孟𫖯. 水调歌头·和张大经赋盆荷［G］‖李文禄等主编. 古代咏花诗词鉴赏辞典. 长春：吉林大学出版社，1989：1001
[3][宋]司马迁. 史记·龟策列传［M］. 沈阳：万卷出版公司，2008：546～547
[4][晋]张华撰. 博物志［M］. 台北：台湾商务印书馆，1986.影印本

2.不染的君子情操

道家视莲花为仙物，极言莲之高贵和超凡，却甘愿处卑污低下之位。有如《道德经》所云："水利万物而不争，处众人之所恶，故几乎道。"这正体现了莲的君子风格，也是"道"的最高境界。

北宗著名理学家周敦颐的《爱莲说》赋：莲花"出淤泥而不染，濯清涟而不妖，中通外直，不蔓不枝，香远溢清，亭亭净植，可远观而不可亵玩焉。"周老翁将莲的自然属性与君子品格联系起来，从而使莲的操守得到了进一步的升华。千百年来，莲花这种不染的精神，一直激励和净化着人们的心境，则成为道德规范之化身。明代叶受《君子传》曰[1]："君子讳莲，或又谓讳菡萏，相传为神仙家流，世居太华山玉井中。始祖有讳碧藕者，寿千岁。成周时，因西王母进见穆天子，陪宴瑶池上。子孙散处，其根派世袭其名，亦曰藕，咸洁白聪明，意气清虚，自以仙流弗与生民伍，隐遁不见于世。苟可蔽身，虽污泥重渊，没齿不怨……。"君子即莲花，亦为道家神仙。意为君子叫莲花，又名菡萏，字芙蓉，相传为神仙世家，祖祖辈辈居在太华山玉井中。其始祖名碧藕，寿千岁。周成王时，西王母进见穆天子，碧藕曾在瑶池陪宴。他的子孙散见各地，世袭其名，自以为仙流出身，洁白聪明，意气清虚，隐居不与世人为伍。其居住的地方，虽污泥重渊，也不在意。叶受直言不讳地将莲花比作神清骨润的仙人。因而，莲花也就成了道家象征的正宗。

其实，比周老翁写《爱莲说》还早两千多年的佛典《无量寿经》云[2]："如净莲华，离染污故"。使莲花成为人世间洁身自爱的一面镜子。而道教就吸取了外来宗教的有益成分，将莲花的高尚情操作为道士修炼中"不得淫邪败真，秽慢灵气，当守贞操，使无缺犯"的信条。因此，莲花不染的情操在历代道教的戒律中，都直接或间接地有所提及。这对当时的修炼人当守贞操，则起到了良好的作用。

3."生道合一"的生命观

按《道德经》(第五十章)所述[3]："出生人死。生之徒十有三，死之徒十有三，人之生，生而动，动之死地亦十有三。"意在告诉世人，维持生命并非轻易的事情，人生有着许多危机，要加以防护。

道教主张"生道合一"的理论与"性命双修"的炼养方术，便是为人类养生所创设的道路与明灯。不靠天，不靠地，靠自身修道得道，守道存生，其最积极有效的办法，便是进行自身炼养，以求自我完善。因此道教在创建之初便继承了中国古代神仙家(方仙之士)及黄老道的大量神仙方技，后来，又融摄了诸子百家及民间的丰富多彩的养生方术，逐渐构成以"性命双修"为中心的养生文化体系。据《太上老君内观经》记述[4]："气来人身谓之生"，"从道受生谓之命"，即气为生机之源，气人形体，从道受生，谓为生命；而《太平经·令人寿平治法》也认为[5]，精、

[1] 胡正山等.花卉鉴赏辞典 [M].长沙：湖南科学技术出版社，1992：612~613
[2] 赖永海主编，陈林译注.无量寿经 [M].北京：中华书局，2010：170~172
[3] [春秋] 老子.道德经 [M].北京：中国对外翻译出版公司，2006
[4] 傅洞真注.太上老君内观经·洞神部本文类·一卷 [G] ∥ [明] 张宇初编.道藏.刻本
[5] 杨寄林.太平经今注今译(上、下) [M].石家庄：河北人民出版社，2002

气、神三者相与共于一体，是谓生命，道教的"生命说"与其养生文化紧密关联，这是道教生命观的特征之一。在众多养生方术如内外丹道、服气、导引、炼气、行跷、吐纳、胎息、休粮、坐忘等等之中，其中胎息秘诀："心象红莲，花没有开放，下垂，长三寸。上面有九窍，二窍在后面，正面有黑毛，茎长二寸半。其次存肺。肺象白莲，花开五叶，下垂，上有白脉膜，在心上，覆心。"可见，道教的养生修道，还善于以莲花的某些特征比作人体的五脏六腑，而将莲花应用于养生延年的实践中。

道教是在远古文明和道家思想文化背景下形成和发展起来的。中国古人对死亡的焦虑和对不死的向往表现尤为突出。在这种心理的支配下，道家有了对"不死之药"和"不死之国"的向往；同时，又有了关于"不死之民"的传说和对所谓"不死之术"的实践；继而也就有了以追求长生不死为宗旨的"方仙道"。正是这些向往、传说、实践和人物，为道教的产生提供了条件。于是，道教在实践"不死之术"的过程中，对莲花的形态特征及其生长的自然生态环境有了深刻地认识，并将其应用到各种炼丹术和养生秘诀中，成为道教徒们追求长生不老，修道成仙的目标。从此，莲花与道教结下了不解之缘。

赏荷与音乐

荷，可赏，可品，可饮，可闻，可听。赏，赏其之姿色；品，品其之神韵：饮，饮其之味长；闻，闻其之清香；听，听其之天籁。因而，人们在赏荷的过程中，音乐给人的听觉形象所产生的美感；音乐在荷景中所表现的韵律；以及音乐给赏荷人所带来的快感，却是相通的，并在荷文化中占有重要的地位。故笔者就赏荷与音乐，浅谈一二。

赏荷与音乐绾结在一起，这要上溯到春秋时代，中国第一部诗歌集《诗经》。相传，它是由孔子整理删定而成，全书共有诗歌305首，后简称"诗三百"，其中多数作品都可用乐器伴奏来歌唱。《史记•孔子世家》曰[1]："三百五篇孔子皆弦歌之，以求合韶武雅颂之音"。 战国时亦有"诵诗三百，弦诗三百，歌诗三百，舞诗三百"之说[2]。如今，《诗经》只有文字，音乐早已不可耳闻了。但从字里行间及作品本身的内容结构，仍可了解到那个时代民俗音乐之概貌。如《诗经•国风•泽陂》吟[3]："彼泽之陂，有蒲与荷。有美一人，伤如之何。寤寐无为，涕泗滂沱。"反映了一位芳龄少女在池塘畔观赏亭亭玉立的荷花时，不禁想起日夜萦思的情人。他那高大英俊的形象，使少女更为他朝思暮想，为他亦歌亦泣。那凄切婉转的曲调，则给人以惆怅之感。

汉魏时期，朝廷专门设立了"乐府"之音乐机构。于是，乐府常派人去江南民间搜集采莲歌谣，并配曲唱奏，其中最有影响的是《相和歌》[4]："江南可采莲，莲叶何田田。鱼戏莲叶东，鱼戏莲叶西；鱼戏莲叶南，鱼戏莲叶北。"这首由丝竹乐器伴奏的汉乐府名曲，流传后世，传唱不衰。尤其是南朝时期，每逢荷花盛开时节，对对青年男女驾舟湖上赏荷采莲，那清脆悦耳的箫声、笛声、琴声、筝声、琵琶声伴奏着优美的莲歌，仿佛空间在流动，时间在凝固。那歌与乐的交响，情与景的交融，实在是令人陶醉。有人说，音乐是听觉形象，它的审美心理由听觉信息激发出来的。这确有一定的道理，当我们赏荷所产生的美感，不只是视觉，同时还有听觉。这样，才能使审美效果达到最佳境界。古人在这一方面，则有很好的审美修养（图1）。

随着岁月的流逝，人们的审美方式在发生变化。那驾舟湖上闻乐赏荷之美景，也就从大自然中

[1] [汉]司马迁.史记•孔子世家 [M].沈阳：万卷出版公司，2008：93～94
[2] [清]孙诒让.墨子闲诂 [M].北京：中华书局，1956
[3] 程俊英.诗经译注[M]．上海：上海古籍出版社，1985：152～248
[4] [宋]郭茂倩辑.乐府诗集[M].台北：台湾商务印书馆，1986

引入了私家庭园。这在李唐时代的士大夫、文人中，表现尤为突出。白居易不仅是著名的诗人、造园家，更是一位出色的音乐爱好者，在他洛阳履道里园中，屋前凿池种荷，池畔筑琴亭，亭内设漆琴一张。《池上篇》序曰[1]："每至池风春，池月秋，水香莲开之旦，露清鹤唳之夕，拂杨石，举陈酒，援崔琴，弹姜《秋思》……，酒酣琴罢，又命乐童登中岛亭，合奏《霓裳散序》，声随风飘，或凝或散，悠扬于竹烟波月之际者久之……"诗人饮陈酒，闻琴声，赏新荷。在那或凝或散的音乐境界中，白荷碧竹，池岛琴亭，一切都是那样的有声有韵。陈从周先生在《园林美与昆曲美》中这样描写[2]："花厅、水阁都是兼作顾曲之所，如苏州治园藕香榭，网师园濯缨水阁等，水殿风来，余音绕梁，隔院笙歌，侧耳倾听，此情此景，确令人向往，勾起我的回忆。虽在溽暑，人们于绿云摇曳的

图1 莲池月下弹琴

荷花厅前，兴来一曲清歌，真有人间天上之感。"看得出，当年苏州怡园的藕香榭也是观荷闻乐的好去处。那绿云摇曳的荷景韵致，可见一斑了。

其实，古代这种赏荷的审美传统，在我们现代人的生活中时有所见，只是客观环境不同而已。当一曲"洪湖水，浪打浪，洪湖岸边是家乡，四处野鸭和菱藕……"在你耳边回荡时，那悠扬委婉的音乐，就会让人联想起万亩碧浪起伏的红荷。那音乐与荷景所产生的韵律感，也能引起人们的共鸣。

当然，人们赏荷闻乐，不全都是笛声、琴声之类。那大自然赐予的水声、雨声、泉声、甚至鸟声和虫声，也别有一番情趣。它可把视觉和听觉，空间与时间结合起来，使之形成互渗互补的审美方式，这在我国古典园林水景中表现十分突出。如"听荷"之景，就是借岩石上泉水淌入荷池时，形成清脆悦耳的泉声，给人以美感。还有深秋时节，万物萧条，在人们眼里，一池枯荷，惆怅至极。但并非其然。"秋阴不散霜飞晚，留得残荷听雨声"[3]。瞧！那阵阵秋雨落在残荷上，依然滴答有声。这雨声可使局部景观产生一种雅逸之感，打破了人们非有水便植荷，植荷便赏花的陈套。看来、观残荷，听雨声，亦乐无穷（图2）。

西方哲人赫拉克利特说[4]："看不见的和谐，比看得见的和谐更好。"因而，人们赏荷时，通过听觉所获得的美感，比视觉要好得多。这不仅是精神上的享受；而且在思想方面还可陶冶情操。社会在进步，时代在前进。精神文明在不断提高的同时，人们的审美观念也在发生变化。过去，人们赏荷

[1] [清] 曹寅等编. 全唐诗·卷四百六十一 [M]. 上海：上海古籍出版社，1986
[2] 陈从周. 园林谈丛 [M]. 上海：上海文化出版社，1980
[3] 叶葱奇. 李商隐诗集疏注 [M]. 北京：人民文学出版社，1985：220
[4] 叶明春. 赫拉克利特"和谐"与周太史伯"和同"之比较 [J]. 人民音乐，1998 (10)：22～24

图2　荷塘烟雨，天籁之音（刘伟良/摄）

闻乐是以"接天莲叶无穷碧，映日荷花别样红"的大景观，欣赏的是意境美；如今，人们观荷则以色彩艳丽，姿态各异的荷花品种，品赏的是个体美。由中国歌舞剧院作曲家史志有先生以荷花品种为题材创作的"凌波仙子•东湖白莲"、"十月下水客•黄莲花"、"远古菡萏•古代莲"、"莲座神容严•佛座莲"、"芙蓉照水•西湖红莲"、"双影共分红•并蒂莲"等，运用六种不同音色的主奏乐器，分别素描了"东湖白莲"等6个不同品种的荷花那端庄清秀，绰约风姿，以及旺盛的生命力[1]。荷与乐的巧妙结合，使得6首曲作充满了生动且细腻的表现力，将箫、琴、琵琶、柳琴、曲笛、笙、筝、排箫等乐器的个性发挥得淋漓尽致。——奏出了荷花娇秀素雅，超凡脱俗的特性，同时也说出了赏荷人，从荷花那清香淡雅、亭亭玉立的姿色中获得美的享受。

亚里士多德说得好[2]："美是一种善，其所以引起快感，是因为它善。"荷花，正是这种真善美的化身。愿我们的艺术家创作更多优美的乐曲，奏出荷之色，荷之姿，荷之韵；荷之独灵，荷之精神，让人们从中得到艺术的熏陶和领悟某些人生哲理。

[1] 史志有.水莲［CD］.光碟.沈阳：辽宁文化艺术音像出版社，1999
[2] ［希腊］亚里士多德.名人名言大全［OL］http://www.mingyan.911cha.com

《爱莲说》与禅宗思想

　　禅宗是印度佛教与中国文化相结合的产物。禅，意指"安静而止息杂虑"[1]。于南朝、宋末年间，由印度菩提·达摩从天竺传授禅法而创立。佛教认为，静坐敛心，专注一境，久之可达身心轻松，观照明净的状态，当时的禅只是一种修行的方法。到了唐代初叶，经过一段时间的演变和发展，禅与中国的庄、玄思想相融合，则形成了彻底中国化的佛教流派，即禅宗。唐宋时期，禅宗兴盛则引起了全社会的兴趣，"上而君相王公，下而儒老百氏，皆慕心向道"。其实，真正参禅悟禅的，主要还是文人士大夫们。而宋代著名理学家周敦颐的《爱莲说》，则以赞美莲花之品格，颂以君子之气节，客观地对追名逐利、趋炎附势的社会现象予以批评，高度地表现出作者的处世态度与情操。《爱莲说》不愧为传世杰作，其中的佛理与禅意甚深，这与当时盛行于南方的禅宗有着千丝万缕的联系。本文企图从作者的身世经历、为人处世、参禅习禅等社会活动，进一步陈述《爱莲说》与禅宗思想的关系，对人们赏荷品荷，启迪人生，亦有所裨益。

一、周敦颐其人其事

　　周敦颐，字茂叔，名濂溪（公元1017-1073年）；道州营道县人（今湖南道县）。他少年丧父，靠母亲郑氏和舅父抚养成人。周敦颐从小喜爱读书，在家乡道州营道地方颇有名气，人称"志趣高远，博学力行，有古人之风"。长大成才后，长期担任地方官吏。由于他大量广泛地阅读史书，接触到许多不同种类的思想。从先秦的诸子百家，直至汉代传入的印度佛学，他都有所涉猎，这为他日后写下传世名篇《爱莲说》和精研中国古代奇书《易经》而创立的"先天宇宙论思想"，则奠定了基础。

　　周敦颐任地方官吏时，他为政清廉，刚正不阿，精密严恕，务尽其理，后其声名远播，一直受到百姓衷心地爱戴和颂扬。公元1061年，在他45岁出任虔州（赣州）通判，"道出江州，爱庐山之胜，有卜居之志，因筑书堂于其麓。堂前有溪，以源于莲花峰下，洁清绀寒，下合于盆江，先生濯缨而乐之，遂寓名濂溪"。上任时途经江州，因首次上庐山，匡庐胜景令他一见钟情。从此

[1]　[唐]惠能著.坛经 [M]．北京：华夏出版社，2009

遂萌发起到这里安度晚年的念头。宋熙宁四年（公元1071年），他又转任南康知军。由于体弱多病，次年便引退陷居庐山莲花峰下讲学。因他一生酷爱莲花，便在书院内筑爱莲堂，堂前凿有莲池，并以莲之高洁，寄托自己毕生的心志。每当炎夏暑日，莲花盛开，清香四溢时，先生常漫步于堂前的莲池畔赏莲。有日夜晚，明月当空，繁星闪烁，凉风袭人，周翁披衫伫立在池旁许久，见那莲花出污泥而高洁自爱，濯清涟而无妖冶之姿，感慨万千，文思泉涌，便转身回堂，奋笔疾书，写下《爱莲说》。宋熙宁五年（公元1073年）六月七日，周翁因病逝世，终年57岁。他留下的《爱莲说》一直被后人所珍藏。到了淳熙六年（公元1179年），朱熹调任南康知军，他满怀对周老翁的仰慕之情，重修爱莲池，修缮爱莲堂，建立濂溪池；从其曾孙周直卿那里得到《爱莲说》墨迹，刻碑立于赏莲亭内，并赋诗曰："闻道移根玉井旁，开花十丈是寻常。月明露冷无人见，独为先生引兴长。"千百年来，《爱莲说》这篇传世佳作，流传至今。

周翁去世后，他所开创的宋明理学，经其学生程颢、程颐整理完善，逐步形成一套较为完整的哲学思想体系，后又经朱熹的继承和发扬，终于成为封建时代官方的正统哲学思想，它对中国社会的发展，产生过重大的影响。濂溪先生的人品也为后世所称道。后来，著名文学家黄庭坚赞之："茂叔人品甚高，胸怀洒落，如光风霁月"，朱熹更是称赞有嘉：周翁"不卑小官，取思其忧"；他"短于其名，而乐于求志；薄于邀福，而厚于得民；菲于奉身，而尚友千古；闻茂叔之风犹足律贪。"先生为人可见一斑。他以"出淤泥而不染"之"君子"为理想人格，在其学说中处处无不打上"君子"的烙印。他那为人的光风霁月，为官的刚正清廉，不正值得今人，尤其为官者所学吗？

二、写作的历史背景

《爱莲说》是周敦颐晚年的一篇杰作。北宋熙宁年间，正值禅宗在南方盛行，因此，有其特殊的历史背景。他虽以理学先驱知名，却深受禅宗思想的影响。当时，他曾与寿涯、佛印了元、东林常总、晦堂祖心、黄龙慧南等著名禅师来往频繁。他早年读书于鹤林寺中，曾与寿涯禅师相交甚善，"每师事之，尽得其传焉"。尤其与佛印了元的交往。据《居士分灯录》记载，周敦颐在南昌任职时，佛印了元也在庐山，二人经常聚会，"相与讲道，为方外交"。一次，周敦颐问佛印了元："天命之谓性，率性之谓道。禅门何谓无心是道？"而佛印了元答："满目清山一任看"。其意是触目是道，处处是道。周敦颐从中受到启悟，后作偈诗呈佛印了元曰："昔本不迷今不悟，心融境会豁幽潜；草深窗外松当道，今日令人看不厌。"前两句蕴含禅宗的迷悟不二、心境融通的思想。他慕东晋慧远在庐山东林寺结折莲社邀集僧俗信众念佛之事，让佛印了元成立并主持青松社，作为谈禅说法之所。

周敦颐在虔州任通判期间，曾遭到谗告，然而他处事泰然。佛印了元闻知此事，特作谒诗送之："仕路风波尽可凉，唯君心地坦然平，未谈世利眉先皱，才顾云山眼便明。湖宅近分堤柳色，田斋新占石溪声，青松已约为禅社，莫遣归时白发生。"偈意是仕宦之途风险多，赞周翁心地坦荡，不图名利，醉心山川景致，告诉他在庐山的旧居周围有青青堤柳，潺潺溪声，劝之早日归山，欢聚禅社。后来佛印了元又写偈诗劝周敦颐归山，其中："仙家丹药谁能致，佛国乾坤自可休。况有天池莲社约，何时携手话峰头？"认为禅宗自有使人安乐长生的妙义，盼望与他再次相聚禅社，共话庐峰胜景。

因此，周翁好佛习禅很有心得，他写《爱莲说》受佛教"真如缘起论"的影响很大。这与他当时与佛印了元等高僧交往有着直接地关系，故《爱莲说》一文中也充满了深刻的禅意。

三、深远的禅宗思想

了解周翁其人及当时的社会背景，有助于对《爱莲说》与禅宗思想的理解。因为周翁生活的那个年代，禅宗思想在全国推行到了顶峰。他酷爱莲花，其思想渊源与佛禅也有着密切的联系。佛经《大智度论》云：譬如莲花出自污泥，色虽鲜好，出处不净。"故周翁先是受到佛教的影响，后才渐渐产生对莲的喜爱，直至晚年隐居庐山莲花峰下，凿池种莲，以莲为伴。总结自己刚正不阿、谦洁奉公的一生，有如出淤泥的莲花。于是，一篇不朽之作草就而成。

"比者，比方于物；兴者，托事于物。"《爱莲说》虽只有119字，但周翁运用比兴手法，将莲的自然属性与君子气节和情操联系在一起，使莲的文化内涵及美感得到了升华。首先，作者把莲与菊、牡丹进行比较，有了比较才有各自的特性。菊，因有晋陶渊明"采菊东篱下，悠悠见南山"。而花之隐逸者；牡丹，因李唐"此花名价别，开艳盖皇都"，而花中富贵者；莲，却"出污泥而不染，濯清涟而不妖"，而花中君子者。那"出淤泥而不染"，正源自"清净不污，犹如莲花"之禅意。于是，作者将莲的各种自然属性进一步加以人格化。比如，"出淤泥而不染"喻以不与世俗同流合污；"濯清涟而不妖"示之纯真自然不显媚态；"中通外直"比作内心通达且行为正直；"不蔓不枝"视为不攀附权贵；"亭亭净植"暗示独立高洁；"香远溢清"表示美名远扬；"可远观观不可亵玩"体现出自尊自爱令人敬慕。借莲喻人，将莲以人格化，是作者心志的写照，也寄托了作者的理想与情操。

周翁是理学的开山鼻祖，他将儒家、道家和佛家的理论融合在一起，而形成了新的思想流派，这就是理学。周敦颐平常好学禅理，诚然，在他的思想学说中，佛教的因素也有不少。故当时就有"周茂叔，穷禅客"之说，表明在他的理学中也有禅宗的思想。而理学的核心就是强调人要把自己的心性通过自己的修养提升到一个高的层次，尤其是对真理和道德，要有一种坚定的信念。因而作者把自己的这种哲理与禅意也就写进了《爱莲说》，以独特的比喻和优美的文字，而成为千古绝唱，且传唱不衰。

四、对后世的启示

《爱莲说》不仅仅是描绘了莲那端庄淡雅的姿色，更重要赞扬莲洁身自爱的高尚情操，给后人

---

[1] 孙昌武.莲花之喻的联想 [J]．佛教文化.1996（1）：38～39

留下极其深奥的哲理和禅意。孙昌武先生在《莲花之喻的联想》一文中有段精辟地论述[1]：莲花这种"出淤泥而不染"的精神和风格，千百年来，一直让人们赞叹向往，并成为人们钦佩、敬仰乃至身体力行去治国、平天下的大事业；但对千千万万平常人来说，如何在现实世界中"安身立命"（这包括物质上的"穿衣吃饭"和精神上的"安定祥和"），确是时刻面临的大问题。而人们生活的现实社会，佛书形容为"五浊恶世"。不管你对它抱有多么积极、乐观的信念，但总得承认自有人类历史以来，这个世界就一直充斥着矛盾、不平、劫夺、杀戮；人们的困苦、惶惑无有不止。这样，在实现经世济民的弘愿之前，如何把握住自己，不受外界恶劣、丑陋事物的污染，做到"出淤泥而不染"，就是时刻摆在每个人面前的相当艰苦的人生课题。对解决这一课题，禅所提倡的安于淡泊、薄于名利、执著人生而不忮不求的"清净自性"正是良策。中国大乘佛教的精义在"上求菩提，下化众生"。用现代"人间佛教"的语言，就是"净化自己，利乐人群"。"出淤泥而不染"可以理解为"净化自己"，也就是"清净自性"的实现。这是古人所谓"为己之学"，表面看起来目标很渺小，有点"自私"的意味。但实际上如果每个人都真正做到了"出淤泥而不染"，成为道德上自我完善的人，那么社会也就成了完善的社会。实现个人心灵的净化，正可视为实现济世弘愿的根本。这也就是为什么千百年来人们欣赏《爱莲说》这个比喻的缘由。

因此，作者别出心裁，通过菊花、牡丹和莲花加以比较。陈述了不同的人格和价值取向。菊花，"隐逸者也"，抱着一种消极的态度，不能正视现实，对社会责任的淡化；牡丹，"富贵者也"，则追求是一种享受和世俗的名利；而莲花，则"君子者也"，她出泥不染，不显媚态，通达正直，不攀附权贵，保持一种纯真高洁，自尊自爱的情操。因此，要象莲花那样，在现实生活中，无论环境变化多端，始终要保持自己的操守。这就是《爱莲说》给我们现代人的启示。

划时代巨著 谱世纪新章

——读《中国荷花品种图志》有感

由中国荷花界权威、著名荷花专家王其超和张行言教授所著《中国荷花品种图志》，自20世纪90年代出版以来，一直是广大园林和文化工作者案头的重要参考书。时隔10年又出版《续志》，因而，这是继清代中叶杨钟宝《缸荷谱》后划时代的一部优秀巨著。书中对荷花进行全方位且系统的探究，自荷花的起源、分布、演化到育种、栽培、分类；由其外部形态到分子结构；从专业理论到文化研究，均作了客观地论述。本书不仅是一部学术严谨的专著，同时还是一部专业知识与文化艺术相结合、观赏价值很高的荷影画册，故《荷志》凝聚了作者数十年所付出的智慧和心血，也是作者对荷花研究成果的科学总结。现品读《荷志》，结合自己在实践中的运用，则感受良多。

一、版本多样 影响甚广

《中国荷花品种图志》成书于1989年，由中国建筑工业出版社出版，1999年又出版《中国荷花品种图志·续志》；2004年由台湾省淑馨出版社以繁字体出版发行；2005年中国林业出版社以精美的印刷质量出版发行，同时也出版了英文版，其版本之多，发行数量之大；还通过各种国际学术会议与美国、俄罗斯、日本、泰国、澳大利亚、韩国等十多个国家进行交流，在世界上的影响十分广泛。

二、实地考察 科学论断

有关荷花的起源和分布问题，长期以来，国内外不少专家学者一直被误认为是印度。为此，《荷志》作者通过查阅大量史籍、走访和实地考察，获得翔实的资料和数据，并反复论证，将国内《辞海》及一些专业著作误称荷花原产印度之说，予以澄清。认为荷花是世界上最早的被子植物之一，地理分布甚广，除中国外，日本、前苏联、伊朗、印度、缅甸、斯里兰卡、印度尼西亚及澳大利亚均有分布，因此，荷花属同种异源植物。继而提出"中国是荷花的起源中心和分布中心"。对荷花的起源和分布作了科学地论述。正如已故中国工程院资深院士、著名园林专家陈俊愉教授在《中国荷花品种图志·续志》中"'并蒂莲'之歌"（代序）所咏："我国系世界荷花分布和生产的中心，／却长期误认为那是邻国印度的芬芳，／是你引典据典，刮肚搜肠，／调查研究，不厌其详。／尤其向古植物学家徐仁教授虚心请教，／才知荷花并非传印度，／佛祖讲经圣地沼泽中生长的多为睡莲，／中华正是荷花土生土长的故乡。"接着又咏："你对荷花的自然分布，／调查研究得不厌其详。／近年还北达黑龙江多处，／找到那号称'泡子'的荷花荡，／又南至云南文山州邱北县，／饱赏那普者黑五千亩名荷风光。"陈老的诗作对《荷志》作者为论证荷花的起源和分布所付出的心血，给予了高度的概括。

荷花在我国具有悠久的栽培历史，但其栽培史究竟有多长？古人对荷花观赏及应用的状况如何？史书记载不详。作者从实地考察和考古文物资料入手，进行科学分析研究，揭示了最初先民是被荷花鲜艳的花色所吸引，继而摘吃莲实，再顺梗掘藕为食。因此，荷花的经济性状和观赏价值则渐渐地被人们所认识，至少可追溯到4000多年之前；进一步作出新石器时代后期，古人采莲为食，3000年前以藕作菜，后逐渐引种野生荷花栽培、驯化，食用与观赏并举的科学论断。由于长期对荷花栽培选育的目的性不同，则产生了花莲、子莲和藕莲三大系统的品种群。作者阐明了中国荷花具有3000多年的栽培历史，而花莲的栽培史也有2700多年。并认为，中国荷花的发展必然与当时社会的政治、经济和文化紧密相连，故将中国花莲的发展历程分为初盛、渐盛、兴盛、衰落和发展等5个历史时期，即东周至秦、汉、三国（公元前7世纪至公元前265年）为初盛时期；晋、隋、唐、宋（265-1271年）为渐盛时期；元、明、清代前期（1271-1840年）为兴盛时期；清代后期到民国（1840-1949年）为衰落时期；20世纪50年代至今为发展时期。为中国荷花（尤其是花莲）的发展历程作了科学地划分[1]。

三、 品种改良 分类新法

清·杨钟宝《缸荷谱》中记载荷花品种33个。由于当时国家政局不稳，内忧外患，战乱不息，灾害连年等种种原因，致使荷花栽培技艺停滞不前，不少品种也相继流失[2]。自20世纪60年代，《荷志》作者就致力于荷花品种的改良，以及荷花品种资源的收集、整理、开发和利用，并对荷花种源、品种演变进行考证；同时也开展了荷花新品种的选育工作；40多年来，通过收集、引种和选育，《荷志》、《续志》和《新荷志》共记载荷花品种608多个。因此，针对数百个庞大混杂的荷花品种，作者独树一帜的创建了荷花品种分类新系统。

对荷花品种的分类，作者主要借鉴和发扬了观赏植物"二元分类法"，此分类法是20世纪60年代初由陈俊愉教授等专家首创，其特点在于种是植物分类的基本单位。首先，栽培品种的分类标准应放在种或亚种的分类基础上，起源于同一种或同一变种的品种，均应列为一个品种系统；其二，品种分类应体现品种演化趋势为主，联系实用为辅的原则；其三，相对重要性状是品种分类基础的原则。因而，作者运用"二元分类法"解决了荷花品种分类中的问题。认定美国莲为中国

[1] 王其超，张行言.中国荷花品种图志[M].北京：台湾淑馨出版社，2003
[2] 张行言，王其超.荷花 [M].上海：上海科学技术出版社，1998

莲之亚种，重新确定其分类地位。在600多个混杂笼统的荷花品种中，把中、小株型品种并列，与大株型品种分开，补充重台型，增设新类型和间色品种，则编制了一个包括3种系、6群、14类、40型，含608个品种的荷花品种分类新系统检索表，为广大专业技术人员在实际工作中检索品种，就有据可依了。陈俊愉教授在序中这样咏道[1]："对于荷花品种的分类，/你钻研最富特长。/你热衷于花卉二元分类法的推广，/终于把三百多品种的中华名品，/使之各就各位，纲举目张。/……这是海内外独树一帜的分类系统，/祝愿它所向披靡，盛名远扬。"

在2005年中国首届国际荷花学术研讨会上，国际睡莲协会（IWGS）负责莲属品种国际登录负责人维尔吉妮亚•海依斯（Virginia.Hayes）女士宣读了《莲栽培品种国际登录》一文，文中提到"《中国荷花品种图志》两本书的作者王其超和张行言教授也同国际园艺学会联系，希望将他们书中的所有品种进行登录"。花卉品种国际登录是园艺研究学术界的一个体系，是发展中外园林事业中一项重要的基础研究，对保证花卉品种名称的一致性、准确性、稳定性，具有非常重要的意义。花卉新品种要经权威机构审核，确实其为新品种，才能在年报中登记它的名字，这相似于居民身份证登记。2006年4月25日维尔吉妮亚女士在发给作者的信中说[2]："您书中收录的608个品种可以被接受登录，公开的出版物作为证明足以满足品种登录要求。对于您书中未收录的100多个品种，您可以作为您著作的附录出版或通过填写申请表格来申请登录。品种名单经统计汇编后即由国际睡莲和水生园艺学会出版，同时品种名也得到正式承认。"所以，《新荷志》（包括二"志"）中所记载的608个品种就有自己合格的"身份证"了。

四、荷花水景 园林独秀

作者在《荷志》和《新荷志》中专论了"荷花品种与园林应用"一章，主要叙述南北古典荷花专类园的形成发展及品种的应用，荷花在园林水景中的布局与景观，以及荷花展览会等。这些对荷花应用的论点，不是纸上谈兵，也不是高谈阔论，而是来自作者亲自实践的经验总结，具有非常现实的指导意义。如佛山市三水区的"荷花世界"生态专类园，是作者担任技术指导，当地政府投资1.6亿人民币而兴建的。该园占地1 300余亩，其中水面800多亩；园内建立以荷花为主、睡莲、王莲为辅，以及多种水生植物组成的水生生态系统。湖面遍植荷花、睡莲、王莲等水生植物，而岸边种植垂柳、落羽杉等乔木。游客漫游其中，若一阵暑风吹过，沿岸婀娜多姿，树影婆娑；而湖面碧浪翻卷，荷香扑鼻，其景色蔚然壮观，煞是好看。这是目前世界上规模最大、荷花品种资源最丰富，且集建筑、雕塑、文化、食饮、住宿、娱乐、购物、科研生产于一体的大型生态专类园。实际上，它也是陆地植物与水生植物配置的综合体。故园林水景中存在的诸多问题，在这里都能找到相应的答案。可以说，"荷花世界"生态专类园是荷花在现代园林水景中应用的典范。

此外，荷花展览会在全国众多名花展览中，独占鳌头。其特点在于，首先，荷花在少花季节的盛夏开放，可填补花展之闲时；再则，筹展时间短，见效快；还有投资成本少，社会效益好。因而，

[1] 王其超、张行言.中国荷花品种图志•续志[M].北京：中国建筑工业出版社，1999
[2] 关于荷花品种国际登录问题Virginia.Hayes女士的回复.未公开出版物，2006

自1987年以来，中国花协荷花分会与济南、武汉、北京、合肥、上海、成都、杭州、深圳、苏州、昆明、澳门、衡阳、三水、扬州、南戴河、东莞、大连等近20座大中城市联合办展，同时，不少地方政府利用当地的地理优势和旅游资源，年年办荷花展览或荷花艺术节，其发展势头如日中天，方兴未艾。因此，作者所论述的荷花展览会特点，办展览的形式，以及展览的效益，在20多年的实践中已得到了很好的应证；它有力地推动了中国荷花事业的迅速发展。

五、灿烂文化　彰显辉煌

和其他植物图志不同的是，《荷志》则较大篇幅的描述了荷文化，这使得《荷志》更富有特色和个性。如作者在《续志》前言中所述："中国荷文化浩如烟海，缺它似不成其为荷书，且不少内容与品种有关联"[1]。故在"灿烂的荷文化"一章中，作者以优美流畅、凝练感人的文笔，叙说了与荷花有关的文学艺术，绘画、摄影和邮票，音乐和舞蹈，装饰和工艺，佛教，市花及区花，神话、故事和民俗，爱情和友谊等内容，文中段段构思灵巧，篇篇朴素清新，真乃写景则风光如在眼前，叙人则身影宛然跃动，议事则汩汩流入心灵，给读者以莫大的享受。读了"灿烂的荷文化"一章，再结合其他章节的内容，则有一定的相关性。其实，《荷志》中"荷花种源及其分布"、"栽培史略与古代品种"[2]；而《续志》中"中国荷花发展历程"等章节，也是论述荷花的传统文化。

还有二"志"中的"品种简介"，作者以高深的艺术修养和审美手法，将数百个荷花品种，命以辞美意深、韵味无穷的花名。这些荷名中，有的依荷花形态特征而命名，如'一丈青'、'艳阳天'、'大洒锦'等；有的依山川锦绣，四季景色而命名，如'杏花春雨'、'玫园秀色'、'秋水长天'、'瑞雪'等；有的依日月星云，鸟语花香而命名，如'夕阳红'、'嫦娥奔月'、'乳燕欢'等；有的依仙女丽姝，故事传说而命名，如'七仙女'、'白雪公主'、'唐招提寺莲'等；还有的依人名地名，亲缘关系而命名，如'孙文莲'、'洪湖红莲'、'西湖红莲'等。读起这些诗情画意的荷名，正如作者在《荷花品名赏析》中写道[3]："所命之名应朗读爽口，情在意中，意在言外，情意交融，含蓄不尽，使人念其名，会其意，知其花，产生留恋遐想的魅力。"因而，《荷志》不仅学术理论深究，而且具有丰厚的文化底蕴。品志赏图，如书如人，可见一斑。

六、帧帧荷图　精美韵致

在一般情况下，专业图志中所印刷的彩色图片，主要反映出植物（或动物）标本的基本形态特征，就足以够了。然而，品赏《荷志》（尤其是《新荷志》）中的每帧荷照，则给人留下难忘的印象。摄荷，也是一门很深的学问。它要求摄荷者不仅有较高档的摄影器材和专业素质，而且还

[1] 王其超，张行言.中国荷花品种图志·续志[M].北京：中国建筑工业出版社，1999
[2] 王其超，张行言.中国荷花品种图志[M].北京：中国建筑工业出版社，1989
[3] 张行言，荷花品名赏析[A]．王其超等.灿烂的荷文化[C].北京：中国林业出版社，2001.17-20

需要对荷花的开花习性有所了解。诚然，作者是荷花专家，对荷的繁衰荣枯则了如指掌；再加之潜在的美学修养，《志》中的帧帧荷照，姿态饱满，色彩鲜艳，光影效果也好。那单瓣荷洒脱飘逸，悠然自在：而重瓣荷雍容华贵，端庄俏丽。这些荷照既是精益求精、真实可鉴的品种图，又是脱俗超尘、富有诗意的艺术作品，可见，作者所倾注的心血和功夫，就不言而喻了。

综上可知，《荷志》所作的贡献，一、客观地论证了荷花的起源和分布；二、为中国荷花（尤其是花莲）的发展历程作了科学地划分；三、创建了荷花品种分类新系统；四、致力于荷花品种的改良，建立品种资源圃，选育数百个新品种，并成功地申请国际登录；五、兴建"荷花世界"生态专类园，为荷花在现代园林水景中的应用树立了典范；六、独树一帜的荷花展览会，有力地推动了中国荷花事业蓬勃发展；七、倡导和研究荷文化，使之向纵深发展；八、优美流畅的文章和精美韵致的荷图，提高了人们爱荷赏荷的情趣。因此，《荷志》是一部集学术、文学、美学、实用和欣赏为一体的巨著，有着极高的学术价值、艺术价值和实用价值，并对指导我们的实际工作具有非常重要地现实意义。

"孙文莲"莲实探究

中国民主革命的伟大先驱孙中山先生，为了推翻清王朝的封建统治，他领导同盟会从事救国运动，曾多次赴日本进行革命活动。在日本期间，他得到日本朋友田中隆等人的大力支持，并建立了深厚的革命友谊。据日本荷花专家古幡光男先生《孙文莲》记载[1]：1918年6月，当他再次东渡日本时，赠送了4粒莲子给田中隆先生，并说："这是我从中国带来的莲子，是我故乡的。日本和中国就像莲藕上长出来的两朵花和藕丝一样，在任何外国势力下也分不开。在古代中国，牡丹表示富贵；菊花表示隐士的清廉；莲花则表示君子之间的高尚友谊。今天将此莲子赠予田中先生，请您将其培育开花。这些莲子开花的时候，中国革命也会成功，东洋也会出现和平。"

如今，由这4粒莲子所培育出的'孙文莲'，已在中日大地上含苞欲放，香飘万里。但，当时孙中山先生从故乡何地带去的4粒莲子？有的说是辽宁普兰店，有的判断是杭州西湖，也有的认为是广东中山，却众说纷纭。一个世纪快要过去了，先生从故乡带去的莲子，也无任何记载，这给澄清事实带来一定的难度。于是，我们从有关文献上寻找一些蛛丝马迹进行了探究。

一、辽宁普兰店说

据李志炎、林正秋主编《中国荷文化》记载[2]："1918年，孙中山先生东渡日本，带去了9粒辽东半岛普兰店出土的莲子，经日本古生物学家大贺博士鉴定，为千年以上的古代莲子。经过精心培育，古莲子栽植成功。"而近来有关网站也报导[3]，"上个世纪初，中国革命先行者孙中山先生，为了表达对贵国友人田中隆先生对中国新民主革命的帮助与支持，在第三次去贵国时，把他家中珍藏的中国普兰店出土的古莲子，精选四粒，用丝绢包裹馈赠给田中隆先生。后来，他的儿子田中隆博委托贵国东京著名植物学家大贺一郎把古莲子培植发芽开花，从而引起植物界的轰动。为了纪念这一具有历史意义的古莲子，特此命名为"孙文莲"。对上述报导，孙中山先生从辽宁普兰店带去古莲子的观点，笔者则持否定态度。

[1] [日本] 古幡光男著，李尚志等译.孙文莲 [M].中山：中山市花卉协会，2006（未公开发行物）
[2] 李志炎，林正秋主编.中国荷文化 [M]. 杭州：浙江人民出版社，1996
[3] 孙中山与古莲 [J/OL] http://www.qngly.com/shownews.asp

主要依据是，辽宁普兰店泡子屯村泥炭层里的古莲子于20世纪50年代初才发现，距1918年孙中山先生赠送日本朋友田中隆先生4粒莲子的时间，则相差30多年。但在互联网上也有人报导，早于1923年，日本学者大贺一郎在我国辽宁普兰店一带进行地质调查时，从当地泥炭层中采到古莲子，并使它发了芽。即使大贺一郎在我国辽宁普兰店采集到了古莲子，也离1918年相隔5年之久。在时间上存在着明显的差别。

再说，日本古生物学家大贺博士鉴定孙中山先生带去的莲子，为千年以上的古代莲子，这一说法也不成立。按古幡光男在《孙文莲》中所述[1]："1959年9月9日，田中隆敏访问了东京都府中市本街的大贺一郎博士家，请博士鉴定这些莲子可否发芽。起初，田中隆敏并没有说明4粒莲子的来历，只是请教莲子能否发芽。当老博士看一眼莲子就说：'这是中国很久以前的莲子'时，田中隆敏感到非常惊讶……。"但大贺一郎并没有说是千年古莲。笔者认为，古幡光男所叙述的事实较为客观真实。然而，著名荷花专家王其超、张行言教授对此荒谬论谈，也极不赞成。因此，"辽宁普兰店之说"毫无依据。

二、杭州西湖说

有人认为，1918年孙中山先生东渡日本，赠送田中隆先生的4粒莲子，是从杭州西湖带去的。据报导，1916年8月16日，孙中山先生从上海抵浙江，应当地政府的邀请，前往西湖观荷赏景。暑月的西湖，正是"接天莲叶无穷碧，映日荷花别样红"时节，在各界人士的陪同下，孙中山临立西湖畔，见那满湖的荷花艳丽多姿、清香远溢；顿时被荷花那出泥不染，洁身自爱的高尚情操所感动，便遂摘下一朵荷花，笑对旁人说："中国当如此花。"可见，孙中山先生对荷花的情感甚深。由此可推测，孙中山先生送给日本朋友的莲子是从杭州西湖带去的。但按文献报导，1917年7月之前，孙中山先生主要在沪、宁、京等地从事革命活动。在这一段时间，国内战事频繁，孙中山先生因日理万机地忙于国事，而无暇问及莲子。

三、广东中山说

孙中山先生是广东香山人（现中山市），他当时赠送莲子给日本朋友田中隆先生时说："这是我从中国带来的莲子，是我故乡的。"自然而然，有人就会联想到莲子来自他的故乡广东香山。据《孙中山年谱》记载[2]：孙中山先生为了进行护法活动，于1917年7月6日由上海启程赴广州。在广州期间，孙中山先生主要与川、云、黔、闽、桂、湘等地的军政要员商讨护法活动的日程。在1918年5月21日离开广州前往汕头，又于6月1日经厦门取道台北赴日本。孙中山先生就在这个时候把莲子送给了日本朋友田中隆先生。

　　[1]［日本］古幡光男著，李尚志等译.孙文莲［M］.中山：中山市花卉协会，2006（未公开发行物）
　　[2]陈锡祺.孙中山年谱长编［M］.上海：中华书局.1991

根据陈锡祺在《孙中山与广东》一文中所述[1]：孙中山先生在广州期间，从来没有回过香山。于是，莲子来自广东香山的说法，其理由就不十分充足了。那么，孙中山先生送给日本朋友田中隆先生的莲子，究竟来自中国故乡的何处呢？却给人们带来种种疑惑和猜想。

综述以上三种说法，除"辽宁普兰店说"予以否定外，而另两种说法则难以确定。但是，根据现有文献资料记载，以及孙中山先生在1918年前后从事革命活动的地点和日程进行综合的分析研究，我们认为，孙中山先生送给日本朋友田中隆先生的莲子，是从他的故乡广东带去的，而不是杭州西湖。

理由一：日本荷花专家古幡光男先生所著《孙文莲》一书记述[2]：孙中山先生赠送莲子给日本朋友田中隆先生时说："这是我从中国带来的莲子，是我故乡的。"日文版《孙文莲》一书由笔者所译，笔者认为，这是一本记述'孙文莲'品种及'孙文莲'来历，其资料较为翔实的史料性著作，书中所述的事实比较真实可靠。因而，对"这是我从中国带来的莲子，是我故乡的（原文：これは中国から持って来た蓮の實で、私の故郷のものです）"之语句进行客观地分析，孙中山先生先说"这是我从中国带来的莲子"；然后，再进一步说"是我故乡的。"明确地阐明了莲子是从他故乡广东带来的。

理由二：孙中山先生赴日本之前，是从广州前往汕头，又经厦门取道台北去日本，此前一直在广州从事革命活动达10个月有余。为了答谢日本朋友田中隆先生向他无偿提供300万日元（相当于现在40～50亿日元）的革命军资，孙中山先生以宋代著名理学家周敦颐《爱莲说》中莲之君子风格，用莲子作为礼物赠送日本朋友，表达中日两国人民的友谊似莲花君子之交。诚然，莲子是孙中山先生赴日本之前在广东所收集。

理由三：孙中山先生赠送日本朋友田中隆先生的4粒莲子，30年后，由其子田中隆敏先生委托日本荷花专家大贺一郎博士培育。在培育时。4粒莲子中有1粒霉烂，另1粒发芽后夭折，最后只剩下2粒莲子发芽。因此，从莲子发芽情况来看，莲子是2～3年前民间的陈莲子；所培育出'孙文莲'品种的花态和花色，按照王其超、张行言教授提出："品种分类应首先反映品种演化趋势，然后联系实际，符合观赏植物'二元分类'原理"和"相对重要性状是品种分类的基础"之原则，认定孙中山先生赠送田中隆先生的4粒莲子是岭南民间的栽培种，而不是野生莲。

因而，孙中山先生赠送日本朋友的4粒莲子是从他的故乡广东带去的，至于是广东何处的莲子，目前却无确切的资料证实。从他活动的范围来分析，很有可能收藏于广州，也可能是汕头，但也不能排除他的出生地香山，因为香山民间也有种莲的习惯。有关'孙文莲'莲实，究竟出自广东的何地，有待进一步的研究探讨。

[1] 陈锡祺. 孙中山与广东 [G] ∥香山文化. 广州：广东人民出版社，2006
[2] ［日本］古幡光男著，李尚志等译. 孙文莲 [M]. 中山：中山市花卉协会，2006（未公开发行物）

睡莲在园林中应用历史及发展前景

在我国历代史籍中，对睡莲的记载甚少，其应用程度也不如莲花丰富且普遍。随着对外改革开放，国际间的交流日益频繁；同时，许多花色艳丽、特征各异的睡莲品种也传入我国各地。近十多年来，我国园林部门对睡莲的引种和培育十分重视，且不少科研院所也加大了对睡莲研究的力度；尤其是我国著名育种学家黄国振教授选育出一批批令人满意的睡莲新品种，这大大地丰富了睡莲在园林水景中的应用。当前，睡莲的应用不仅仅限于公园、风景区等园林水景中，也是不少社区庭院或私园水景的首选；同时睡莲还是食饮和保健方面加工的原材料。故其应用前途和发展前景十分可观。

一、睡莲在古籍中的记载及应用历史

1. 睡莲在我国史籍中的记载与应用

有关睡莲的记载及应用甚少的原因，除了睡莲在我国分布少之外，还有一个重要的缘由可能与其经济用途有一定关联。笔者认为，莲花具有果实（莲子）和地下茎（莲藕）等经济性状，可直接用来充饥，且早在公元前6000年（河姆渡时期）就作为当时先民的补充食物之首选；而睡莲则不然，却不具备莲花的经济性状，故不被先民所重视。随着社会不断进步与发展，私家园林在上层社会悄然兴起；同时，睡莲也在一些富豪权贵及士大夫的庭园水景中得到了应用。

据晋•嵇含《南方草木状》记述[1]："花之美者有水莲，如莲而茎紫，柔而无刺。"唐•段公路《北户录》载[2]："睡莲，叶如荇而大，沉于水面。其花布叶数重，凡五种色。当夏，昼开，夜缩入水底，昼复出也。"基本记述了睡莲的形态特征及生活习性，但文中有多处疑误。后来，夏纬英在《植物名释札记》中作了校释[3]："'沉于水面'疑为浮之误；'其花布叶数重'，旧记植物，花瓣亦谓之叶，此指花被，谓其花被有数层。"又述："此记实已谓此植物之花被数层如莲之形，昼开而夜缩入水底若眠之状，即其名为'睡莲'之故。"对《北户录》中的疑误，作了

[1] [西晋]嵇含著，朱晓光校注.南方草木状[M]. 北京：中国医药科技出版社，1999
[2] [唐]段公路. 北户录 [M]. 上海：上海商务书馆，1932，线装书
[3] 夏纬英. 植物名释札记[M]. 北京：农业出版社，1990：145～146

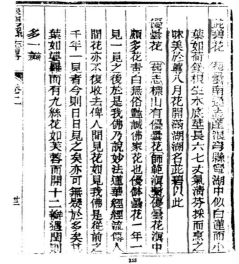

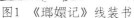

图1 《瑯嬛记》线装书　　　　图2 《浪穹县志略》影印本

专业诠释。

元·伊世珍《瑯嬛记》所述[1]："霍光园中凿大池，植五色睡莲，养鸳鸯三十六对，望之灿若披锦"（图1）。霍光是西汉名臣，其豪宅庭园里植睡莲，养鸳鸯，这是我国睡莲在私家庭园中应用最早的记载。

清·吴其濬《植物名实图考》记载[2]："子午莲，滇曰茈碧花，生泽陂中。叶似蓴有歧，背殷红。秋开花作绿苞，四坼为跗，如大绿瓣，内舒千层白花，如西蕃菊，亦作千瓣，大似寒菊。"吴其濬是清代著名的植物学家，书中记载的植物，多数是作者亲自观察所得，所描述的植物形态及生态习性，使读者能辨认植物之种类；全书共22卷，约89万字，著录植物838种。《植物名实图考》问世，有力地推动了植物学、本草学的研究和发展，学术界作了高度评价。而清光绪·周沆纂《浪穹县志略》亦载[3]："茈碧花，产浪穹县宁湖中，似白莲而小，叶如荷钱，根生水底，茎长六七丈，气清芬，采而烹之，味美于蓴。八月花开满湖，湖名茈碧，以此"（图2）。浪穹县，现为云南省大理州洱源县，距县城约3公里处是茈碧湖（旧称宁湖），湖中盛产"巳时开未时收"的茈碧花。据《香山县志·卷三》记载[4]："睡莲当夏昼开，夜缩入水，昼复出"。描述了广东地区睡莲分布及生长的状况。

2．睡莲在国外史籍中的记载及应用

在世界四大文明古国中，埃及和印度对睡莲史料记述最多的国家。睡莲是阿拉伯埃及共和国的国花，其历史灿烂悠久，文化丰富多彩，成为尼罗河文明的象征。据［美］布赖恩·费根《法老王朝》叙述[5]："按古埃及墓葬遗址壁画反映，睡莲深受古埃及人的喜爱，且广泛应用于社会交往和各种庆典仪式"（图3）；而在一些神庙建筑柱梁的顶端上，也饰呈睡莲花瓣状（图4、图5）。而《古埃及探秘》一书所谈及[6]：蓝睡莲和纸莎草是尼罗河一种古老的沼泽植物。在古埃及，蓝

[1]　［元］伊世珍. 瑯嬛記·三卷[M]. 济南：齐鲁书社，1997，影印本
[2]　［清］吴其濬. 植物名实图考[M]. 北京：中华书局，1963
[3]　［清］周沆. 浪穹县志略[M]. 成文出版社有限公司，影印本：115
[4]　［清］王植纂修. 香山县志·卷二[M]. 影印本
[5]　［美］布赖恩·费根等. 黄中宪译. 法老王朝[M]. 太原：希望出版社，2006
[6]　《图说天下·探索发现系列》编委会. 古埃及探秘[M]. 长春：吉林出版集团有限公司：68～116

图3 向法老王后呈献睡莲花

图4 手持蓝睡莲的女仆

图5 古埃及神庙柱呈睡莲状

图6 贵族私家庭园池塘的睡莲

图7 船上女子手持睡莲花 朵；而水
面长满了蓝色睡莲

图8　侍女向宾客倒睡莲香水

图9　一次家庭聚会，女子头插睡莲花

睡莲常用作香料布置居室，以及女人的礼仪饰物；而纸莎草是中世纪皇室制作纸张的材料（图6、图7）；还有古埃及贵族私家庭园池塘也常见到蓝睡莲、鱼和鸟类（图8、图9）；此外，1922年秋，英国考古队挖掘法老图坦卡蒙墓葬时，在墓穴中出土一尊睡莲花座头像。又据Perry D.Slocum等《Water Gardening Water Lilies and Lotuses》载[1]：在尼罗河畔贝尼·哈桑村庄出土墓葬壁画中，发现有种植睡莲的水池，池中有一只由人牵拉的木船，池岸种有不同的花木。从此壁画可反映出古埃及种植睡莲的概况。

据［印］毗耶婆著，金克木等译《摩诃婆罗多》咏[2]："清澈的湖面绚丽多彩，到处盛开着黄莲花、白莲花、红睡莲、青莲花、白睡莲、红莲花。水中到处游动着迦丹波鸟、鸳鸯、鹗、水鸡、迦兰陀鸟、鸭子、天鹅、苍鹭、鹈鹕，还有其他水禽。"其中一些是睡莲，从诗句中可窥见古印度先民对睡莲的喜爱及莲池的秀美景色。睡莲不仅埃及和印度有记载，而在希腊等欧洲国家也有故事描述。陈训明在《外国名花风俗传说》一书中[3]，记述了古希腊、古罗马及印第安人的种种睡莲神话传说。作者虽不是植物学家，但出于对名花的爱好，此书主要由俄文编译而成；从这些文学作品中，至少它说明了在古欧罗巴各国有了睡莲文字的记载。值得一提的是，19世纪，法国印象派画家克劳德·莫奈（Claude·Monet，1840-1926年）一生喜爱睡莲[4]。为了创作《睡莲》作品，在他巴黎郊外的花园里，挖掘池塘，种植睡莲；每天清晨，他站在睡莲池

图10 莫奈的《睡莲》作品

[1] Perry D.Slocum & Peter Robinson With Frances Perry.Water Gardening Water Lilies and Lotuses[M].Copyright 1996 by Timber Press,INC：13～14
[2] ［印］毗耶婆著，金克木等译：摩诃婆罗多（一）[M]．北京：中国社会科学出版社，2005：343
[3] 陈训明．外国名花风俗传说[M]．天津：百花文艺出版社，2002：45～56
[4] 吴梅东．与莫奈赏花[M]．上海：上海文艺出版社，1999：66～103

畔支起画架默默地写生；而举世闻名的《睡莲》系作品，就是其晚年的杰作（图10）。因而，莫奈的《睡莲》作品，让人从某个侧面也可了解到19世纪中叶欧洲睡莲种植业发展的状况。

3.佛典中的睡莲与莲

天竺古国是佛教的发源地，而佛与莲的关系甚密。据《起世经》载[1]："尼民陀罗，毗那耶迦，二山之间，阔一千二百由旬，周匝无量，四种杂华，乃至渚妙香物，遍覆渚水。……复有池，优钵罗华、钵头摩华、拘牟陀华、奔茶利华迦等，弥覆池上。"意指在佉提罗山和伊沙陀罗山之间，宽阔有一千二百由旬，周围长有无量的优钵罗花（青莲花）、钵头摩花（白莲花）、拘牟陀花（黄莲花）、奔茶利迦花（红莲花）等，散发着诸妙香气，遍覆于水上。按无忧《佛籍中花木名称杂谈》所述[2]："莲和睡莲的梵文及巴利语异名，也跟汉语一样都在三十种以上。佛经里常见的'红莲花'、'波昙摩'、'波昙'、'波头摩'、'钵昙摩'、'钵头摩'、'钵纳摩'、'钵持忙'、'钵弩摩'等，即是由Paduma或Padma音译过来的名称；'分陀利'、'芬利'、'奔茶'，是白莲花的梵名Puudarika的音译；'优钵罗'、'嗢钵'、'黛花'、'青莲花'，则是蓝睡莲（utpala）的音译或义译名称。"而《妙法莲华经》后序云[3]："此花配于各阶段有不同的名称，未开敷时，称为屈摩罗；将调谢时，称为迦摩罗；正开放时，称为芬陀利。"然，这些由梵文或巴利文译成的同物异名睡莲及莲花名，按植物学分类的要求，哪一种是睡莲（*Nymphaea alba*）或是莲花（*Nelumbo nucifera*），难以说清。王其超和张行言教授在《中国荷花品种图志》中也指出[4]："佛教中往往睡莲、荷花不分，所谓'七宝莲花'，其中5种属睡莲，2种才是荷花。人们常见佛菩萨所盘坐的'莲座'，更接近睡莲。"

据《佛教的莲花》之叙[5]："芬陀利花（梵名Puudarika）是白色睡莲（*Nymphaea* sp.）的一种"（见第23～24页），图中却绘制是莲花（*Nelumbo* sp.），文字和图不乎；"拘物头花（梵名Kumuda），花茎有刺"（见第24～26页），而茎有刺，则具莲花之特征，但其图却绘制是睡莲；"钵头摩花（梵名Padma），夏日花梗抽出水面数尺，开白色、淡红色的大花，果实约如豌豆大小，数个或十数个包于肥厚的花托中，称为莲蓬，味美可食。钵头摩花的根茎肥大，可供食用"（见第27～28页）。很明显，这描述是莲花，可其图仍是睡莲。《佛教的莲花》是《佛教小百科丛书》（台湾版本）之一，书中以图文并茂的形式描述了芬陀利花、拘物头花、钵头摩花和优钵罗花4种睡莲及莲花，其中前3种图文不相乎，则难以置信。

佛典中，睡莲（*Nymphaea* sp.）和莲花（*Nelumbo* sp.）相混淆的现象，却延续了数千年；至今，尚无权威报道加以修正。造成混淆的原因，首先源于佛教国印度，最初编写佛经的佛教徒们，诚然，是一些缺乏植物学知识（science illiterate）；随之，佛教传入中国后的漫长岁月里，同样存在类似问题；通晓梵文或巴利文者则缺少专业知识，懂专业知识者却不通梵文。若要纠正佛典中睡莲和莲花之混淆，只有待将来既懂梵文或巴利文，又具有植物学知识的专家学者了。

[1] 无名氏. 起世经[M]. 复制装订本，1915
[2] 无忧. 佛籍中花木名称杂谈[G]∥陈铭枢，巨赞主编. 现代佛学. 天津：天津古籍出版社，1995
[3] 李利安译注. 白话法华经[M]. 西安：三秦出版社，1998
[4] 王其超，张行言. 中国荷花品种图志[M]. 台北：淑馨出版社，1994：2
[5] 全佛编辑部. 佛教的莲花[M]. 北京：中国社会科学出版社，2003：20～29

二、睡莲在我国的分布、引种及选育

1.睡莲在我国的分布状况

据倪学明等《论睡莲目植物的地理分布》载[1]："睡莲属是睡莲科中最大的属，共43种，广泛分布在欧亚大陆、美洲、非洲及大洋洲各地，从北纬68°11′～南纬47°都有分布。"我国的睡莲种分布较少，常见有雪白睡莲（*Nymphaea candida*），延药睡莲（*N. stellata*），睡莲（*N. tetragona*），芘碧莲（*N. nelumbo*）等。据黄国振等《睡莲》记述[2]："在中国，有耐寒睡莲*Nymphaea candida*和*Nymphaea tetragona*及白天开花的热带睡莲*Nymphaea capensis*的原生分布，但*Nymphaea candida*只生存在新疆北部，而*Nymphaea capensis*则只分布在海南省南端，只有*Nymphaea tetragona*分布较广泛，在黑龙江、湖南、湖北、浙江、四川、云南都有野生分布，但只有白花的变种记载"。

而王其超教授在《中国花经•睡莲》也述及[3]："雪白睡莲（*Nymphaea candida*）分布于我国新疆；延药睡莲（*N. stellata*）分布于云南南部、海南岛及湖北省；厚叶睡莲（*N. crassifolia*）和芘碧莲（*N. nelumbo*），分布于云南。"目前，我国睡莲种类的分布不尽完善，尚有待进一步调查研究。

2.睡莲种及品种的引种

(1)我国野生睡莲不被引种的因素

黄国振教授又述[4]："花较大、色较艳的*Nymphaea capensis*和*Nymphaea cadida*都分布在边远地区，人烟稀少，很少有人见到；而分在内地的*Nymphaea tetragona*花朵微小，素淡，很难引人注目"。其实，除分布在人烟稀少的边远地区外，还有一个重要的因素，在于其经济性状没有荷花显著。一般来说，睡莲由野生引种到园林中观赏，是以审美特征为主的；但我们的祖先在引种时，又是以经济性状为前提。这样，才合乎"以功利观点对待事物是先于以审美对待事物"的人类审美意识起源论。由于睡莲的经济性状不如荷花、莼菜及芡实等水生植物明显，故不容易被先人所重视。

(2)我国睡莲的引种

将野生睡莲种进行引种及驯化，我国南北各地园林和相关部门作了大量且富有成就的工作。据赵家荣等《蓝睡莲有性繁殖栽培研究》报导[5]："1993年5月我们从海南万宁采收两个尚未完全成熟的浆果，采集后及时采用水藏后熟法带回武汉清洗筛选，并进行有性繁殖试验，保存了种质资源。"蓝睡莲指延药睡莲（*Nymphaea stellata*），分布于海南省万宁县境内；此试验对蓝睡莲的形态特征、生物学特性及繁殖方法均作了系统研究。

[1] 倪学明等. 论睡莲目植物的地理分布[J]. 植物学研究.1995.13（2）：137～146
[2] 黄国振等. 睡莲[M]. 北京：中国林业出版社，2009：1～10
[3] 王其超. 睡莲[G] ‖陈俊愉等主编. 中国花经. 上海：上海文化出版社，1990：272～273
[4] 黄国振等. 睡莲[M]. 北京：中国林业出版社，2009：5～8
[5] 赵家荣. 蓝睡莲有性繁殖栽培研究[J]. 武汉植物学研究.1997.15（4）：383～386

又据李清《几种野生水生花卉在太阳岛地区引种及栽培研究》报导[1]："对东北野生雪白睡莲等水生植物作了引种栽培试验，有效的开发东北野生水生植物资源，挖掘水生花卉在植物造景中表现出丰富多彩的园林艺术美感和深厚的文化内涵，丰富太阳岛地区水生花卉种类。"通过栽培试验，对雪白睡莲的叶长、叶宽、叶柄长、花茎、种子千粒重等均作了方差分析；观察得出，雪白睡莲抗寒性极强，冬季能在冻层土内越冬。韩全喜，刘秀华等人《黑龙江省睡莲资源及利用》也报导[2]："黑龙江地区雪白睡莲可以从野生引栽，也可分株和播种。"此外，云南、福建、宁夏等地的园林部门对野生睡莲资源也进行了引种试验，为丰富当地的园林水景获得良好的效果。

而胡光万等《睡莲科中的三属植物与龙胆科中的花柄比较解剖学研究》所述[3]："栽培睡莲和野生睡莲花柄中维管束的结构相似，但在花柄的直径大小和细胞层数及气道的多少上有区别，尤其是在维管束的数量和排列方式上，区别很大。"对引种的野生睡莲和栽培睡莲花柄结构作了较细致地研究，导致这些差异可能生长环境所致。

(3) 引进国外睡莲品种

近30年来，随着我国对外改革开放的政策不断深入，国际交往日益频繁，欧美等国的许多睡莲新品种大量引进南北各地，则大大地丰富了我国园林水景的色彩。据陈发棣等《南京地区新引耐寒睡莲主要观赏性状初步评价》报导[4]："1997-1999年，艺莲苑加大了睡莲的引种力度，从美国引入睡莲新品种几十个，为了从中尽快选出更适合我国栽培的耐寒睡莲优良品种，本试验对新引入的31个睡莲新品种进行了主要性状的观察记录，并尝试建立一套尽可能科学、合理的睡莲品种评比标准，对其进行数字化评定，为睡莲的引种栽培及新品种选育提供参考。"陈发棣教授等人对南京艺莲苑从美国引进31个睡莲新品种的观赏性状作了开创性地探究。此外，近年来，江西广昌白莲发展局、深圳市公园管理中心、武汉市蔬菜研究所、中国科学院仙湖植物园及东莞市桥头镇莲园等单位，都先后从泰国、澳大利亚、欧美等国家也引进了不少耐寒睡莲和热带睡莲新品种。

3. 我国睡莲新品种的选育

20世纪末至本世纪初，我国许多单位（科研院所或企业）积极开展了选育睡莲品种的工作，以骄人的成绩培育出不少睡莲新品种。据李祖修等人《睡莲10个新品种诞生青岛》报导[5]："培育成'红宝'、'艳阳'、'贵妃'、'碧月'、'素馨'、'丹心'、'锦绣'、'粉绣'、'童心'、'白鹤'等10个耐寒睡莲新品种，其优良性状明显，品种的花瓣数都在30枚以上，重瓣性较强，质量较高。"而黄国振等《睡莲》记述[6]："自2001年到2006年，青岛中华睡莲世界先后育成白天开花热带睡莲品种24个，耐寒睡莲品种72个，填补了我国没有自己睡莲栽培品种的空白，结束了完全依赖引种外国品种的时代。"据知，南京艺莲苑、广东三水荷花世界等单位也在选育睡莲新品种。

[1] 李清.几种野生水生花卉在太阳岛地区引种及栽培研究[J].专业学位论文.2003
[2] 韩全喜，刘秀华等.黑龙江省睡莲资源及利用[J].北方园艺，1995.103（4）：49
[3] 胡光万等.睡莲科中的三属植物与龙胆科中的花柄比较解剖学研究[J].湖南师范大学自然科学学报.2003.26（14）：71～75
[4] 陈发棣等.南京地区新引耐寒睡莲主要观赏性状初步评价[J].上海农业学报.2002.18（3）：51～55
[5] 李祖修等.睡莲10个新品种诞生青岛[J].中国花卉园艺，2003，5：13～14
[6] 黄国振等.睡莲[M].北京：中国林业出版社，2009：5～8

三、 睡莲在园林中的应用

睡莲在我国园林水景中得到广泛的应用，是近30年的事，特别是大量引进国外热带睡莲品种，使园林水景的颜色更加丰富多彩。睡莲在园林水景中不仅丰富色彩，还具有多种应用途径：与荷花、鸢尾、再力花等水生植物配植，使水景层次富有变化；与岸边植物及亭榭组合能提升其文化品位；若应用于湿地或专类园也会产生良好的景观效果。

1.睡莲与荷花等水生植物配植

在园林水景中，睡莲与荷花、鸢尾、再力花、纸莎草、芦苇等水生植物进行组合，则形成较好的景观效果。在配植水生植物时，要考虑园林水景的层次变化。据元·文震亨《长物志·卷三·广池》曰[1]："忌荷叶满池，不见水色。"意指满池荷花，不留出一定的水面，则显臃肿不堪，这是园林工作者最犯忌的事。若留出一定比例的水面来种植睡莲，使得水景层次富有变化，尤其是数平米或数十平米的水池。因此，首先要了解睡莲等水生植物的生长习性，再考虑到植色彩搭配与植株的观赏风格是否协调一致，以及与周边环境相互融合；运用细腻的手法，使得睡莲与池岸植物的距离近远相宜，疏落有致，倒影绰约，则体现出水体的镜面效果（图11至图15）。

图11 睡莲与荷花配植之一

图12 睡莲与荷花配植之二

图13 睡莲与再力花配植

图14 睡莲与岸边植物组合

[1] [元] 文震亨.长物志·卷三·广池[M]. 台北：台湾商务印书馆，1986.影印本

2.睡莲与园林建筑

睡莲与亭、台、楼、榭、阁、桥等传统园林建筑组合，也能获得良好的景观效果，其文化品味意蕴深长。近些年来，大量引进各种色彩艳丽的睡莲品种，使得其园林应用途径更加广泛，尤其是现代居住区的水景应用（图15、图16、图17）。

图15 睡莲与廊的组合   图16 睡莲与亭的组合

图17 睡莲与汀步的组合

3.睡莲与天然石景

走进山谷水溪，在十余平米见方的水池里，点缀数丛热带睡莲，与石崖峭壁映衬，那天然野趣，融融绿意，顿生快感。如广州番禺莲花山旅游区的古采石场，则具有这得天独厚的睡莲景致。

4.睡莲专类园及湿地

由于加强引进及选育睡莲品种的研究工作，睡莲品种也不断增多；因而，在一些大型赏荷景区区，另辟睡莲专类园，如三水荷花世界，南京莲艺苑等，将不同的睡莲品种以亭廊或路径分隔，

图18 睡莲专类园之一

图19 睡莲专类园之二

让游人赏景时，则见到不同睡莲品种之间花色的艳丽淡雅，以及形态特征的大小与异同；这样，既欣赏睡莲的景致，又增添了植物的科普常识（图18、图19）。

睡莲除点缀园林水景外，还可应用于城市园林湿地建设，其发展空间更为广阔。湿地是城市的"绿肺"，它既具有调蓄水源、调节气候、净化水质、保存物种、提供野生动物栖息地等基本生态效益；也具有为工业、农业、能源、食饮业、医疗业等提供大量生产原料的经济效益；同时，还有作为物种研究和教育基地、提供旅游等社会效益。因此，睡莲在城市湿地中发挥着极其重要的作用（图20、图21）。

图20 城市湿地睡莲景观之一

图21 城市湿地睡莲景观之二

四、睡莲的发展前景

睡莲除在园林水景中广泛应用外，且具有多种商业用途；因而，全国不少科研院所对睡莲的形态学、解剖学、胚胎学、花粉学及分子生物学等方面进行了更深入且系统的研究，其发展前景十分广阔。

睡莲块茎富含淀粉和糖类，是食饮、酿酒和香料的良好原材料。睡莲的花朵，通过深加工可制

图22 由睡莲梗制成菜肴

图23 睡莲花茶

图24 睡莲香油精

成睡莲花茶。据报导，睡莲花瓣中含有人体必需的17种氨基酸，硒、铁等6种微量元素，VB2、VE等六种维生素，以及植物雌性激素、花青素苷等生物活性物质，其营养非常丰富。睡莲花茶具有调和养生之理念，则采用新鲜睡莲花进行加工炮制，使得花茶白天饮用养生养神，晚上则助于睡眠。而睡莲的花梗和叶梗，还是清香爽口的时令菜蔬。在法国，睡莲花是酿造啤酒的重要原料。古埃及很早就使用有香味的睡莲清洗木乃伊。如今，随着高新技术的发展，人们对睡莲体内的营养成分了解更为细致；由青岛畅绿生物研究所发明研制的"睡莲花胚胎营养提取液"，将睡莲花朵去掉花瓣、花蕊、花被，并进行消毒处理，再进行压榨，挤出胚胎，进行粉碎、打浆，然后用无菌水溶液溶解，过滤获得饱和溶液，其营养丰富，易于人体吸收，饮用后能起到养颜护肤的良好效果（图22、图23、图24）。

在医药方面，睡莲的花、叶及根茎具有多种药用功能。据盛萍等人《维吾尔药材睡莲花的生药鉴定》述[1]："雪白睡莲（Nymphaea candida）的干燥花，收载于《维吾尔药材标准》（1993年版）。具有清热解毒，镇静安神的作用。主要用于小儿急、慢性惊风；热症引起的头痛，热感、咳嗽。在维吾尔医中用药历史很长，是维吾尔医常用的单方或复方抗病毒药中的主要成分。"又研究报导[2]："延药睡莲是尼泊尔、印度及我国西藏的传统药物。在尼泊尔，延药睡莲花常用于治疗心悸，根茎用于治疗消化不良、腹泻、痔疮等；其种子含有脂肪酸，地上部分含有b-谷甾醇、乌药碱，花中含有多糖"。

近来，从"中国市场调研网"发布的《2011-2015年中国耐寒睡莲产业市场发展趋势及投资前景分析报告》中获知，该报告收集最新权威数据和行业信息，对睡莲行业发展、睡莲产业链、睡莲行业发展政策环境、睡莲行业发展社会环境、睡莲生产现状、睡莲产业的生命周期、睡莲国内产品价格走势及影响因素、睡莲行业发展态势、睡莲行业市场供需、睡莲行业市场竞争策略、睡莲行业投资情况、睡莲行业发展前景预测、睡莲行业发展预测、睡莲行业发展趋势及投资风险等，则进行了深入全面的研究和分析，为投资者选择恰当的投资时机，提供了准确的市场情报信息及科学的决策依据。

[1] 盛萍等人. 维吾尔药材睡莲花的生药鉴定[J]. 时珍国医国药，2003.14（11）：673~674
[2] 季艳艳摘译. 延药睡莲花中的酚类成分[J]. 国外医学·中医中药分册，2004.26（2）：117

综国内外史料所述，睡莲在园林中的应用，其历史悠久，源远流长。公元前3 000多年，睡莲和纸莎草就成为尼罗河文明的象征；天竺古国，著名史诗《摩诃婆罗多》中多处描述了秀美的睡莲景色[1]，而佛典中的"芬陀利花"、"拘物头花"和"钵头摩花"等，亦是睡莲的别称；而我国元代史书《瑯嬛記》则记载了西汉名臣霍光豪宅庭园植睡莲之事；从法国印象派油画大师莫奈的《睡莲》系列作品中，也可了解到19世纪中叶欧洲睡莲发展的状况。

　　睡莲种类在中国分布较少，且生长在边远的省份。20世纪80年代，随着我国对外改革开放的政策深入，国际交往日趋频繁，于是不少睡莲新品种源源引进，成为我国南北各地园林水景的新秀。睡莲不仅应用于城市园林湿地，还有多种商业用途，因而我国的睡莲事业则具广阔的发展前景。

[1] ［印］毗耶婆著，金克木等译.摩诃婆罗多[M]．北京：中国社会科学出版社.2005

参 考 文 献

一、史籍及基础文献

1. ［春秋］老聃. 老子. 时代文艺出版社，2001

2. ［春秋］孟轲著，邵士梅注译. 孟子. 三秦出版社，2008

3. ［战国］屈原著，陶夕佳注译. 楚辞. 三秦出版社，2009

4. ［战国］庄周著，庄子. 时代文艺出版社，2001

5. ［战国］荀况著，安小兰注译，荀子. 中华书局，2007

6. ［战国］韩非著，郑艳玲校注，韩非子. 黄山书社，2002

7. ［汉］刘向，葛洪. 列仙传. 上海古籍出版社，1990

8. ［汉］葛洪撰. 西京杂记. 三秦出版社，2006.

9. ［北魏］杨炫之，范祥雍校注. 洛阳伽蓝记校注. 上海古籍出版社，1978

10. ［后魏］贾思勰. 齐民要术校释. 中国农业出版社. 2009

11. ［南朝. 梁］宗懔撰. 宋金龙校注. 荆楚岁时记. 山西人民出版社，1987

12. ［晋］郭璞撰. 尔雅图赞. 上海书店出版社，1994

13. ［晋］嵇含著，朱晓光校注. 南方草木状. 中国医药科技出版社，1999

14. ［晋］张华撰. 博物志. 台湾商务印书馆，1986

15. ［晋］王嘉撰. 拾遗记. 台湾商务印书馆（影印本），1986

16. ［唐］姚思廉. 陈书. 中华书局，1974

17. ［唐］段成式撰. 酉阳杂俎. 台湾商务印书馆，1986

18. ［唐］康骈. 剧谈录. 古典文学出版社，1958

19. ［唐］罗虬. 花九锡. 影印本

20. ［唐］李延寿. 北史. 中华书局，1970

21. ［唐］段公路. 北户录. 上海商务书馆，1932，线装书

22. ［唐］孟诜撰，张鼎补增. 食疗本草. 人民卫生出版社，1986

23. ［宋］范成大，吴郡志. 写刻本

24. ［宋］郭茂倩. 乐府诗集. 中华书局，1982

25. ［宋］孟元老撰. 东京梦华录. 中华书局，2006.

26. ［宋］陶谷撰. 清异录. 台湾商务印书馆，1986

27. ［元］伊世珍. 瑯嬛記·三卷. 齐鲁书社，1997

28. ［明］袁宏道. 瓶史. 上海古籍出版社，1995

29. ［清］张廷玉等撰，王天有等标点. 明史. 吉林人民出版社，1998

30. ［清］任兆麟撰. 夏小正补注. 上海古籍出版社，1995

31. ［清］乔松年辑. 古微书存考. 上海书店出版社，1994

32. ［清］和瑛撰. 热河志略. 上海古籍出版社，1995

33. ［清］曹寅等编. 全唐诗. 上海古籍出版社，1986

34. ［清］张潮著，孙宝瑞注译. 幽梦影. 中州古籍出版社，2008

35. ［清］顾禄. 清嘉录. 江苏古籍出版社，1986

36. ［清］张廷玉撰. 明史. 中华书局，1974

37. ［清］曹雪芹. 红楼梦. 作家出版社，2006

38. ［清］赵学敏. 本草纲目拾遗. 上海古籍出版社，1995

39. ［清］蒲松龄. 聊斋志异. 中国戏剧出版社，2006

40. ［清］蒲松龄著，李长年校注. 农桑经校注. 农业出版社，1982

41. ［清］吴其浚. 植物名实图考. 中华书局，1963

42. ［清］孙诒让. 墨子闲诂. 中华书局，1956

43. 詹子庆. 夏史与夏代文明. 上海科技文献出版社，2007

44. 宋镇豪. 夏商社会生活史. 中国社会科学出版社，1994

45. 何宁. 淮南子集解. 中华书局，1998

46. 程俊英. 诗经译注. 上海古籍出版社，1985

47. 马银琴. 两周诗史. 社会科学文献出版社，2006

48. 尚学锋，夏德靠注译. 国语. 中华书局，2007

49. 陈直校证. 三辅黄图校证. 陕西人民出版社，1981

50. 吴功正. 六朝园林. 南京出版社，1992

51. 俞香顺. 中国荷花审美文化研究. 巴蜀书社，2005

52. 逯钦立辑校. 先秦汉魏晋南北朝诗. 中华书局，1998

53. 韦正. 六朝墓葬的考古学研究. 北京大学出版社，2011

54. 余开亮. 六朝园林美学. 重庆出版社，2007

55. 陈植，张公弛选注. 中国历代名园记选注. 安徽科技出版社，1983

56. 顾学颉，周汝昌选注. 白居易诗选. 人民文学出版社，1982

57. 邢东风辑校，马祖语录. 中州古籍出版社，2008

58. 邓云乡. 红楼风俗谭. 中华书局，1987

59. 李利安译注，白话法华经，三秦出版社，199860. 国际良渚文化研究中心. 良渚文化探秘. 人民出版社，2006

61. 周昆叔. 环境考古. 文物出版社，2007

62. 浙江省文物考古研究所. 河姆渡：新石器时代遗址考古发掘报告. 文物出版社，2003

63. 孙映逵主编. 中国历代咏花诗词鉴赏辞典. 江苏科技出版社，1989

64. 吴振华. 杭州古港史. 人民交通出版社，1989

65. 夏纬英. 植物名释札记. 农业出版社，1990

66. ［印］毗耶婆著，金克木等译：摩诃婆罗多. 中国社会科学出版社，2005

二、专业及相关书籍

1. 王其超，张行言. 荷花. 中国建筑工业出版社，1982

2. 王其超等. 盆荷拾趣. 武汉出版社，1987

3. 王其超，张行言. 中国荷花品种图志. 中国建筑工业出版社，1989

4. 王其超，张行言. 中国荷花品种图志·续志. 中国建筑工业出版社，1999

5. 张行言主编，王其超审校. 中国荷花新品种图志Ⅰ. 中国林业出版社，2011

6. 张行言，王其超. 荷花. 上海科学技术出版社，1998

7. 王其超主编. 灿烂的荷文化. 中国林业出版社，2001

8. 王其超主编. 莲之韵. 中国林业出版社，2003

9. 王其超主编. 舒红集. 中国林业出版社，2006

10. 王其超等主编. 薰风集. 中国林业出版社，2009

11. 李尚志. 水生植物造景艺术. 中国林业出版社，2001

12. 李尚志. 现代水生花卉. 广东科学技术出版社，2001

13. 李尚志. 水生植物与水体造景. 上海科学技术出版社，2001

14. 李尚志. 说荷. 中国科教出版社，2010

15. 深圳市洪湖公园管理处著. 荷花. 中国科教出版社，2010

16. 黄国振等. 睡莲. 中国林业出版社，2009

17. 朱良志. 曲院风荷（修订本）. 安徽教育出版社，2006

18. 王莲英等. 中国传统插花艺术. 中国林业出版社，2000

19. 陈从周. 梓室余墨. 生活读书新知三联书店，1999

20. 林宽，周颖. 北京大观园. 北京美术摄影出版社，2002

21. 夏纬英. 植物名释札记. 农业出版社，1990

22. 陈训明. 外国名花风俗传说. 百花文艺出版社，2002

23. 吴梅东. 与莫奈赏花. 上海文艺出版社，1999

24. 陈俊愉等主编. 中国花经. 上海文化出版社，1990

25. 周武忠. 中国花卉文化. 花城出版社，1992

26.李志炎等.中国荷文化.浙江人民出版社，1995

27.何小颜.花之语.中国书店，2008

28.曹林娣.中国园林文化，中国建筑工业出版社，2005

30.王毅.园林与中国文化.上海人民出版社，1990

31.佛教小百科／全佛编辑部. 佛教的莲花.中国社会科学出版社，2003

32.佛教小百科／全佛编辑部. 佛教的植物.中国社会科学出版社，2003

三、论文

1.段宏振.白洋淀地区史前环境考古初步研究.华夏考古. 2008（1）

2.俞香顺.中国文学中的采莲主题研究.南京师范大学文学院学报. 2002（4）

3.魏振东.采莲探源.河北建筑科技学院学报（社科版）. 2006（1）

4.王心喜.中华第一舟.发明与创新.2005（8）

5.杨丽芳.泉州"采莲舞"与中原古乐舞的渊源关系.泉州师范学院学报.2004（3）

6.贺云翱.南京出土六朝瓦当初探.东南文化.2003（1）

7.中国社会科学院考古研究所等.西安唐长安城大明宫太液池遗址的新发现.考古，
  2005（12）

8.王鸿雁.略论清漪园造园的艺术风格.中国园林， 2004，20（6）

9.李尚志. 新石器时代荷花应用之探讨.广东农业科学，2010.（2）

10.李尚志. 中国采莲文化的形成、演变及发展.科学研究月刊，2003（5）

11.邢湘臣."荷花生日"三说.农业考古.2003（3）

12.何天杰.论雷祖的诞生及其文化价值.华南师范大学学报（社会科学版），2008（3）

13.潘宝明.《红楼梦》园林艺术的美学意义.阴山学刊（哲学社科版），1989（4）

14.曹昌斌，曾庆华. 从大观园探曹雪芹的造园思想.古建园林技术，1989（23 ）

15.李尚志等. 冬季荷花花期控制研究.广东园林，2000（1）

16.任增霞.蒲松龄与道家思想.明清小说研究，2003（3）7

17.倪学明等. 论睡莲目植物的地理分布.植物学研究，1995.13（2）

18.韩全喜，刘秀华等.黑龙江省睡莲资源及利用.北方园艺，1995.103（4）

19.胡光万等. 睡莲科中的三属植物与龙胆科中的花柄比较解剖学研究.湖南师范大学自
  然科学学报.2003.26（14）

20.王其超，张行言. 怀念恩师陈俊愉院士.中国园林.2012（8）

21.王晓明等.深圳公园景名的文化涵义及审美特征.风景园林·增刊.2008

22.张靖.中国园林的景题艺术.武汉大学学报·工学版，2005，38(4)

23.徐萱春.中国古典园林景名探析.浙江林学院学报，2008，25(2)

后　记

历经近5个寒暑更替，《荷文化与中国园林》一书，终于脱稿，真有如释重负之感。其实，早在十多年前笔者就有写书的构想，只是忙于工作，迟迟未能动笔。直至2008年8月，申报《荷文化在园林中应用研究》项目获得经费后，方始于笔耕。刚对所积累的史料作了些梳理，又年届花甲离岗休职。随之，便携带尚未完成的书稿走进了深圳市铁汉生态环境股份有限公司，并得到了刘水董事长、副总裁李诗刚博士、副总裁黄东光教授及研发中心副总经理周贤军副研究员的大力支持，特别是广西贵港市华隆超市有限公司刘端总经理的鼎力相助。正是因为有了他们和原工作单位领导的关怀与资助，才使得本书得以完稿付梓。

忆记来深圳工作的20多年，承蒙恩师王其超、张行言教授的教诲颇多。如今，二老虽年近古稀，但他俩那种对我国荷花事业的执着追求，治学严谨的工作态度及眷注他人的高尚情操，则让我终身受益；我在工作中能取得成绩，都离不开二老的指教和帮助。

这里我要感谢深圳市风景园林协会副会长、《都市园林》主编张信思教授；深圳大学生命科学院院长胡章立教授、傅贵萍博士；深圳市公园管理中心副主任王定跃教授，及赖燕玲教授级高级工程师、唐永琼高级工程师、王辉高级工程师、邓万举主任；深圳市城市管理研究所胡振华所长、周瑞清副所长、孙玮同志等；尤其是洪湖公园办公室主任祝瑞松同志，平日对我的工作给予几多帮助和支持，以及为本书落实出版资金而不辞辛劳所作出的努力，实令我难忘。而南京林业大学（原南京林产工业学院）校友吴卫东博士专门从美国寄来《The Lotus In Search of the Sacred Flower》一书，为我的写作提供了方便，在此特示以谢意。

在全国荷界中，中国科学院武汉植物研究所黄国振教授、倪学明教授等；荷花分会会长陈龙清教授、副会长尤传楷高级工程师、副会长丁跃生总经理、秘书长黄正华高级工程师、原秘书长王广业高级工程师；湖北省洪湖市原副市长杨源汉先生；江西省广昌白莲研究所谢克强教授；北京师范大学核科学与技术学院张涛教授；杭州市园林文物局原副局长冯祥珍高级工程师、唐宇力教授、钱萍高级工程师；中国科学院植物研究所薛建华教授；中国科学院深圳仙湖植物园李楠研究员、雷江丽教授级高级工程师；中国荷花研究中心曾宪宝教授级高级工程师；武汉市园林研究所林鸿高级工程师、蓝静江高级工程师；广州市番禺莲花山旅游风景区麦鉴潮总经理、黄耀明副总经理、高锡坤高级工程师；佛山市三水荷花世界梁燕嫦高级工程师；东莞市桥头镇政府莫仲开局长、莫应鑫会长、邓润通高级工程师；中山市花卉协会李素霞会长、孙源梓秘书长；青岛中华睡莲世界总经理李纲高级工程师；杭州市植物园李志炎高级工程师；武汉市蔬菜研究所柯卫东研究员、傅新发研究员、刘义满研究员、彭静研究员；山东济宁园林局杨同梅高级工程师；济南市花木开发中心刘毓高级工程师等；还有宁波市莲苑张君秋总经理、杭州市天景水生植物园陈煜初总经理、重庆市大足雅美佳有限公司陶德均总经理、北京市天北水景园艺有限公司高炳宇总经理、江苏盐城爱莲水生花卉苑李静总经理、河北廊坊莲韵苑崔建平总经理等，以及泰国皇家理工大学N. Nopchai Chansilpa教授、日本朋友池上正治先生，这些专家与同行，都是我的良师益友，对我的工作曾给予积极地帮助和支持，为此由衷地表示感谢。

2013年3月 / 于深圳不染书斋

图书在版编目（CIP）数据

荷文化与中国园林 / 李尚志著 . –– 武汉：华中科技大学出版社，2013.5

ISBN 978-7-5609-8794-1

Ⅰ . ①荷… Ⅱ . ①李… Ⅲ . ①荷花 – 关系 – 园林艺术 – 文化研究 – 中国 Ⅳ . ① S682.32 ② TU986.62

中国版本图书馆 CIP 数据核字 (2013) 第 069740 号

荷文化与中国园林

李尚志 著

出版发行：华中科技大学出版社 （中国·武汉）

地　　址：武汉市武昌珞喻路 1037 号 （邮编：430074）

出 版 人：阮海洪

策划编辑：王 斌　　　　　　　　　　　　　责任监印：张贵君

责任编辑：狄 英　　　　　　　　　　　　　装帧设计：百彤文化

印　　刷：深圳市建融印刷包装有限公司

开　　本：889mm×1194mm 1/16

印　　张：17.25

字　　数：250 千字

版　　次：2013 年 8 月第 1 版 第 1 次印刷

定　　价：228.00 元 （USD 49.99）

投稿热线 ：（020）66636689　342855430@qq.com

本书若有印装质量问题，请向出版社营销中心调换

全国免费服务热线：400-6679-118 竭诚为您服务